utb 6331

Eine Arbeitsgemeinschaft der Verlage

Brill | Schöningh – Fink · Paderborn
Brill | Vandenhoeck & Ruprecht · Göttingen – Böhlau · Wien · Köln
Verlag Barbara Budrich · Opladen · Toronto
facultas · Wien
Haupt Verlag · Bern
Verlag Julius Klinkhardt · Bad Heilbrunn
Mohr Siebeck · Tübingen
Narr Francke Attempto Verlag – expert verlag · Tübingen
Psychiatrie Verlag · Köln
Ernst Reinhardt Verlag · München
transcript Verlag · Bielefeld
Verlag Eugen Ulmer · Stuttgart
UVK Verlag · München
Waxmann · Münster · New York
wbv Publikation · Bielefeld
Wochenschau Verlag · Frankfurt am Main

Evangelia Karagiannakis

Diversitätskompetenz

Ein Arbeitsbuch für Studium und Beruf

Verlag Barbara Budrich
Opladen & Toronto 2024

Die Autorin:

Evangelia Karagiannakis studierte Linguistik und Sprachdidaktik und war drei Jahrzehnte lang in der Qualifizierung von Lehrenden auf dem Globus unterwegs – von Finnland bis Südafrika, von Vietnam über Peru bis Kanada, an Universitäten, Schulen und anderen Bildungseinrichtungen. Ihre Arbeit in kulturell diversen Gruppen gepaart mit der eigenen Biografie führte sie in die Welt der Vielfalt und Diversity. Heute ist sie interkulturelle & Diversity Trainerin, berät Organisationen und Einrichtungen und lehrt Softskills an Universitäten.

Bibliografische Information der Deutschen Nationalbibliothek
Die Deutsche Nationalbibliothek verzeichnet diese Publikation in der Deutschen Nationalbibliografie; detaillierte bibliografische Daten sind im Internet über https://portal.dnb.de abrufbar.

Gedruckt auf FSC®-zertifiziertem Papier, CO_2-kompensierte Produktion
Printed in Germany

www.budrich.de

utb-Bandnr.	**6331**
utb-ISBN	**978-3-8252-6331-7**
utb-e-ISBN	**978-3-8385-6331-2 (PDF)**
DOI	**10.36198/9783838563312**

Online-Angebote oder elektronische Ausgaben sind erhältlich unter www.utb shop.de.

Druck: Elanders Waiblingen GmbH, Waiblingen
Satz: Ulrike Weingärtner, Gründau – info@textakzente.de
Umschlaggestaltung: siegel konzeption | gestaltung
Titelbildnachweis: nadia_bormotova/istockphoto.com

In Erinnerung an Hans-Werner G.

*„Jedem Menschen wohnt ein natürliches Bedürfnis inne,
zu wachsen und sich selbst zu verwirklichen.“*

Inhaltsverzeichnis

Καλός ήρθατε – Bienvenue – ברוך הבא – Terveťuloa – خوش آمدید – Chào mừng

Ob im Studium, Alltag oder Beruf, Diversität ist längst in allen relevanten Lebensbereichen der Normalzustand. Sie ist Bereicherung und Herausforderung zugleich. Der Schutz von Diversität ist gesetzlich verankert und moralisch geboten. Diversity-Kompetenz ermöglicht uns einen wertschätzenden und respektvollen Umgang mit Vielfalt in der Gesellschaft. Sie ist damit eine wichtige Schlüsselkompetenz, aber:

> Diversity-Kompetenz[1] ist nicht angeboren, sondern muss erworben werden. Diversity-Kompetenz ist kein Instinkt, sondern bedarf der verstandesmäßigen Reflektion (sic). Diversity-Kompetenz ist kein fertiges und in sich abgeschlossenes Set an Verhaltensweisen und Fähigkeiten, sondern bedarf des fortwährenden Lernens und der Infragestellung von Vorurteilen oder Stereotypen, von denen kein Mensch frei ist. (Vinz 2016: 298)

Viele Diversity-relevante Zusammenhänge sind den meisten Menschen nicht bekannt oder nicht bewusst. Sowohl theoretisches Wissen als auch praktisches Knowhow sind jedoch Voraussetzung für die (Weiter-)Entwicklung von Diversity-Kompetenz. „Veränderte soziale Bedingungen und Prozesse erfordern, auch in Bezug auf die Diversity Kompetenz, andere und neue Teilkompetenzen“ (Genkova et al. 2022: VI). Hierzu gehören: Wissen über die Diversitätsbewegung und Dimensionen von Diversität ebenso wie Kommunikation, Gruppen- und Teamprozesse, Sensibilität für die Bedürfnisse anderer Menschen, Umgang mit Konflikten u.v.a.m. Es geht um die Bewusstmachung der eigenen Haltung, um Sorgen und Ängste, Stereotype und Vorurteile, Perspektivwechsel und Fingerspitzengefühl in der Interaktion mit anderen Vorstellungen als den eigenen. Und schließlich geht es auch um die innere Diversität an Facetten und Rollen, die jede und jeder Einzelne tagtäglich einnimmt und die unsere Ressourcen und unser Verhalten beeinflussen.

In diesem Arbeitsbuch gebe ich Ihnen aus all diesen Bereichen Informationen und Anregungen an die Hand, mit denen Sie Ihren Umgang mit Diversität in der Gesellschaft reflektieren können, Ihren Status quo erkunden, sich idealerweise neue Ziele setzen und sich auf den Weg dorthin machen können. Sie finden ein vielfältiges Angebot, Ihr vorhandenes Wissen zu vertiefen, sich neues anzueignen und es gleich im Studium, am Arbeitsplatz oder im privaten Alltag anzuwenden und zu erproben.

Nach dem Motto *Aus der Praxis für die Praxis* habe ich aus dem sehr großen Spektrum an Teilaspekten und Aktivitäten diejenigen ausgewählt, die ich für besonders relevant und hilfreich halte und die in meinen Seminaren und Workshops seit Jahren angewandt, erprobt, kritisch reflektiert und weiterentwickelt wurden und werden. Ein wichtiger Beitrag hierbei sind die Erfahrungen, Rückmeldungen und Ideen aller Teil-

1 Der Begriff *Diversity-Kompetenz* wird in der Fachliteratur mal mit, mal ohne Bindestrich geschrieben. In dem von mir formulierten Fließtext verwende ich die Schreibweise mit Bindestrich, in manchen Zitaten steht kein Bindestrich. Ich verzichte darauf, das jedes Mal explizit zu markieren.

nehmenden, besonders die der Studierenden. Sie kommen deshalb am Ende jedes Kapitels selbst zu Wort.

An dieser Stelle bedanke ich mich bei allen Beteiligten im Verlag Barbara Budrich, besonders bei Herrn Philip Bergstermann – für inspirierende kurzweilige Gespräche, geduldiges Zuhören und pragmatische Lösungen in kniffligen Situationen.

Ein großes Dankeschön geht an Katerina Ankerhold, die mit Adleraugen meine Tippfehler aufgespürt und manche Formulierung auf Vordermann/-frau gebracht hat. Allen Miss Marples, Sherlock Holmes & Co., die noch Ungereimtheiten entdecken (ich bin sicher, Sie werden welche finden), sei gesagt: Die gehen ausschließlich auf mein Konto. Ganz sicher.

Last, but definitely not least bedanke ich mich bei meiner äußerst vielfältigen, facettenreichen und quirligen Familie – für kritische Fragen, kontroverse Diskussionen, philosophische Perspektiven und für eure Geduld. Diversity, das sind auch wir.

Ulm, im Mai 2024 Evangelia Karagiannakis

1. Los geht's – Wo bin ich, wohin möchte ich, wie komme ich dorthin?

Zur Einstimmung: Vervollständigen Sie bitte die folgenden Sätze schriftlich.
- Ich habe mich entschieden, dieses Buch zu lesen und zu bearbeiten, weil …
- Meine Stärken in Bezug auf Diversity-Kompetenz schätze ich so ein: …
- In diesem Kontext besonders herausfordernd finde ich: …
- Ich habe bereits Folgendes unternommen, um meine Diversity-Kompetenz zu entwickeln: …
- Diese drei Ziele in Bezug auf Diversity-Kompetenz will ich unbedingt erreichen: …
- Damit das gelingt, werde ich während der Arbeit mit diesem Buch Folgendes tun: …

1.1 Allgemeines zum Thema *Schlüsselkompetenz*

Schlüsselkompetenzen werden typischerweise in vier Kategorien unterteilt:

- **Sozialkompetenz** → Empathiefähigkeit, Ambiguitätstoleranz, Wertschätzung, Team-, Kritik- und Kooperationsfähigkeit, Toleranz, Perspektivwechsel, interkulturelle und Diversity-Kompetenz u.a.
- **Personal- und Selbstkompetenz** → Flexibilität, Selbsteinschätzung, Selbstorganisation, Lern- und Leistungsbereitschaft, Engagement, Kreativität, Eigenverantwortung, Reflexionsvermögen, Zeitmanagement, Sorgfalt, Stressresistenz u.a.
- **Methoden- und Lernkompetenz** → Präsentationstechniken, Literaturrecherche, Informationsauswertung, Vorlesungsmitschriften anfertigen, Protokollieren, Lesestrategien, Ideen generieren, Problemlösungsfähigkeit, Prüfungsvorbereitung u.a.
- **Fach- und Sachkompetenz**[2] → breites Allgemein- und solides Grundlagenwissen, theoretische und angewandte, fachbezogene Kenntnisse, fachliche Standards, Analyse- oder Fertigungsverfahren u.a.

Die Entwicklung von Diversity-Kompetenz umfasst Sozial-, Personal- und Selbstkompetenz. Durch die Arbeitsanregungen und Aktivitäten in diesem Buch könnten als Nebeneffekt auch Methoden- und Lernkompetenzen verbessert oder neu erworben werden. Je nach Studienfach werden Sie eventuell auch Ihr Repertoire an Fach- und Sachkompetenz erweitern.

2 In der Hochschuldidaktik wird die Kategorie *Fach- und Sachkompetenz* zu den Schlüsselkompetenzen gezählt (vgl. Schaper et al. 2012: 28). Das ist in manchen anderen Bereichen nicht der Fall. In dieser Aufstellung folge ich der hochschuldidaktischen Einteilung.

1.2 Meine Kompetenzen unter der Lupe

Jeder Lernprozess ist (unabhängig vom Thema) besonders effektiv, wenn Sie zu Beginn Folgendes tun: (1) den aktuellen Zustand genau analysieren, (2) Ihre vorläufigen Ziele formulieren und (3) Verantwortung für Ihr Lernen übernehmen und genau formulieren, wie Sie das gewährleisten und überprüfen werden. Den eigenen „Status quo, seinen Lernprozess, sein ureigenes Lernthema und seinen nächsten Schritt ins Bewusstsein zu bringen, ist Voraussetzung für jedes weitere Lernen" (Karagiannakis & Lewark 2006: 72). Wenn Sie die Sätze in der ersten Arbeitsanregung vervollständigt haben, haben Sie bereits den ersten Schritt gemacht. Schauen Sie nun noch etwas genauer hin und machen Sie sich bewusst, welche Kompetenzen und Stärken Sie schon haben, was Sie verbessern könnten und woran Sie dringend arbeiten möchten. Hierzu schlage ich Ihnen vor, Ihr persönliches *Kompetenz-Chart* zu erstellen, mit dem Sie Ihre Stärken und Schwächen sowie Ihre Vorlieben und Abneigungen bewusst und explizit festhalten (Tab. 1).

Arbeitsanregung: Erstellen Sie (auf Papier oder digital) eine Tabelle nach der unten stehenden Vorlage (Tab. 1). Pro Feld gelten je zwei Kriterien. Schreiben Sie in jedes Feld möglichst viele Kompetenzen, die sich Ihrer Meinung nach positiv auf den Umgang mit Vielfalt auswirken, die jeweiligen Kriterien erfüllen und aktuell auf Sie zutreffen (z.B. *in der Lerngruppe kooperativ mitarbeiten, Kompromisse eingehen, Konflikte lösen*).

Tab. 1: Kompetenz-Chart; eigene Darstellung[3]

	Das mag ich gern.	**Das mag ich nicht so gern.**
Das kann ich gut.	...	...
Das kann ich nicht so gut.	...	...

Tipp: Wie wäre es, wenn Sie sich mit Ihren Kommiliton/innen oder Kolleg/innen einmal über Ihre aktuellen Kompetenzen in Bezug auf Diversity austauschen? Das kann sehr inspirierend und motivierend sein. Regen Sie doch an, dass noch mehr Leute ihre individuellen Kompetenz-Charts erstellen und besprechen Sie danach die Ergebnisse.

1.3 Lernen durch Reflexion

Das Reflektieren von Lehr-Lern-Prozessen ist weit verbreitet. Nach Zartmann „gewinnt [Reflexion] angesichts rasanter gesellschaftlicher Entwicklungen an existenzieller Bedeutung. Nachhaltiges, sich in der Welt bewährendes Lernen basiert auf Reflexionskompetenz" (Zartmann 2014: 17). Hierfür wurden bereits Mitte der 1980er-Jahre in den USA und in Kanada Lern- und Studientagebücher, Arbeitsjournale, Portfolios und andere reflexive Medien entwickelt. Seit Beginn der 1990er-Jahre sind sie auch in Deutsch-

3 Sofern nicht anders vermerkt, handelt es sich bei allen anderen Tabellen ebenfalls um eigene Darstellungen.

land verbreitet.[4] „Das primäre Ziel von Lerntagebüchern [und anderen reflexiven Medien] besteht darin, Lernende zur vertieften Reflexion anzuregen“ (Rambow & Nückles 2002: 1).

> Dazu werden sowohl neue Inhalte als auch der Lernweg selbst zusammengefasst, dokumentiert, reflektiert und – *im übertragenen oder im wörtlichen Sinne* – bewertet, letzteres unbedingt (auch) von den Lernenden selbst [...]. Indem Sie sich die eigenen Lernwege bewusst machen, können Sie erfolgreiche und weniger erfolgreiche Strategien, Schwierigkeiten, Fragen usw. offenlegen, dadurch Ihre persönlichen Lernweisen insgesamt verbessern und den Lernerfolg steigern. (Karagiannakis 2022d: 15; Hervorh. i.O.)

Reflexive Medien gibt es in vielen Varianten. Lern- und Studientagebücher dienen der Dokumentation und Reflexion. Portfolios enthalten zusätzlich sogenannte *Einlagen* oder *Artefakte*. Das sind Originaldokumente, die „zu einem besonderen Lerneffekt oder Aha-Erlebnis geführt haben, die man für besonders gelungen hält, mit denen man eine Entwicklung darstellen will usw.“ (ebd.). Sowohl Tagebuch- als auch Portfolio-Varianten haben das Ziel, „dass sich die Studierenden Lerninhalte stärker selbst erarbeiten, um so effektiver und mit dauerhafterem Erfolg zu lernen“ (Boldt & Karagiannakis 2009: 2).

Um Ihren Lerneffekt zu maximieren, sind regelmäßige Reflexionen fester Bestandteil des Gesamtkonzepts. Vielfältige Impulse fördern das Reflektieren und unterstützen Sie dabei, Ihr persönliches, vereinfachtes Portfolio zu erstellen.

Arbeitsanregung: Überlegen Sie, ob Sie ein analoges oder digitales Portfolio erstellen wollen. Als begleitendes Medium zu diesem Buch empfehle ich eine analoge Variante, um handgeschriebene Notizen oder Printmaterialien leichter einfügen zu können. Nutzen Sie ein separates Ringbuch o.Ä. für einfaches Umsortieren von Materialien.

Entscheiden Sie sich spontan für ein Format und überprüfen Sie, ob es Ihren Vorlieben entspricht. Wechseln Sie bei Bedarf rasch, damit sie nicht zu viele Materialien ins neue Format übertragen müssen.

Fügen Sie nun alle bisherigen Ergebnisse in Ihr Portfolio ein und verfahren Sie so auch mit neuen Materialien während Ihrer Arbeit mit diesem Buch.

4 In Deutschland kamen sie zunächst in den schulischen Kontext, später auch in den Hochschulbereich. Einen Überblick zum Einsatz reflexiver Medien im Hochschulbereich bieten z.B. Degenhardt & Karagiannakis 2008 und Boldt & Karagiannakis 2009.

Stimmen von Studierenden[5]

Ich musste ziemlich lange nachdenken, um meine Kompetenzen richtig einzuordnen, fand es aber sehr hilfreich, mir Klarheit darüber zu verschaffen.

***

In meiner Lerngruppe haben wir alle unsere Kompetenz-Charts erstellt und sie dann verglichen. Dabei ist uns aufgefallen, dass manche genau darin stark sind, worin andere noch Verbesserungspotenzial sehen. So können wir uns gegenseitig unterstützen.

***

Ein bisschen erschreckt hat mich die Tatsache, dass meine Schwächen und Abneigungen gleich so aus mir heraussprudelten. Ich musste richtig lange überlegen, bis ich auch meine Stärken und Vorlieben entdeckt hatte. Das fühlte sich dann aber richtig gut an! Es gefällt mir, dass ich nun alles „schwarz auf weiß" nachlesen kann.

***

Ich hatte vorher noch nie ein Portfolio erstellt und fand es am Anfang auch seltsam, dass meine persönliche Meinung gefragt war. Am Ende kann ich sagen: Genau von diesen individuellen Reflexionen habe ich am meisten gelernt.

***

Die Arbeit mit Lerntagebuch und Portfolio war für mich eine absolut bereichernde Erfahrung!

***

Die regelmäßigen Reflexionen waren für mich ungewohnt und ich empfand sie zunächst als etwas aufwändig. Es stellte sich aber bald Routine ein und am Ende des Semesters kann ich sagen: Ich habe noch nie so viel in einem Seminar gelernt wie in diesem. Das Portfolio hat einen ganz entscheidenden Beitrag an meinem Lernerfolg.

1.4 Cross Culture Writing/CCW

Das Konzept *Cross Culture Writing* (CCW) ist aus einer Kombination meiner Arbeitsschwerpunkte *Reflexives Lernen, Schreibdidaktik und Schreibberatung* sowie *Interkulturelle und Diversity-Trainings* entstanden. Ich habe es über viele Jahre entwickelt, erprobt und – gemeinsam mit den Teilnehmenden – verbessert. Die Idee, interkulturelle Erlebnisse schreibend zu reflektieren, stammt nicht von mir.[6] Mein CCW-Konzept unterscheidet sich aber in zwei zentralen Punkten von anderen Ansätzen:

5 In den Kästen *Stimmen von Studierenden* finden Sie Meinungen und Äußerungen zu den jeweils vorangegangenen Themen von Teilnehmenden meiner Hochschulseminare. Dabei handelt es sich um Originale, meist aus Online-Aufgaben oder Abschlussarbeiten. Um die Authentizität der Aussagen beizubehalten, habe ich mich entschieden, holprige Formulierungen oder sprachliche Ungereimtheiten unverändert zu übernehmen.

6 Besonders inspiriert hat mich das Konzept von Wagner & Magistrale (1995/2005). Ab Mitte der 1990er-Jahre halfen sie Austauschstudierenden aus den USA in Europa, neue kulturelle Eindrücke und Kulturschock-Erfahrungen durch ein „Analytical Notebook" (Wagner & Magistrale 2005: 41ff.) zu reflektieren und zu verarbeiten.

- Ich begrenze den Begriff *Kultur* in Kombination mit reflexivem Schreiben nicht auf ethnische und/oder nationale Kulturen, sondern verwende einen weiter gefassten Kulturbegriff, der auch Fach-, Sub- oder spezifische Gruppen-Kulturen beinhaltet.[7]
- Mein Ansatz verbindet das anspruchsvolle, herausfordernde und oft auch emotionale interkulturelle Lernen mit der Leichtigkeit und dem Ungezwungenen des Kreativen Schreibens, „denn Schreiben ...
  → bringt Struktur und Ruhe in die Flut von Informationen und Empfindungen
  → offenbart Einsichten und Meinungen und wirft neue Fragen auf
  → hilft uns herauszufinden, wie wir über eine Sache denken, und die Perspektive zu wechseln
  → ist ein wirksames Mittel, um Kenntnisse und Fähigkeiten zu erwerben und sie zu zeigen“ (Karagiannakis 2023: 2).

Umgekehrt verändert kulturelle und Diversity-Kompetenz die Wahrnehmung und Beschreibung von Erlebnissen. Dinge, die wir für selbstverständlich hielten, erscheinen in einem anderen Licht. Das eröffnet neue Perspektiven, bringt uns auf frische Gedanken und erweitert den Horizont (vgl. ebd.). Von Zeit zu Zeit finden Sie in diesem Buch deshalb Vorschläge aus meinem CCW-Konzept. Hier kommt gleich der erste (für Ihr Portfolio).

CCW – Die Geschichte meines Namens

Schreiben Sie eine kurze Geschichte Ihres Namens. Entscheiden Sie selbst, ob Sie über Ihren Vor- oder Nachnamen schreiben möchten – oder auch beides. Orientieren Sie sich dabei an den folgenden Fragen:

- Aus welcher Sprache kommt mein Name und was bedeutet er?
- Wer hat ihn für mich ausgesucht und warum?
- Wie gefällt mir mein Name und warum?

Wählen Sie für Ihre Namensgeschichte eine beliebige Textform aus: Sachtext, Kurzkrimi, Liebeserklärung, Gedicht, Zeitungsmeldung oder worauf auch immer Sie gerade Lust haben. Ihrer Fantasie sind keine Grenzen gesetzt.

7 Mehr dazu in Kapitel 11, Inter- und Transkulturelle Kommunikation

2. Diversity-Kompetenz – Was, warum, wie?

Zur Einstimmung: Was verbinden Sie mit dem Begriff *Diversity-Kompetenz*? Notieren Sie Ihre spontanen Gedanken, z.B. in einem Assoziogramm oder in einer Mindmap.

2.1 Was ist Diversity-Kompetenz?

Diversity-Kompetenz ist die Fähigkeit, mit Vielfalt in Bezug auf Menschen und Menschengruppen umzugehen. Es ist die Fähigkeit, Vielfalt nicht als Bedrohung und Belastung, sondern als Bereicherung, Ressource und Chance zu begreifen. Dazu ist es notwendig, unterschiedliche Perspektiven, Wünsche und Bedürfnisse von Menschen zunächst als solche wahrzunehmen, sie sodann zu akzeptieren, zu respektieren und wertzuschätzen, um anschließend angemessen darauf reagieren zu können. Diversity-Kompetenz beinhaltet die Fähigkeit zu Perspektivwechsel, Empathie und Ambiguitätstoleranz. Das erfordert Selbstreflexion sowie das Erkennen und Überwinden eigener Stereotype und Vorurteile. Diversity-Kompetenz ist auch Bestandteil der interkulturellen Kompetenz und umgekehrt.

Wie die interkulturelle stützt sich auch die Diversity-Kompetenz auf drei Grundpfeiler, nämlich auf Wissen (kognitiv), Haltung (affektiv) und Handeln (konativ)[8] oder nach Bolten: *Ich weiß – Ich will – Ich kann* (vgl. Bolten 2016: 81). Bezogen auf den Umgang mit Diversität umfasst das:

- **Kognitive Dimension/Wissen** → Kenntnisse über allgemeine Aspekte, Zusammenhänge und Wirkmechanismen von Diversität, spezifisches Wissen über verschiedene Menschengruppen (unter Beachtung der stets vorhandenen Individualität von Gruppenmitgliedern), Wissen über (Sub-)Kulturen, Überzeugungen, Traditionen, Handlungsroutinen, Kenntnisse über Gruppenprozesse, Kommunikation, Konfliktverläufe usw.
- **Affektive Dimension/Haltung** → Toleranz, Sensibilität, Empathie, Offenheit, Wertschätzung, Beobachtung, Wahrnehmung, Perspektivwechsel, Bereitschaft zu Selbst-[9] und Fremdreflexion, Kreativität, Flexibilität u.a.
- **Konative Dimension/Handeln** → kommunikative Kompetenz, wertschätzende Kommunikation, Teamkompetenz, Konfliktfähigkeit, Umgang mit neuen Eindrücken, Irritationen, Ungewissheit, Stress u.v.m.

8 Statt *affektiv* wird im Fachdiskurs manchmal auch *emotional* verwendet, statt *konativ* auch *pragmatisch* oder *behavioral*.

9 Selbstreflexion kann in dieser Kategorisierung an zwei Stellen verortet werden: Zunächst muss die Bereitschaft dazu vorhanden sein (affektiv/Ich will). Indem man sich dann kritisch und reflektierend mit den eigenen Einstellungen, Verhaltensweisen usw. auseinandersetzt, erlangt man i.d.R. neues relevantes Wissen über sich selbst (kognitiv/Ich weiß).

2.2 Warum benötigen wir Diversity-Kompetenz?

Wie bereits erläutert, ist Diversity-Kompetenz eine der zentralen Schlüsselkompetenzen moderner Gesellschaften. Die Soziologinnen und Diversity-Pionierinnen Lee Gardenswartz und Anita Rowe legen ihrem Ansatz zum Umgang mit Diversity eine Reihe von Prinzipien zugrunde (Gardenswartz & Rowe o.J.; nach Ingram 2024: 6):

- Diversity is an ‚inside job', meaning that diversity is not about ‚them'. Rather, it is about each person coming to terms with his or her attitudes, beliefs, and expectations about others.
- Diversity goes beyond race and gender. The diversity tent is big enough to include everyone ... young and old, homeless and affluent, immigrant and native, white and black, gang members and corporate professionals.
- No one is the target of blame for current inequities, however, all of us have responsibility for removing them. Human beings have been socialized to behave in certain ways, and all of us are at times both perpetrators and victims of discrimination and stereotypes.
- Human beings are ethnocentric, seeing the world through their own narrow view and judging the world by their familiar yardstick.
- The human species resists change, continuing to seek homeostasis. This makes the constant adaptation required by diversity difficult for people already overwhelmed by staggering transitions.
- Human beings find comfort and trust in likeness. There is a tendency to initially seek the company of those most similar to us.
- It is difficult for people to share power. History shows us that we rarely do it voluntarily.
- Diversity is a strategic business issue. (Ebd.: o.S.)

Aus der Summe dieser Prinzipien folgt: Wir müssen in der Lage sein, diese Dinge wahrzunehmen, zu erkennen und anzunehmen. Wir müssen unsere eigenen Haltungen und Handlungsmuster kennen und kontrollieren, Defizite überwinden und uns weiterentwickeln. Nur dann können wir die Vorteile von Diversität nutzen.

2.3 Wie können wir Diversity-Kompetenz entwickeln?

In Kapitel 2.1 wurde bereits auf die drei Pfeiler von interkultureller und Diversity-Kompetenz *Wissen*, *Haltung* und *Handeln* hingewiesen. Allgemein wird Kompetenz auch als eine Kombination aus Wissen, Können, Motivation und einem daraus resultierenden, situationsangemessenen Handeln definiert. Einmal erworbene Kompetenzen sind nicht starr und abgeschlossen, sondern entwickeln sich fortlaufend weiter (vgl. Van der Blij et al. 2002 und Wildt 2006; nach Linde & Auferkorte-Michaelis 2021: 51).

Beim Erwerb von Kompetenzen in Bezug auf ein bestimmtes Themengebiet werden vier Stufen identifiziert (Abb. 1) (vgl. Linde & Auferkorte-Michaelis 2021: 54 und 58; basierend auf Hammann 2004 und Beeler 1991):

1. **Unbewusste Inkompetenz** → Man ist sich nicht bewusst, dass man in Bezug auf Sachverhalt X keine Kompetenz besitzt (= inkompetent ist). Menschen auf dieser Stufe neigen dazu, ihre eigenen Fähigkeiten (sehr stark) zu überschätzen, wissen das aber nicht.

   Beispiel: In einem Workshop mit internationalem Publikum ist Englisch die gemeinsame Arbeitssprache. Herr Peters macht so häufig gravierende Fehler, dass es immer wieder zu Verständnisschwierigkeiten kommt. Er ist aber überzeugt davon, dass er die Sprache gut beherrscht und die Schwierigkeiten allein auf die Unzulänglichkeiten der anderen zurückzuführen sind.

2. **Bewusste Inkompetenz** → Man weiß, dass man in Bezug auf Sachverhalt X keine Kompetenz besitzt (= inkompetent ist). Nur wenn man sich in diesem Zustand befindet, ist es möglich, Kompetenzen zu erwerben und auszubauen.

   Beispiel: Herr Peters weiß, dass sein Englisch in manchen Bereichen nicht so gut ist und dass die Verständnisschwierigkeiten deshalb (auch) an ihm selbst liegen.

3. **Bewusste Kompetenz** → Man weiß, welche Kompetenzen in Bezug auf einen bestimmten Sachverhalt man besitzt, und kann daran arbeiten, diese zu vertiefen und zu erweitern.

   Beispiel: Herr Peters hat einen umfangreichen englischen Wortschatz. Die Regeln kennt er in der Theorie gut, kann sie aber oft nicht spontan anwenden. Dadurch spricht er zwar langsam, aber meist korrekt. Problematisch ist aber seine Aussprache, er wird daher oft nicht verstanden. Das alles ist Herrn Peters bewusst, er will deshalb besonders an seiner Aussprache noch intensiv arbeiten.

4. **Unbewusste Kompetenz** → Die notwendigen Kompetenzen sind inzwischen so weit entwickelt und internalisiert, dass man sie ausführt, ohne jedes Mal bewusst darüber nachdenken zu müssen.

   Beispiel: Herr Peters hat die grammatischen und phonetischen Regeln nun internalisiert, viel Routine erworben und wendet alles, ohne darüber nachzudenken, an. Er spricht deshalb flüssig, hat seine Aussprache deutlich verbessert, wird problemlos verstanden und beteiligt sich ohne Schwierigkeiten an Gesprächen.

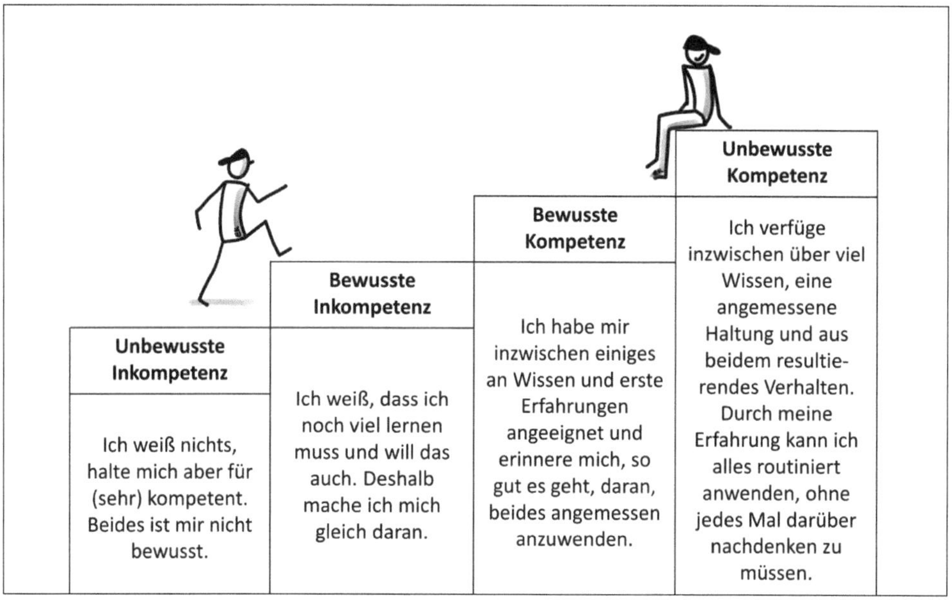

Abb. 1: Vier Stufen der Kompetenzentwicklung, eigene Darstellung[10]

Für die Entwicklung von Diversitäts-Kompetenz bedeutet dies: Man muss (1) wissen und akzeptieren, dass man vieles noch nicht weiß oder kann, (2) relevantes Wissen erlangen, (3) daraus eine wertschätzende Haltung entwickeln und schließlich (4) aus Wissen und Haltung angemessene Handlungsoptionen ableiten, sie bewusst anwenden und trainieren, bis sie internalisiert sind und automatisch angewendet werden können.

Arbeitsanregung: Lesen Sie zunächst das folgende Fallbeispiel[11].

Eine beliebige Stadt in Deutschland. Eine internationale Besucher/innen-Gruppe nimmt an einer Stadtführung teil. Die Stadtführerin ist eine pensionierte, deutsche Lehrerin, die den Gästen die Stadt locker und humorvoll präsentiert. Die Atmosphäre ist herzlich und ausgelassen, Fragen werden gestellt und die Frau antwortet bereitwillig. Am Ende fragt sie selbst: „Gibt es noch weitere Fragen?“ Ein vietnamesischer Teilnehmer meldet sich zu Wort und sagt: „Wie alt sind Sie?“ Die Stadtführerin reagiert pikiert und abweisend, sie antwortet nicht. Darüber wundert sich der Vietnamese. (Sammlung Karagiannakis)

10 Sofern nicht anders angegeben, sind alle weiteren Abbildungen ebenfalls eigene Darstellungen.

11 Im Laufe der Jahre habe ich ein Repertoire an Fallbeispielen erstellt, das aus wahren Begebenheiten besteht, bei denen ich als Beobachterin oder Betroffene anwesend war. Die Formulierungen habe ich so gestaltet, dass die Situationen unkenntlich gemacht und die Personen anonymisiert wurden. Aus diesem Repertoire stammt auch das vorliegende Beispiel. In dieser Publikation verwende ich für Fallbeispiele aus diesem Repertoire die Bezeichnung *Sammlung Karagiannakis*.

Bearbeiten Sie nun die nachstehenden Fragen und Aufgaben.

- Stellen Sie Vermutungen darüber an, (a) warum der vietnamesische Gast nach dem Alter der Stadtführerin fragt, (b) warum diese pikiert reagiert und (c) warum das den Gast aus Vietnam irritiert. Vergleichen Sie Ihre Notizen dann mit den Lösungen am Ende von Kapitel 2.
- Analysieren Sie das Fallbeispiel anschließend nach den vier Stufen der Kompetenzentwicklung. Auf welcher Stufe befinden sich die beiden Personen? Woraus schließen Sie das? Wie könnte der Kompetenzerwerb weitergehen?
- Kennen Sie vergleichbare Fallbeispiele aus Ihrem studentischen, beruflichen oder privaten Umfeld? Wenn ja, analysieren Sie eines davon ebenfalls mithilfe der vier Kompetenzentwicklungs-Stufen.

Stimmen von Studierenden

Mir war nicht klar, dass die Haltung einen so intensiven Einfluss auf das eigene Handeln hat, obwohl es eigentlich sehr logisch ist. Ich habe mich bewusst beobachtet und mich dabei ertappt, dass ich Menschen, die mir fremd sind, oft skeptisch und kritisch entgegentrete, noch bevor sie irgendetwas sagen oder tun können.

***

Mir fiel der Satz „Ich weiß, dass ich nichts weiß" ein. Ich denke, zum Thema Diversity muss ich mir noch sehr viel Wissen aneignen, da ich mich bisher viel zu wenig mit dem Thema beschäftigt habe.

***

Die vier Stufen des Kompetenzerwerbs haben mir geholfen, einige aktuelle Irritationen in meiner Lerngruppe zu analysieren und zu verstehen. Ich habe das dann angesprochen und wir konnten sogar zu einer Lösung des Problems kommen.

Lösung zur Arbeitsanregung in Kapitel 2.3

Je älter Menschen in Vietnam sind, desto höher sind der Respekt, den sie genießen, und die Ehre, die ihnen entgegengebracht wird. Ein wichtiger Ausdruck dieses Respekts ist die Verwendung einer bestimmten, dem Alter angemessenen Anrede, von denen es mehrere gibt. Es ist deshalb nicht ungewöhnlich, fremde Menschen unabhängig von ihrem Geschlecht nach ihrem Alter zu fragen. In Deutschland hingegen ist die Frage nach dem Alter meist ein Tabu, wird als unfreundlich und taktlos empfunden, besonders gegenüber Fremden und Frauen.

3. Diversität, Diversity, Diversity Management – Begriffsklärung und Überblick

Zur Einstimmung/CCW: Beginnen Sie mit einer kreativen Annäherung. Schreiben Sie die zehn Buchstaben D–I–V–E–R–S–I–T–Ä–T untereinander an den linken Rand einer Seite (Papier oder digital). Sammeln Sie dann jeweils rechts daneben einige Wörter, die mit dem jeweiligen Buchstaben beginnen und die für Sie mit Diversität zu tun haben. Das können auch Wörter aus unterschiedlichen Sprachen sein. Formulieren Sie anschließend einen Enzyklopädie-Eintrag und erläutern Sie, was Diversität für Sie bedeutet. Benutzen Sie hierzu möglichst viele Wörter aus Ihrer Sammlung.

3.1 Diversität und Diversity – Was ist das?

Ein Blick in die Wörterbücher zeigt das Spektrum des Begriffs *Diversität* (von lat. *diversitas*). Als Synonyme werden „Breite, Vielfalt" (www.duden.de/DUDEN[12]) oder „Verschiedenartigkeit, Mannigfaltigkeit, Unterschiedlichkeit" (www.dwds.de/DWDS[13]) genannt, auch *Heterogenität, Differenz* u.a. beschreiben den Sachverhalt. Dabei kann die Bezeichnung völlig Unterschiedliches benennen, z.B.:

a) [Biologie] Artenvielfalt; genetische Differenziertheit
b) [Soziologie] soziale oder kulturelle Vielfalt
c) [Technik] Verwendung verschiedener Realisierungen von gleichen Komponenten, um die Ausfallsicherheit eines Systems zu erhöhen (ebd.)

Im soziologischen Sinne geht es um Vielfalt in der Gesellschaft, ihren unterschiedlichen Lebensbereichen und Handlungsfeldern – von Alltagskontexten über studentische Lern- oder wissenschaftliche Forschungsgruppen, Verwaltung, Organisationen bis zur Gesellschaftspolitik. Es geht um vielfältige Lebensentwürfe, deren Relevanz und Nutzen, um Herausforderungen sowie einen respektvollen, wertschätzenden Umgang mit all dem. Der englische Begriff *Diversity* (auch im Englischen mit großem *D*) steht für ein übergeordnetes Konzept, das diesen Umgang mit Vielfalt in der Gesellschaft beleuchtet.

12 Für die Angabe von Quellen zu einfachen Einträgen in Online-Nachschlagewerken verwende ich bei der ersten Erwähnung desselben die Internetadresse der Startseite (z.B. www.duden.de), danach eine jeweils geläufige Bezeichnung, die ich explizit erwähne (z.B. DUDEN). *Einfache Einträge* bedeutet: Die gesuchte Quelle ist schnell auffindbar, wenn man auf der Startseite das entsprechende Suchwort eingibt (hier: *Diversität*).

13 Digitales Wörterbuch der deutschen Sprache; hrsg. von der Berlin-Brandenburgischen Akademie der Wissenschaften.

Oft wird Diversity als etwas betrachtet, das sich auf ethnische Vielfalt sowie Gleichberechtigung von Frauen und Menschen mit Behinderung beschränkt (besonders in Einrichtungen, Verwaltungen o.Ä.). „Diversity umfasst [aber] all das, worin Menschen sich unterscheiden können, und dabei sowohl äußerlich wahrnehmbare als auch subjektive Unterschiede“ (Wagner/Sepehri 1999, zitiert nach Ehmsen 2010: 2). Etwas differenzierter erläutern das Van Knippenberg et al.:

> *Diversity* refers to differences between individuals on any attribute that may lead to the perception that another person is different from self (e.g., Jackson 1992; Triandis et al. 1994; Williams & O'Reilly 1998). In principle, diversity thus refers to an almost infinite number of dimensions, ranging from age to nationality, from religious background to functional background, from task skills to relational skills, and from political preference to sexual preference. (Van Knippenberg et al. 2004: 1008; Hervorh. i.O.)

Die Diversitäts- oder Diversity-Idee zielt darauf ab,

> menschliche Vielfalt als etwas Positives zu begreifen, in dem ein hohes Potenzial für gesellschaftliche und ökonomische Entwicklung liegt. Diversity [...] soll dazu beitragen, Minderheiten und marginalisierte Gruppen gesellschaftlich einzubinden, ohne dass sie ihre Eigenheiten verlieren oder aufgeben müssen. Gegenseitige Wertschätzung und Offenheit für andere Perspektiven lässt neue Ideen entstehen und ermöglicht im Idealfall einen Bewusstseinswandel. (Fager 2006: o.S.)

Allerdings geht es nicht nur darum, die Differenzen wahrzunehmen,

> sondern immer auch um die Entdeckung von Gemeinsamkeiten. Menschen können verschiedene ethnische Herkünfte oder Religionen und Weltanschauungen haben, aber im gleichen Alter, lesbisch und Mutter sein oder gleiche körperliche Fähigkeiten oder Beeinträchtigungen haben. (Eine Welt der Vielfalt o.J.: o.S.)

3.1.1 Diversity-Modelle

Das Diversity-Rad von Gardenswartz & Rowe

Das erste und bekannteste Modell, das den Begriff *Diversität/Diversity*[14] präzisieren soll, ist das *Diversitäts-* oder *Diversity-Rad* von Gardenswartz & Rowe, 1994 erstmals unter dem Titel *Four Layers of Diversity* präsentiert (Abb. 2). Merkmale, in denen sich Menschen ähneln oder in denen sie sich unterscheiden können, werden in vier *Dimensionen* dargestellt.

Im Zentrum des Modells steht die **Persönlichkeit**. Sie beinhaltet individuelle Eigenschaften, Denk- und Verhaltensweisen.

Die nächste Ebene umfasst Dimensionen, die als (nahezu) unveränderbar gelten und als **innere Dimensionen** bezeichnet werden. Bei Gardenswartz & Rowe sind dies: *Alter, Geschlecht, Sexuelle Orientierung, Körperliche Fähigkeiten, Ethnische Zugehörigkeit* und der englische Begriff *Race*.

---

14 Die Bezeichnungen *Diversität* und *Diversity* werden synonym verwendet. Ab hier wird mal der deutsche, mal der englische Begriff benutzt.

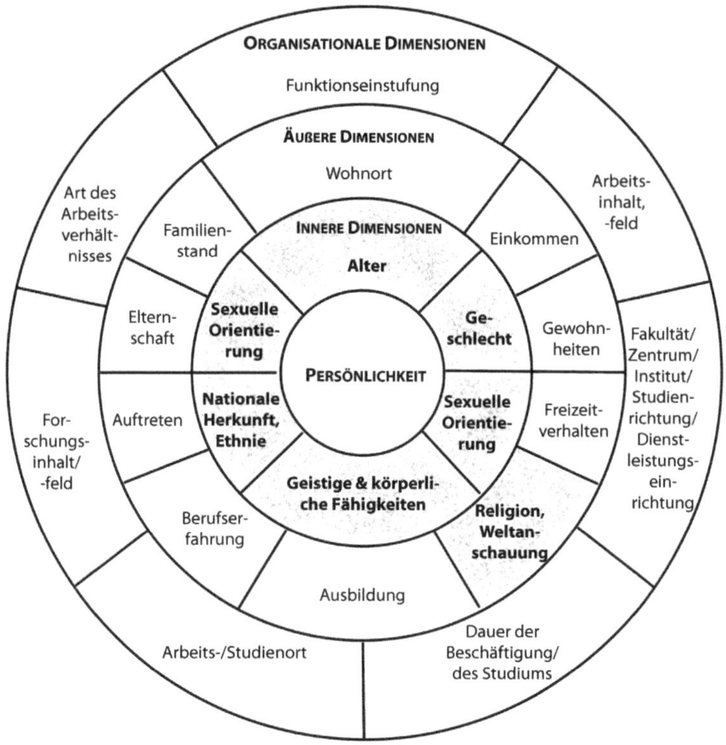

Abb. 2: Diversity-Rad nach Gardenswartz & Rowe

Das Wort *race* wird häufig mit *Rasse* ins Deutsche übersetzt. Dies ist zum einen historisch hochproblematisch. Zum anderen stimmt die Bedeutung der Begriffe *race* und *Rasse* auch nicht überein: Während *Race* gesellschaftliche, kulturelle, geografische, religiöse oder sprachliche – also von Menschen gemachte – Merkmale bezeichnet, bezieht sich *Rasse* auf biologische Kategorien, auf „Menschenrassen", die es aber nachweislich nicht gibt. Für diese Dimension werden im Deutschen deshalb verschiedene Bezeichnungen genutzt, z.B.: *Herkunft/Ethnie*, *Ethnische Herkunft*, (selten) *Nationalität* oder *Hautfarbe* (z.B. Becker 2015: 70). In manchen Adaptationen taucht kein Äquivalent zur Dimension *Race* auf; stattdessen gibt es eine weitere Dimension: *Soziale Herkunft* (z.B. Charta der Vielfalt o.J.: o.S.).

Zu den äußeren **Dimensionen** der nächsten Ebene gehören Aspekte wie *Religion & Weltanschauung*, *Ausbildung*, *Familienstand*, *Elternschaft*, *Wohnort*, *Gewohnheiten* u.a. Dabei handelt es sich um Bereiche, die auf (Lebens-)Erfahrungen, Erlebnissen, persönlichen Entscheidungen usw. beruhen und deshalb veränderbar sind.

Die Dimension *Religion & Weltanschauung* sowie die sechs inneren Dimensionen werden als *Kerndimensionen* betrachtet.

Die äußere der vier Ebenen umfasst schließlich sogenannte **organisationale Dimensionen** wie *Arbeitsinhalt/-feld*, *Abteilung/Fakultät/Institut*, *Arbeits-/Studienort*, *Funktion/Einstufung* usw. Auch diese Dimensionen sind veränderbar.

Alternative, etwas anschaulichere Bezeichnungen der Ebenen sind laut Becker: (1) Dimensionen der **Persönlichkeit**, (2) **biologische**, (3) **biografische** und (4) **berufliche Dimensionen** (vgl. Becker 2015: 70).

Weitere Modelle

Das Modell von Gardenswartz & Rowe wurde mehrfach adaptiert. Manchmal wurden nur feine Verschiebungen in den Akzenten vorgenommen (z.B. Lüthi et al. 2009), manchmal finden sich auch markante Unterscheidungen. Um letztere geht es in den nächsten Abschnitten.

Stuber (2002) definiert lediglich die beiden Gruppen **Kerndimensionen** und **externe (Kür-)Dimensionen**. Zur ersten Gruppe zählt er *Alter, Ethnizität, Geschlecht, Sexuelle Orientierung, Behinderung, Religion*, die er als „[n]atur-gegebene, praktisch nicht veränderbare Faktoren oder Merkmale, die faktisch prägenden Charakter haben" benennt (Stuber 2002: 49). Zu bemängeln ist hier, dass *Religion* dieser Gruppe zugeordnet ist, denn die Religionszugehörigkeit ist weder naturgegeben noch unveränderlich. Die zweite Gruppe beinhaltet Dimensionen wie *Kultur, (Aus-)Bildung, Familienstand, Sprache, Denk- und Arbeitsweise, Elternschaft*, also solche, „die im betrieblichen Umfeld von Bedeutung sind. Offene Liste, die unternehmensspezifisch angepaßt [sic!] wird" (ebd.).[15]

Voigt (2001) legt den Fokus auf die Frage der Wahrnehmung und definiert drei (Unter-)Gruppen von Dimensionen (vgl. Voigt 2001, zitiert nach Schwarz-Wölzl & Maad 2003–2004: 8): (1) **Wahrnehmbare Erscheinungsformen** → *Rasse, Geschlecht, Alter, Nationalität*; (2) kaum wahrnehmbare Erscheinungsformen → (a) **Werte** → *Persönlichkeit, Kulturelle Werte, Religion, Sexuelle Orientierung, Humor* und (b) **Wissen, Fertigkeiten, Fähigkeiten** → *Bildung, Sprachen, Hierarchien, Fachkompetenz, Sozioökonomischer Status*. Die Problematik zum Begriff *Rasse* wurde bereits besprochen. Weitere Kritikpunkte sind: *Nationalität* ist nicht wahrnehmbar, *Humor* oder *Sprachen* dagegen sind deutlich wahrnehmbar.

Thomas (2001) unterscheidet schließlich

> zwei Hauptarten der Diversity: nämlich **Personen-immanente** oder **attributive Diversity** (Eigenschaften wie ethnische Gruppenzugehörigkeit, Alter und Bildungsniveau) und **Verhaltens-immanente Diversity** (wie Menschen in bestimmten Situationen reagieren als Folge oder Nicht-Folge ihrer Personen-immanenten Eigenschaften). (ebd.: 40; Hervorh. durch die Autorin)

Diese Perspektive zeigt deutlich, dass Kenntnisse Personen-immanenter Merkmale nicht viel über Verhaltens-immanente Merkmale von Menschen(-gruppen) aussagen. Die Mitglieder einer demografisch homogenen Gruppe (z.B. *weiße*[16] Männer einer bestimmten Altersgruppe) können genauso vielfältige Meinungen und Verhaltensweisen haben wie Menschen anderer demografischer Gruppen (vgl. ebd.).

---

15 Der Fokus liegt in Gruppe 2 auf beruflichen und unternehmerischen Merkmalen, da Stuber sich mit Diversity Management in Unternehmen befasst.

16 Die Bezeichnung *weiß* (klein und kursiv geschrieben) umfasst die nicht-Schwarze Mehrheitsgesellschaft (z.B. in Deutschland, Europa, USA usw.) im Gegensatz zu Schwarz (groß und nicht kursiv geschrieben). Vgl. hierzu auch Kapitel 6.2.1 in diesem Band.

Arbeitsanregung: Vergleichen Sie die unterschiedlichen Sichtweisen auf Diversity-Merkmale. Wie beurteilen Sie die Modelle insgesamt? Gibt es Modelle mit Vor- oder Nachteilen? Warum? Welche Chancen und Grenzen sehen Sie in der Verwendung solcher Modelle? Welche Kritikpunkte haben Sie?

3.1.2 Diversity-Modelle für Hochschulen

Fast 20 Jahre nach Gardenswartz & Rowe adaptierten Boomers & Nitschke (2012) das Diversity-Rad speziell für den Hochschulbereich. Der Aufbau mit den vier Ebenen und den Dimensions-Kategorien ist identisch mit dem Original, die konkreten Dimensionen beziehen sich auf hochschulrelevante Merkmale. Seit 2021 (und noch bis 2027) durchläuft die Universität Klagenfurt ein Diversity Audit mit dem Ziel, eine Diversitätsmanagement-Strategie für ihre Hochschule zu entwickeln. In diesem Kontext wurde ein noch detaillierteres Diversity-Rad entwickelt, das aktuelle Aspekte wie *Fluchterfahrung* berücksichtigt (vgl. https://www.aau.at/gender/diversity-audit)[17]. Kombiniert man die beiden Modelle, so entsteht ein recht detailliertes und aktuelles Diversity-Rad für den Hochschulbereich (Abb. 3).

Ein neues, differenziertes Modell für Diversität an Hochschulen ist das HEAD *Wheel*. (**H**igher **E**ducation **A**wareness for **D**iversity) von Gaisch & Aichinger (2016), das später von Gaisch & Linde (2020) verfeinert wurde (Abb. 4). Es umfasst fünf Segmente und „soll einen mehrdimensionalen Blick auf demografische, kognitive, fachliche, funktionale und institutionelle Diversität erlauben" (Gaisch & Aichinger 2016: 1). Neu ist, dass neben Unterscheidungsmerkmalen zwischen Menschen auch daraus folgende Chancen und Herausforderungen abgebildet sind (vgl. Linde & Auferkorte-Michaelis 2021: 41). Die im Folgenden aufgelisteten Segmente des HEAD Wheels umfassen jeweils unterschiedliche Aspekte (vgl. Gaisch & Linde 2020: 7f.):

- **Demografisch** → personenimmanente Merkmale; Alter, Geschlecht, sexuelle Orientierung, körperliche Beeinträchtigungen, Herkunft/Ethnie, Religion & Weltanschauung, soziale Herkunft
- **Kognitiv** → Werte- und Wissensstrukturen, Wahrnehmungsperspektiven, Lernzugänge, Denkweisen, Problemlösestrategien, Leistungsbereitschaft, Motivation u.v.m.
- **Fachlich** → Interdisziplinarität, Transdisziplinarität, Kreativität, Ressource, Innovation
- **Funktional** → Zusammenarbeit in cross-funktionalen, temporären, virtuellen und/oder internationalen Teams, abteilungsübergreifende Handlungskompetenzen, Kommunikationsstrukturen, Erfahrungstransfer u.a.
- **Institutionell** → Kooperation mit verschiedenen Institutionen, Netzwerken, Austausch von Good/Bad-Practice u.a.

17 Das Modell der Universität Klagenfurt hat noch eine weitere äußere Ebene, die Dimension *Nachhaltigkeit*. „Nachhaltigkeit bezieht sich hier nicht nur auf den Umweltfaktor, sondern auch auf die langzeitige Wirkung der implementierten Maßnahmen" (https://www.aau.at/gender/diversity-audit o.J.).

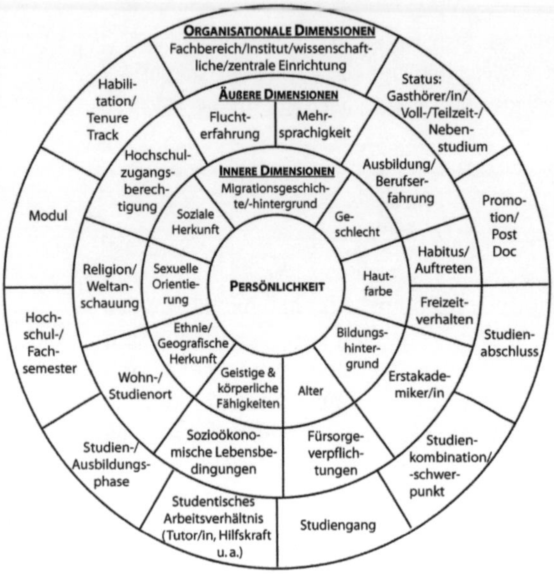

Abb. 3: Diversity-Rad für Hochschulen, eigene Kombination aus Boomers & Nitschke 2012 und Universität Klagenfurt o.J.

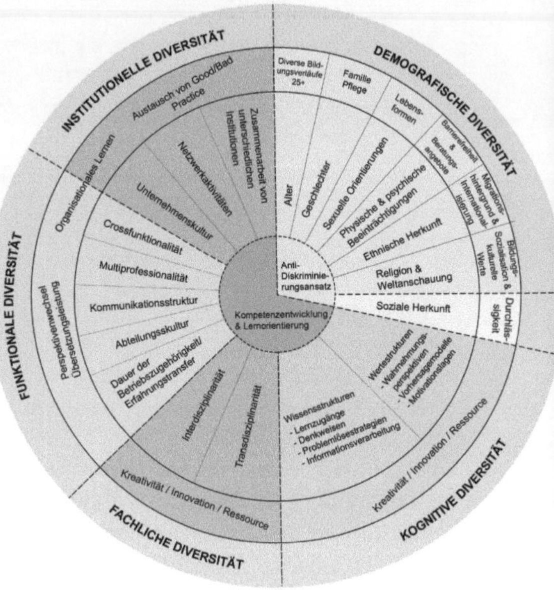

Abb. 4: HEAD Wheel von Gaisch & Linde 2016, zitiert nach Auferkorte-Michaelis & Linde 2018: 20

Arbeitsanregung: Betrachten Sie die beiden Modelle für den Hochschulbereich. Wo und wie finden Sie sich selbst wieder und wo nicht? Welche Dimensionen und Merkmale treffen (nicht) auf Sie zu? Welche würden Sie gern ergänzen? Erstellen Sie Ihr persönliches Diversitätsrad, in das Sie auf Sie zutreffende Dimensionen aufnehmen, und geben Sie an, wie das jeweilige Merkmal bei Ihnen aktuell aussieht (z.B. *Alter → 20, Studienphase → 3. Semester*). – Regen Sie doch einmal in Ihrer Lerngruppe an, dass alle ein individuelles Diversitätsrad anfertigen, und vergleichen Sie diese anschließend.

3.2 Geschichte der Diversity-Bewegung – Ein kurzer Abriss

Die Diversity-Bewegung hat ihren Ursprung in den USA. Schon in den 1950er-Jahren begannen hier Proteste gegen Diskriminierung, die sich in den Bürgerrechtsbewegungen der 1960er-Jahre massiv ausweiteten. Frauen, Homosexuelle, Menschen mit Behinderung, People of Color – sie alle protestierten gegen ungleiche Behandlung und Benachteiligung und forderten Chancengleichheit für alle. Als Konsequenz daraus folgten bald Maßnahmen mit weitreichender gesellschaftlicher Wirkung.

- **1964, Civil Rights Act** → Das Bürgerrechtsgesetz wird erlassen. Es verbietet die Diskriminierung von Menschen aufgrund von *Race*, Hautfarbe, Religion, Geschlecht und/oder nationaler Herkunft.
- **1965, Voting Rights Act** → Ein weiteres Bundesgesetz soll die Benachteiligung von Minderheiten bei US-Wahlen verhindern. Dies war notwendig, weil trotz des Civil Rights Acts vor den

Wahlen gegenüber manchen Gruppen diskriminierende Maßnahmen durchgeführt wurden (z.B. Analphabetismus-Tests unter potenziellen afroamerikanischen Wähler/innen).

- **1965, Equal Employment Opportunities** → Gesetz zur Verhinderung von Diskriminierung am Arbeitsplatz aufgrund der im Civil Rights Act genannten Merkmale (bei der Einstellung, Beförderungen, Anerkennung usw. von Mitarbeitenden)
- **1965, Affirmative Action** → Erlass, nach dem US-amerikanische, staatlich subventionierte Unternehmen der negativen Diskriminierung sozialer Gruppen durch gezielte Vorteilsgewährung entgegenwirken sollen (z.B. durch Quotenregelungen). Die erste Form dieser Verordnung wurde 1961 unter J. F. Kennedy eingeführt und 1965 unter L. B. Johnson ausgeweitet. An diesem Erlass wurde später kritisiert, dass er zu einer *positiven Diskriminierung* der genannten Gruppen führe.

Während die Diversity-Bewegung in den USA als Bottom-up-Prozess verlief, war sie in Europa eher ein Top-down-Verlauf. Nach Deutschland kam der Diversitäts-Gedanke zunächst über einige US-amerikanische Großkonzerne, die hier Standorte hatten. Anders als in den USA war Diversity in Deutschland jedoch lange Zeit vor allem mit der Dimension *Geschlecht* verbunden. Das ist insofern bemerkenswert, als der Kern des Diversity-Gedankens seit 1949 im Grundgesetz der Bundesrepublik Deutschland verankert ist:

> **GG, Artikel 1, Absatz 3**: Niemand darf wegen seines Geschlechtes, seiner Abstammung, seiner Rasse, seiner Sprache, seiner Heimat und Herkunft, seines Glaubens, seiner religiösen oder politischen Anschauungen benachteiligt oder bevorzugt werden. Niemand darf wegen seiner Behinderung benachteiligt werden. (Deutscher Bundestag 1949/2022: o.S.)

Im Jahr 2000 wurde die *Charta der Grundrechte der Europäischen Union* (GRCh) zum ersten Mal öffentlich erklärt. Sie sollte ursprünglich 2006 in Kraft treten, wurde aber erst 2009 umgesetzt. Hier heißt es u.a.:

> **GRCh, § 21: Nichtdiskriminierung**
>
> (1) Diskriminierungen, insbesondere wegen des Geschlechts, der Rasse, der Hautfarbe, der ethnischen oder sozialen Herkunft, der genetischen Merkmale, der Sprache, der Religion oder der Weltanschauung, der politischen oder sonstigen Anschauung, der Zugehörigkeit zu einer nationalen Minderheit, des Vermögens, der Geburt, einer Behinderung, des Alters oder der sexuellen Ausrichtung, sind verboten.
>
> (2) Im Anwendungsbereich des Vertrags zur Gründung der Europäischen Gemeinschaft und des Vertrags über die Europäische Union ist unbeschadet der besonderen Bestimmungen dieser Verträge jede Diskriminierung aus Gründen der Staatsangehörigkeit verboten. (Amtsblatt der Europäischen Gemeinschaften, 18.12.2000, C 364/13)

Ebenfalls im Jahr 2000 erließen die EU-Mitglieder gemeinsam die EU *Gleichbehandlungsrahmenrichtlinie* als Basis für Antidiskriminierungs-Maßnahmen speziell am Arbeitsplatz. Darauf aufbauend entstanden in den Mitgliedsstaaten nationale Gesetze. In Deutschland wurde das Allgemeine Gleichbehandlungsgesetz (AGG) entwickelt, das „[n]ach mehreren Vertragsverletzungsverfahren gegen die Bundesrepublik Deutschland [...] am 18. August 2006 schließlich in Kraft“ (Antidiskriminierungsstelle des Bundes/ ADS o.J.: o.S.) trat.

> **AGG, § 1:** Ziel des Gesetzes ist, Benachteiligungen aus Gründen der Rasse oder wegen der ethnischen Herkunft, des Geschlechts, der Religion oder Weltanschauung, einer Behinderung, des Alters oder der sexuellen Identität zu verhindern oder zu beseitigen. (ADS 2006/2022: 5)

Nach dem Vorbild der französischen *Charte de la diversité* initiierten im selben Jahr vier große deutsche Unternehmen die Charta der Vielfalt. Der gleichnamige Verein wurde 2011 gegründet und ist die größte Initiative von Arbeitgeber/innen in Deutschland, die sich für einen respektvollen Umgang mit Vielfalt in Unternehmen einsetzt. Die Aktivitäten des Vereins stehen unter der Schirmherrschaft der Bundesregierung.[18]

3.3 Diversity Management (DiM)

Die genannten Vorgänge machten es nötig, Strategien zum positiven Umgang mit Diversität in der Gesellschaft und im Berufsleben zu entwickeln. Sie werden meist als *Diversity-Management* (DiM), *Managing Diversity* oder *Diversity Mainstreaming* bezeichnet. Im Laufe der Zeit sind verschiedene *Paradigmen* entstanden: zunächst der Reihe nach die drei Ansätze *Antidiskriminierung und Fairness (Discrimination & Fairness)*, *Marktzutritt und Legitimation (Access & Legitimacy)*, *Lernen und Effektivität (Learning & Effectiveness)*, später die Ansätze *Resistenz und Homogenität* sowie *Verantwortung und Sensibilität*. Die wichtigsten Merkmale sind in Tabelle 2 zusammengestellt (vgl. Warmuth 2012: 206; Bührmann 2020: 98; Vedder 2003: 6).

Tab. 2: Paradigmen des Diversity Managements

Ansatz/Paradigma	Grundhaltung	Fokus	Ziel
Resistenz-/Homogenitäts-Ansatz	Diversität ist kein Thema bzw. eine Gefahr	Monokultur und Homogenität; Diversität wird verleugnet, ignoriert und/oder unterdrückt	Status quo verteidigen und erhalten
Antidiskriminierungs- und Fairness-Ansatz (1960er- und 70er-Jahre)	Diversität ist ein Problem, auf das man reagieren muss	reaktive Strategie, um vorgegebene moralische, ethische und vor allem rechtliche Anforderungen zu erfüllen	faire Behandlung und soziale Gerechtigkeit für alle, insbesondere für historisch benachteiligte Gruppen
Marktzutritts- und-Legitimations-Ansatz (1980er- und 90er-Jahre)	Diversität ist ein Wettbewerbsvorteil	Unterschiede der Beschäftigten als wirtschaftliche Ressource; ökonomisch und marktorientiert	neue Märkte und Kund/innen-Gruppen erschließen; Belegschaft soll Kundschaft gut abbilden

18 Aktuell hat der Verein 38 Mitgliedsorganisationen. Mehr als 5.000 Organisationen (mit über 15 Millionen Beschäftigten) haben die Charta der Vielfalt unterzeichnet (Stand März 2024).

Ansatz/Paradigma	Grundhaltung	Fokus	Ziel
Lern- und Effektivitäts-Ansatz (seit ca. 2000)	Diversität ist eine Chance	Multikultur & Pluralismus; Steigerung der Effektivität & Lernfähigkeit durch vielfältige Ressourcen	Integration, gegenseitige Anerkennung und Wertschätzung; Chancengleichheit; humanistische Werte als Basis
Verantwortungs- und Sensibilitätsansatz	Diversität ist ein strategischer Umweltfaktor	Organisation ist für die Gesellschaft da; DiM muss die Umwelt der Organisation berücksichtigen	Verantwortung für die Gesellschaft übernehmen

Die drei ursprünglichen Paradigmen, die Maßnahmen und Strategien in Organisationen und Unternehmen steuerten, wurden später für Hochschulen adaptiert. Während die Grundmerkmale im Wesentlichen übereinstimmen, unterscheiden sich die Begründungen: Unternehmen verfolgen vorwiegend ökonomische Vorteile von Diversity Management, an den Hochschulen stehen Chancengleichheit und Teilhabe im Vordergrund (vgl. Bührmann 2020: 103f.). Die ersten sogenannten *Diversity Policies* sind *Affirmative Action & Equity*, *Multicultural & Inclusion* sowie *Learning, Diversity & Research*. Später kam der Ansatz *Inclusive & Transformative* hinzu. Eine Übersicht der hochschulbezogenen Ansätze finden Sie in Tabelle 3 (vgl. ebd.: 144).

Tab. 3: Diversity Policies für Hochschulen

Policy	Grundhaltung	Ziel
Affirmative Action & Equtity	Assimilation → neue Studierende und Beschäftigte an bestehende Strukturen anpassen	rechtliche Vorgaben beachten, Anklagen vermeiden
Multicultural & Inclusion	Differenzierung → Existenz neuer Studierender und Beschäftigter als Normalzustand akzeptieren	Hochschulzugang von Mitgliedern diskriminierter Gruppen erleichtern und festigen (z.B. durch Beratung)
Learning, Diversity & Research	Integration → Differenzen zwischen den „alten" und neuen Personengruppen anerkennen und integrieren	Hochschule diversitätssensibel und ethisch (weiter-)entwickeln (z.B. durch Unterstützungsprogramme)
Inclusive & Transformative	Inklusion → bisher unberücksichtigte Personengruppen pro-aktiv ansprechen und einbeziehen	Hochschule generell weiterentwickeln und dabei das Umfeld mit einbeziehen und transformieren (z.B. durch Maßnahmen, die das Umfeld diversitätsgerechter machen)

Arbeitsanregung: Wie beurteilen Sie die verschiedenen Ansätze des Diversity Managements und der Diversity Policies? Sind Ihnen im Studium, im Job oder in einem anderen Kontext schon einmal konkrete Maßnahmen, die vermutlich auf einem dieser Ansätze beruhen, begegnet? Wenn ja, wo und welche? Wie wirken sich diese auf den jeweiligen Kontext aus?

3.4 Vorteile von Diversity und Diversity Management

In Tabelle 4 finden Sie Aussagen, die in der Fachwelt als Vorteile von Diversität benannt werden. Notieren Sie zu jedem Argument Ihre persönliche Einschätzung. Suchen Sie auch Beispiele aus Ihrem studentischen, beruflichen oder privaten Umfeld, die Ihre Einschätzung belegen. Am Ende der Tabelle können Sie eigene Argumente ergänzen.

Tab. 4: Vorteile von Diversität

Argument	Meine Einschätzung	Mein Beispiel
unterschiedliche Menschen haben unterschiedliche Stärken		
demografischer Wandel, neue Rollenbilder und Internationalisierung erfordern neue Sichtweisen		
Vielfalt in Teams generiert Kreativität und Innovation		
Vielfalt fördert Flexibilität und führt zu besseren Problemlösestrategien		
Akzeptanz von Individualität steigert die Motivation der Betroffenen		
Vielfalt der Talente führt zu mehr Erfolg der Gesamtgruppe		
Respekt fördert Zusammenarbeit		
Menschen mit unterschiedlichen Kompetenzen lernen voneinander		
Umgang mit Diversität ist ein Gradmesser für die Offenheit von Unternehmen/Institutionen		
diverse Belegschaften können die Bedürfnisse ihrer vielfältigen Kundschaft besser erkennen		

Argument	Meine Einschätzung	Mein Beispiel
Diversität führt zu größerer Wettbewerbsfähigkeit auf dem globalen Markt		

Arbeitsanregung/Fazit: Lassen Sie nun die Inhalte des gesamten Kapitels Revue passieren und schauen Sie auch Ihre Ergebnisse aus den verschiedenen Aktivitäten an. Was wussten Sie schon, was konnten Sie vertiefen oder haben Sie ganz neu erfahren? Hat Sie etwas überrascht? Warum? Welche sind Ihre wichtigsten Erkenntnisse? Halten Sie Ihre Ergebnisse in Ihrem Portfolio fest.

Tipp/CCW: Lesen Sie noch einmal den Enzyklopädie-Eintrag, den Sie zu Beginn von Kapitel 3 geschrieben haben. Würden Sie ihn nun etwas verändern? Falls ja, tun Sie es doch.

Stimmen von Studierenden

Wie viele unterschiedliche Parameter einen Einfluss auf Diversität haben, habe ich vorher nicht gewusst – obwohl das meiste davon nachvollziehbar ist. Besonders wichtig fand ich die klaren Argumente für den konstruktiven Umgang mit Diversity.

***

Ich hätte nicht gedacht, dass das Thema [Diversität] so breit gefächert ist.

***

Das [Diversitäts-]Modell bietet eine gute Übersicht über zahlreiche relevante Aspekte, viel genauer als das, was einem selbst einfällt. Es besteht aber auch die Gefahr der Stereotypisierung oder einseitigen Zuschreibung von vermeintlichen Ursachen für Handlungen.

***

Mich hat überrascht, dass es die Diversitätsansätze schon so lange gibt und wie wenig sich getan hat. Mir erscheint es, als ob das Thema erst in den letzten Jahren an Aufmerksamkeit gewinnt.

***

Ich wusste nicht, dass sich Strategien/Paradigmen in verschiedene Praxis-Bereiche übertragen lassen und wie viele Aspekte von Diversität das Studium betreffen. Diesbezüglich bin ich jetzt schon aufmerksamer geworden.

***

Konkrete Maßnahmen sind mir schon viele begegnet, z.B. Unterstützung von Studierenden mit Familienpflichten (Kinderbetreuung, Bevorzugung bei Veranstaltungswahl), bevorzugte Einstellung von Menschen mit Behinderung bei gleicher Qualifikation oder ein Queer-Referat am Arbeitsplatz.

4. Was ist eine Person?

Zur Einstimmung/CCW: Machen Sie zur ersten Annäherung an das Thema ein sogenanntes *Freewriting* nach Peter Elbow (*1935, US-amerikanischer Linguist und Schreibdidaktiker). Legen Sie dazu ein Blatt Papier oder Ihr Tablet und einen Stift bereit, stellen Sie den Wecker auf fünf bis maximal zehn Minuten und fangen Sie an zu schreiben. (Wenn Sie Freewriting noch nie ausprobiert haben, fangen Sie lieber mit fünf Minuten an.)

Schreiben Sie völlig unzensiert alles auf, was Ihnen spontan zur Frage *Was ist eine Person?* einfällt. Schreiben Sie ganze Sätze, Satzfragmente oder einzelne Wörter und Ausdrücke. Hören Sie dabei während der gesamten Zeit nicht auf zu schreiben und setzen Sie den Stift nicht ab. Wenn Ihnen zwischendrin nichts einfällt, wiederholen Sie einfach ganz entspannt das letzte Wort und schreiben Sie es so lange hintereinander auf, bis Ihnen eine neue Idee kommt. Das funktioniert wirklich. Notieren Sie, wenn der Wecker klingelt, den Gedanken, an dem Sie gerade schreiben, zu Ende und legen Sie dann den Stift hin.

Fertig? Dann schauen Sie jetzt durch, was Sie aufgeschrieben haben. Markieren Sie Begriffe und Informationen, die Sie zur Bestimmung des Begriffs *Person* für besonders relevant halten.

4.1 Versuch einer Begriffsklärung

Eine von vielen Bedeutungen des Wortes *Person* ist *menschliches Wesen* im Sinne von *Individuum* und *Träger/in bestimmter Eigenschaften*. Es geht zurück auf die gleichbedeutende lateinische Bezeichnung *persōna*, womit ursprünglich die Maske eines Schauspielers benannt wurde (vgl. DWDS). Hieraus entwickelte sich in der römischen Antike die Bedeutung „Rolle, die jemand in der Gesellschaft spielt, sein Ansehen und seine Würde" (Metzler Lexikon Philosophie/Metzler-01[19]). Die Herkunft des lateinischen Ausdrucks ist umstritten, jedoch für die Bedeutung von *Person* beachtenswert. Eine Theorie besagt, das Wort sei über verschiedene Zwischenstufen aus griechisch *prósopon* (ursprünglich *Gesicht*, später und heute auch *Person*) entstanden, womit sowohl das Gesicht des Menschen als auch das einer Rolle bezeichnet wird (vgl. Brasser: 56).

Im Laufe der Zeit entwickelte sich die Bedeutung des Begriffs weiter und wird heute in verschiedenen Fachgebieten verwendet, um unterschiedliche Aspekte der menschlichen Existenz zu beschreiben. Dabei geht es stets um die Frage nach dem Wesen und der Bedeutung des Menschseins, um dessen Vielschichtigkeit und Komplexität sowie um seine sozialen, kulturellen, ethischen u.a. Dimensionen. Hier einige ausgewählte Bereiche (vgl. Dorsch-01; Metzler-01; STL-01):

- **Rechtswissenschaft** → Der Begriff *Person* spielt in der Rechtswissenschaft eine wichtige Rolle, ist aber nicht eindeutig definiert. Die unterschiedlichen Konzepte und Verständnisse haben jedoch einige Aspekte gemeinsam: Die Kategorie *Person* ist eine Konstruktion und dient dazu,

19 In manchen verwendeten Online-Lexika, -Glossaren u.ä. digitalen Nachschlagewerken findet man die Quelle nicht ohne die genaue URL. Diese jedes Mal direkt im Text zu erwähnen, stört aber meines Erachtens den Lesefluss. Ich verwende deshalb im Text für das entsprechende Werk eine Abkürzung mit Nummerierung. Die genaue URL dazu finden Sie im Quellenverzeichnis.

jemandem Rechte, Pflichten und Rechtsfähigkeit zuzuschreiben. Das kann eine natürliche Person sein (einzelner Mensch) oder eine juristische (Personenvereinigung → Unternehmen, Verein u.a.). Personen haben Rechte und Pflichten und können Verträge abschließen.

- **Psychologie** → Hier wird die Person als individuelles Wesen mit einzigartigen Merkmalen, Einstellungen und Verhaltensweisen (= Persönlichkeit, Individuum) verstanden. Eine Frage der Psychologie ist auch, wie Persönlichkeit geprägt wird. Speziell in der Psychoanalyse untersucht der Personenbegriff die Entfremdung des modernen Subjekts und die Spaltung zwischen öffentlicher Rolle und privatem Selbst. Psychiater/innen werden als jemand betrachtet, der/die hinter die Maske von betroffenen Personen schauen und diese Spaltung aufdecken kann, mit dem Ziel, die Einheit der Person wiederherzustellen.
- **Soziologie** → Im soziologischen Sinne wird eine Person im Kontext von Rollen, sozialen Beziehungen, Interaktionen, Gruppenzugehörigkeiten und gesellschaftlichen Normen betrachtet. Dabei werden die Identität, Individualität und Einzigartigkeit des Menschen, welche sich im Laufe der Zeit durch Erfahrungen und Interaktionen mit anderen entwickeln, betont. Personen sind von Geburt an auf andere Menschen bezogen, entwickeln sich in einem interpersonalen Raum und werden in sozialen Interaktionen konstruiert, indem ihnen Rollen zugewiesen und Bedeutungen zugeschrieben werden.
- **Anthropologie** → Nach philosophischen Anthropologen wie Max Scheler (1874–1928), Helmuth Plessner (1892–1985) oder Arnold Gehlen (1904–1976) besitzt das menschliche Wesen (= Person) Eigenschaften wie Selbstreflexion, Weltoffenheit und Exzentrizität. Im 20. Jahrhundert wurde die Diskussion zunehmend differenzierter, besonders unter Sozial- und Kulturanthropologen. Untersuchungen ergaben, dass Vorstellungen von Personalität und Individualität nicht universell, sondern stets kulturell geprägt sind. Heute beschäftigt sich die Anthropologie mit der Vielfalt menschlicher Selbst- und Weltverständnisse aus philosophisch-ontologischer, und sozial-kultureller Sicht und erforscht biologische, soziale, psychologische, philosophische, historische, kulturelle und weitere Aspekte der menschlichen Existenz.
- **Theologie** → In der Theologie entwickelte sich der Begriff *Person* in der Spätantike. Er wurde aus der römischen Rechtssphäre übernommen, um zwei theologische Probleme zu lösen: (1) Das trinitätstheologische Problem, wie der eine einzigartige Gott gleichzeitig als *Gott Vater, Gott Sohn* und *Gott Heiliger Geist* verstanden werden konnte, ohne den Monotheismus aufzugeben. Die Lösung war, Gott als *ein Wesen mit drei Personen* zu betrachten. (2) Das christologische Problem, wie Christus zugleich Gott und Mensch sein kann. Die Lösung war ähnlich: Christus wurde als *eine Person mit zwei Naturen* (göttlich und menschlich) verstanden. Damit entwickelte sich der Personenbegriff als zentral für das christliche Verständnis von Gott und Christus. Eine Person war dabei nicht als Individuum zu sehen, sondern als relationale Kategorie. Eine wichtige Frage der theologischen Diskussionen ist auch, ab wann genau ein Mensch als Person betrachtet werden kann, also ab der Zeugung oder erst später ab einer bestimmten Entwicklungsstufe. Zusammenfassend steht die Bezeichnung *Person* in der Theologie für ein Verständnis von Gott, Christus und Mensch als einzigartige, würdevolle und relationale Wesen.
- **Philosophie** → Zu den zentralen philosophischen Konzepten des Begriffs *Person* gehören (um nur einige zu nennen):
  - → Der substantialistische, ontologische Personenbegriff nach Anicius M. S. Boethius (ca. 480/485 bis ca. 524/526, römischer Gelehrter), der Personen durch Vernunft und Individualität definiert: „persona est naturae rationalis individua substantia" (*Person ist die individuelle Substanz einer vernünftigen Natur*)" (Metzler-01).
  - → Der bewusstseinsphilosophische Personenbegriff, wie er beispielsweise von John Locke (1632–1704, englischer Arzt und Philosoph) oder Peter Singer (* 1946, australischer Philo-

soph) vertreten wurde/wird. Eine Person ist demnach an die Begriffe (Selbst-)Bewusstsein, Rationalität und Vernunft geknüpft. Das bedeutet, dass nicht alle Menschen Personen sind (z.B. kleine Kinder, Bewusstlose, debile Menschen u.a.).

→ Der moralisch-praktische Personenbegriff nach Immanuel Kant (1724–1804, deutscher Philosoph), der eine Person versteht als „dasjenige Subject (sic), dessen Handlungen einer Zurechnung fähig sind. Die moralische Persönlichkeit ist also nichts anders, als die Freiheit eines vernünftigen Wesens unter moralischen Gesetzen, [...] woraus dann folgt, daß [sic] eine Person keinen anderen Gesetzen als denen, die sie [...] sich selbst gibt, unterworfen ist" (Kant 1914: 223, zitiert nach STL-01).

→ Der dialogische Personenbegriff von Martin Buber (1878–1965, österreichisch-israelischer Philosoph), betont, dass *Personsein* nicht nur durch individuelle Eigenschaften wie Vernunft oder Selbstbewusstsein, sondern durch den Bezug zu und im Dialog mit anderen Personen entsteht. Hierbei spielen Sprache und Kommunikation eine zentrale Rolle, weil der Mensch sich selbst und andere erst im wechselseitigen Austausch erschließt.

In der **Ethik** (als Teilgebiet der Philosophie) bezieht sich der Begriff *Person* vor allem auf Fragen des moralischen Status und der Schutzwürdigkeit. Es geht u.a. um die Frage, welche moralischen Ansprüche an eine Person gestellt werden und wie sie sich in ethisch relevanten Situationen verhalten sollte. In diesem Kontext sind besonders der bewusstseinsphilosophische und der moralisch-praktische Personenbegriff von Bedeutung, denn sie bestimmen, wem Rechte und Pflichten zukommen. Der Personenbegriff wird hier somit besonders auf Verantwortung gegenüber anderen Personen, dem Umgang mit moralischen Dilemmata und generell auf praktische Konsequenzen hin diskutiert.

4.2 Ausgewählte ethisch-moralische Aspekte zur Person

In den nachfolgenden Abschnitten geht es um ausgewählte ethisch-moralische Aspekte zur Person, darunter Autonomie, Menschenwürde, Verantwortung, Identität u.a. Was bedeutet es, eine autonome Person zu sein, und wie hängt das mit unserer Verantwortung für das eigene Handeln zusammen? Was macht eine Person zu der, die sie ist, und was hat das mit Gleichheit, Differenz und Identität zu tun? Die einzelnen Abschnitte geben jeweils einen sehr kurzen Einblick in den jeweiligen Aspekt, mal aus philosophisch-ethischer, mal aus psychologischer, soziologischer oder aus einer anderen Perspektive.

4.2.1 Autonomie

Das Wort *Autonomie* (von griech. *autonomía* = Selbstgesetzgebung, Selbstbestimmung) beschreibt die Freiheit einer Person (oder Institution), zu wesentlichen Sachverhalten die sie betreffen, selbst Entscheidungen zu treffen und danach handeln zu können (vgl. DWDS). Darauf basierend meint Autonomie im philosophischen Kontext die Fähigkeit eines Individuums oder einer Gemeinschaft, sich selbst Gesetze und Prinzipien zu geben und nach diesen zu handeln. Kant prägte den Begriff der Autonomie als Gegensatz zur *Heteronomie* (Fremdbestimmung). Durch die Fähigkeit, sich selbst moralische Gesetze zu geben, kann der Mensch frei und moralisch handeln. Autonomie ist somit das oberste Prinzip der Sittlichkeit. Sie zeigt sich im kategorischen Imperativ: „Handle nur nach derjenigen Maxime, durch die du zugleich wollen kannst, dass sie ein allgemeines

Gesetze werde“ (Kant 1903: 424, zitiert nach STL-02). Autonomie unterscheidet sich auch von anderen Konzepten wie *Freiheit* (frei von Zwang) oder *Autarkie* (Unabhängigkeit, Selbstständigkeit). In der modernen Philosophie ist Autonomie ein zentraler Wert, der die individuelle Selbstbestimmung und Würde des Menschen in den Mittelpunkt stellt. Gesellschaftliche Regeln und Institutionen sollen die Autonomie des Einzelnen respektieren und fördern. Allerdings hat die Autonomie des Individuums auch Grenzen. (vgl. STL-03; Bielefeldt 2011: 311–314)

4.2.2 Menschenrechte und Menschenwürde

Die Bezeichnungen und Konzepte *Menschenrechte* und *Menschenwürde* sind eng miteinander verknüpft.

Menschenrechte sind Rechte, die jedem Menschen allein aufgrund seines Menschseins zustehen. Sie sind unveräußerlich, unteilbar und universell gültig. Der Grundgedanke der Menschenrechte ist, dass jeder Mensch Würde besitzt, unabhängig von Herkunft, Religion, Geschlecht, Status u.a. Die Menschenrechte haben zwei unterschiedliche Dimensionen: (1) eine *ethisch-moralische Dimension*, die sich auf die angeborene, unverzichtbare und unantastbare Fähigkeit des Menschen bezieht, also die Menschenrechte im engeren Sinne; (2) eine *politisch-staatliche Dimension*, welche die anerkannten und statuierten Menschenrechte als positivrechtlich (= vom Menschen gesetzt) festgestellte und verliehene Befugnisse umfasst, also die gesetzlich verankerten Grundrechte.

Menschenwürde bedeutet, dass jeder Mensch wertvoll ist, weil er ein Mensch ist. Menschenwürde ist der Kern und die Grundlage der Menschenrechte. In der Geschichte der Philosophie hat sich dieser Begriff erst spät zu einem zentralen Konzept entwickelt. Ursprünglich bezeichnete lateinisch *dignitas* in der römischen Antike die veränderliche äußere Würde einer herausgehobenen sozialen oder politischen Stellung, wie etwa die Würde eines Konsuls oder Senators. Erst im Laufe der Zeit entwickelte sich die Idee einer unveräußerlichen, jedem Menschen allein aufgrund seines Menschseins zukommenden Würde. Heute ist die Menschenwürde zum obersten Gebot der Moral sowie vieler Verfassungen und Pakte geworden und steht damit vor anderen Menschenrechten. Philosophen wie Kant haben die Menschenwürde als Merkmal der Vernunftbegabung und Moralität des Menschen definiert, der ihn zum Selbstzweck und nicht bloßes Mittel macht. Aus der Menschenwürde lassen sich grundlegende Menschenrechte wie Selbstbestimmung, Unversehrtheit und Gleichberechtigung ableiten. (vgl. STL-04)

4.2.3 Achtung, Wertschätzung und Verantwortung

Der Begriff **Achtung** wird in der Ethik unterschiedlich verwendet. (1) *Hochschätzung* bezieht sich auf die Leistungen und Vortrefflichkeiten anderer Menschen, die sie durch eigene Anstrengungen verdienen. Das impliziert die Überzeugung, dass bestimmte Leistungen positiv zu bewerten sind. (2) *Moralische Achtung* umfasst das Postulat, andere nicht zu verletzen, zu täuschen, zu benachteiligen o.a. Laut Kant schulden wir allen Menschen moralische Achtung, unabhängig von ihrer Person und ihren Handlungen. (3) Achtung im Sinne von *Wertschätzung* richtet sich schließlich auf bestimmte positive Eigenschaften, die von verschiedenen Personen verkörpert werden. (vgl. STL-05; Metzler-02)

Wertschätzung ist in der Philosophie an sich ein zentrales moralisches Konzept, das die Achtung, Anerkennung und den Respekt des intrinsischen Wertes und der Würde jedes Menschen im Fokus hat. Kant betrachtete Wertschätzung als eine sinnliche Triebfeder moralischen Handelns. Andere philosophische Ansätze binden die Einstellung der moralischen Wertschätzung an die Möglichkeit, eine sinnvolle persönliche Identität zu entwickeln. Moralität wird dabei als notwendige Bedingung dafür gesehen, dass ein Mensch sein Leben als sinnvoll erfahren kann. Wertschätzung ist ein elementarer Bestimmungswert für ein gelingendes menschliches Zusammenleben und ein erfülltes Leben. (STL-05)

Der Begriff der **Verantwortung** ist in der Philosophie erst in neuerer Zeit wichtig geworden. Dabei handelt es sich um ein mehrstufiges Phänomen, das verschiedene Aspekte umfasst: (1) *Primärverantwortung* beinhaltet (a) die spezifische Aufgabenverantwortung für bestimmte soziale Rollen, Funktionen und Ämter sowie (b) eine generelle Handlungsverantwortung für die Folgen und Nebenwirkungen des eigenen Tuns und Lassens. (2) *Sekundärverantwortung* ist die Rechenschaftsverantwortung, zu der man gezogen wird, wenn Zuständigkeiten vernachlässigt wurden. (3) *Tertiärverantwortung* schließlich meint die Haftung für Verfehlungen oder Vernachlässigungen, die in Schadenersatz, Wiedergutmachung oder Strafe resultiert. Verantwortung begründet den Menschen als Rechts- und moralisches Subjekt, das für sein Handeln und dessen Folgen einzustehen hat. *Rechtliche Verantwortung* basiert auf Zurechnungsfähigkeit, die durch äußere und innere Einflüsse bedingt, aber nicht determiniert ist. *Moralische Verantwortung* geht über formelle Zuständigkeiten hinaus und betrifft auch die Lebensverhältnisse, die durch gemeinsames Handeln beeinflusst werden können. Eine Verantwortungsethik, wie sie Max Weber (1864–1920, deutscher Soziologe) beschreibt, fordert, nicht nur hohen Geboten zu folgen, sondern vor allem die voraussehbaren Folgen des Handelns zu berücksichtigen und dafür einzustehen. (STL-06)

4.2.4 Identität und Individualität

Identität beschreibt, wie Menschen sich selbst aus ihrer Biografie heraus und bezogen auf ihre soziale Umwelt wahrnehmen. Hierbei haben Merkmale wie Geschlecht, Alter, soziale Herkunft, Ethnizität, Nationalität, Beruf, persönliche Eigenschaften, Kompetenzen u.a. einen Einfluss. Identität wird durch die Reflexion des Selbst und Rückmeldungen aus der sozialen Umgebung konstituiert und in sozialen Interaktionen ausgehandelt. Identitätsarbeit beinhaltet die Balance von Kontinuität und Veränderung, dem Streben nach Einzigartigkeit und Gemeinsamkeit sowie dem Bedürfnis nach Handlungsmacht. Identitätsentwicklung ist deshalb eine lebenslange Aufgabe, die unter veränderten Lebensbedingungen angepasst werden muss. Rückmeldungen aus dem sozialen Umfeld können zu Konflikten und Identitätskrisen führen, wenn große Unterschiede zwischen der Selbst- und der Fremdwahrnehmung erkennbar werden. (vgl. Dorsch-02)

In der Philosophie wird der Identitätsbegriff nicht nur auf Personen bezogen, sondern bezeichnet eine allgemeine Gleichheitsrelation zwischen Entitäten. Dabei wird zwischen *numerischer Identität* (Identität ein und desselben Gegenstands zu unterschiedlichen Zeitpunkten) und *qualitativer Identität* (Identität zweier Entitäten in Bezug auf eine Eigenschaft) unterschieden. In der Ethik ist allerdings der Sonderfall der *Ich-Identität* relevant. Dieses Verständnis von Identität ist Gegenstand der Philosophie, ebenso wie der Psychologie und Soziologie. Identität ist also „die Kontinuität einer Person über die Zeit, durch die sie für sich selbst wie für andere identifizierbar wird und durch die ihre Handlungen ihr zurechenbar werden" (Haker 2011: 400). Wie die Psychologie betont auch die Soziologie die soziale Konstruktion von Identität (s.o.). Kontinuität und Identität entstehen daher auch durch Zuschreibungen anderer Menschen. Die Philosophie hingegen sieht diese Kontinuität eher als ein reines Bewusstseinsphänomen. Identität umfasst jedoch nicht nur die elementare Kontinuität einer Person, sondern auch ihre Selbstkonzepte und Lebensentwürfe, die für sie existentiell und handlungsleitend sind. Ich-Identität ist nicht vollständig objektivierbar, aber weitgehend der (Selbst-)Reflexion zugänglich. Identität ist daher eine Aufgabe oder Leistung, die eine Person ein Leben lang erfüllen muss. Die ethische Reflexion beschäftigt sich dabei (1) mit der Zurechenbarkeit und Verantwortung von Handlungen, (2) mit der Konstituierung eines moralischen Subjekts und (3) mit den Selbstentwürfen von Personen, die häufig mit dem Begriff *Identität* zusammengefasst werden.

Da die Integration verschiedener Rollen und Erfahrungen in eine einheitliche Identität zunehmend schwieriger wird, kommt in der Soziologie zur Identitätstheorie neuerdings auch die Biografie-Forschung hinzu. Wenn Menschen ihre Identität tatsächlich selbst entwerfen, dann tun sie dies nicht neutral, sondern mit dem Ziel, dass ihre Existenz gelingt. Für die Praxis bedeutet dies, dass Identität sich sowohl mit der Selbsterhaltung als auch mit dem Streben nach einem guten und richtigen Leben befasst (vgl. ebd.: 401f.).

Individualität bezieht sich auf die einmalige Art und Weise, wie Menschen handeln, sich verhalten und reagieren. Die Unterschiede zwischen ihnen zeigen sich in verschiedenen Aspekten der Persönlichkeit wie Eigenschaften, Einstellungen, Interessen, Wertorientierungen und Kommunikationsstil und die jeweils einzigartige Kombination solcher Merkmale. Eine andere Perspektive von Individualität ist die Einzigartigkeit des Individuums im Inneren, etwa in Bezug auf Emotionen oder Wohlbefinden. Erlebt ein Mensch über einen längeren Zeitraum Fremdheit, Fremdsteuerung o.Ä., kann das zu psychischen Störungen führen. Selbstreflexion ermöglicht es, sich von anderen zu unterscheiden und trotz Veränderungen mit sich selbst identisch und im Einklang zu bleiben. Individualität umfasst die einzigartige Bewusstseinswelt jedes/jeder Einzelnen sowie die Einmaligkeit jeder Persönlichkeit und Biografie. Trotzdem haben Menschen aufgrund ihrer sozialen, kulturellen und auch biologischen Entwicklungsumstände viele Gemeinsamkeiten. (vgl. Dorsch-03)

4.2.5 Gleichheit und Gerechtigkeit

In der Philosophie bezieht sich **Gleichheit** auf die gleiche Verteilung von Gütern oder Ansprüchen und ist damit elementarer Bestandteil von Konzepten der **Gerechtigkeit**. Gleichheit und Gerechtigkeit steuern die Grundstruktur von gesellschaftlichen Systemen sowie politisches Handeln und sind verknüpft mit dem Begriff der *Freiheit*. Die Gerechtigkeitsdebatte wird hauptsächlich vom Egalitarismus[20] beeinflusst, insbesondere vom Glücksegalitarismus. Dieser zielt darauf ab, nur Ungleichheiten auszugleichen, welche die betroffenen Personen nicht selbst zu verantworten haben (z.B. soziale und ethnische Herkunft, Alter, Geschlecht usw.). Die Frage, ob Gerechtigkeit einen Eigenwert hat oder nur instrumentell ist, ist zentral. Eine Auffassung besagt, Gerechtigkeit

20 Egalitarismus bezeichnet die „Theorie bzw. Ideologie, die die soziale bzw. politische Gleichstellung von Individuen in (bestimmten oder allen) Bereichen einer Gesellschaft fordert" (DWDS).

sei unverzichtbar für die Schaffung und das Aufrechterhalten von solidarischen Verhältnissen in der Gesellschaft (= instrumenteller Wert). Demgegenüber steht die Meinung, dass Gerechtigkeit an sich einen Wert hat. (vgl. STL-07)

Im Gegensatz zur mathematisch-naturwissenschaftlichen Identitätsaussage setzt die Aussage über Gerechtigkeit einen Vergleich von Unterschiedlichem voraus. Sie bezieht sich auf das moralische, politische, rechtliche oder religiöse Verhältnis zwischen Individuen oder Gruppen und bewertet die Ungleichheit. Es gibt verschiedene Arten von Gerechtigkeit:

- **Normative Gerechtigkeit** betont die angeborene Gleichwertigkeit aller Menschen und basiert auf naturrechtlichen Prinzipien. Sie ist grundsätzlicher Natur und unveräußerlich.
- **Formale Gerechtigkeit** bezieht sich auf gerechte Verfahren.
- **Materielle Gerechtigkeit** berücksichtigt die Vielfalt der Menschen und fordert gleiche Chancen für alle.
- **Proportionale Gerechtigkeit** zielt darauf ab, gerechte Verhältnisse zu schaffen, indem sie je nach Tugenden oder Fähigkeiten verteilt.

Das Prinzip der Gerechtigkeit vereint normative, materielle und proportionale Elemente und bemüht sich um eine Balance zwischen individueller Freiheit und solidarischer Gemeinschaft. (vgl. Metzler-03)

Arbeitsanregung 1: Nehmen Sie noch einmal Ihr Freewriting, das Sie zu Beginn des Kapitels erstellt haben, hervor. Schauen Sie sich die markierten Stellen an. Finden Sie Übereinstimmungen zwischen Ihren anfänglichen Ideen und den Informationen in diesem Kapitel? Welche Ideen haben sich bestätigt? Worin sind Sie anderer Meinung? Welche neuen Fragen haben Sie jetzt? Notieren Sie diese und achten Sie im weiteren Verlauf der Arbeit mit diesem Buch darauf, ob Sie Antworten darauf finden.

Arbeitsanregung 2: Was hat der Personenbegriff mit Diversität und Diversitäts-Kompetenz zu tun? Stellen Sie Vermutungen an und notieren Sie diese. Achten Sie beim Lesen der einzelnen Kapitel zwischendrin darauf, ob Ihre Vermutungen bestätigt werden.

Stimmen von Studierenden

Autonomie verbindet: Durch Autonomie erhalte ich Verantwortung für mein Denken und Handeln. Das impliziert eine Verantwortung dafür, dass auch andere autonom sein dürfen.

***

Mich beschäftigt die Frage nach der Achtung und Wertschätzung schon lange. Es fällt mir schwer, Personen zu achten und wertzuschätzen, von denen ich eigentlich ein negatives Bild habe. Aber warum habe ich dieses Bild? Liegt es an der anderen Person oder an mir?

***

Mein Eindruck ist, dass persönliche Ziele und Interessen oftmals über das Wohl der anderen gestellt werden. Leider beobachte ich das manchmal auch an mir selbst. Ich hatte bisher noch nie darüber nachgedacht, dass ich damit andere missachten oder gar in ihrer Würde verletzen könnte.

5. Stereotype, Vorurteile, Unconscious Bias – Gefahr für die Diversity-Kompetenz

Zur Einstimmung: Ein Experiment, Teil 1[21]

Betrachten Sie das Bild (Abb. 5) und notieren Sie die ersten 10 bis 15 Assoziationen, die Ihnen spontan dazu einfallen. Schreiben Sie einzelne Wörter, mehrteilige Ausdrücke oder Ausrufe, sehr kurze Sätze o.Ä. auf. Denken Sie nicht über Ihre Assoziationen nach und bewerten Sie diese nicht. Alles, was Ihnen spontan in den Sinn kommt, passt.

Abb. 5: Assoziationen zu einem Bild; Foto: www.freepik.com

Diversity-Kompetenz erfordert Selbstreflexion sowie Kenntnisse über die eigene Haltung und das eigene bewusste oder unbewusste Verhalten. Beides wird von Stereotypen und Vorurteilen beeinflusst. Und niemand von uns ist frei davon. Hinzu kommen unbewusste Voreingenommenheiten *(Unconscious Bias)*. Die Herausforderung besteht darin, diese drei Phänomene zu kontrollieren, indem man versteht, wie sie generell wirken und welche man persönlich hat. In diesem Kapitel erarbeiten Sie einen umfassenden Überblick über das Thema, werden sich Ihrer eigenen Stereotype, Vorurteile und Unconscious Bias bewusst und entwickeln Strategien, um konstruktiv mit ihnen umzugehen.

21 Die Grundform dieser Aktivität habe ich vor vielen Jahren in einer Fortbildung kennen gelernt, die Herkunft ist mir nicht bekannt. Seitdem verwende ich in meinen Seminaren und Trainings eine von mir abgewandelte Form. Die Arbeitsanweisungen sind immer ähnlich, was ich hingegen häufig auswechsle, sind die Fotos. Die hier vorliegende Version (exklusive Foto, inklusive der weiteren Teile) ist angelehnt an Karagiannakis 2022c: 8–10.

5.1 Stereotype

Stereotype (von griech. *stereós* = *fest, starr, haltbar* und griech. *týpos* = *Art, Form, Muster*) sind vereinfachte und übergeneralisierte Überzeugungen und Meinungen über vermeintlich typische Eigenschaften bestimmter Menschengruppen. Sie entstehen, weil persönliche Einzelerfahrungen verallgemeinert und auf ganze Gruppen übertragen werden, oder weil man sie, ohne eigene Erfahrungen gemacht zu haben, von anderen übernimmt.

So oder so: Stereotype entstehen durch Vergleiche. Das Stereotyp über Deutsche schlechthin ist sicher ihre vermeintliche Pünktlichkeit. Aber sind Deutsche wirklich so pünktlich? Im Vergleich zu Südeuropa ja, im Vergleich zur Schweiz wohl nicht? Sind die zugrunde liegenden Annahmen (*Südeuropäer/innen sind unpünktlich, Schweizer/innen* pünktlich) nicht selbst Stereotype? Sind die Menschen in allen Ländern Südeuropas (oder auch nur in einem einzigen) alle unpünktlich, in der Schweiz alle überpünktlich und alle Deutschen irgendwo dazwischen? So pauschale Aussagen sind kaum haltbar. Trotzdem zielen Stereotype immer auf ganze gesellschaftliche Gruppen (*Jungen sind gut in MINT-Fächern. – Frauen sind sozial und emotional. – Frauen können gut kochen, Männer nicht – obwohl von den Sterne-Köch/innen in Deutschland nur ein verschwindend geringer Teil weiblich ist.*[22]). Oftmals beziehen sich Stereotype auf ganze Völker (*Deutsche sind pünktlich. – Italiener/innen reden laut.*) oder sogar auf ganze Kontinente (*Afrikaner/innen können gut tanzen. – Asiat/innen sind fleißig.*). Nach Assmann bilden

> Stereotype die elementaren Kategorien, mithilfe derer wir uns in der Welt bewegen und sie begreifen; sie gehören zu den ersten Dingen, die Kinder erlernen oder unbewusst aufnehmen, während sie aufwachsen und mit ihrer Umgebung in Beziehung treten. Was in diesem frühen Stadium gelernt wird, wird zur Leitlinie der Reaktionen und Reflexe unseres weiteren Lebens. (Assmann 2009: 25)

In jeder Kultur werden Stereotype (oder Klischees[23]) also weitergegeben und übernommen: von Vorbildern (Eltern, Freund/innen, Autoritätspersonen), aus der Sprache (Redewendungen, spezielle Ausdrücke – *Besserwessi, Jammerossi*), aus den Medien (Film, Werbung, Zeitung) und aus vielen anderen kulturell geprägten Quellen. Meistens hinterfragen wir Stereotype nicht, sie gehören einfach zu jeder Kultur dazu. Im Prinzip kann man den Erwerb von Stereotypen grob mit dem Spracherwerb vergleichen:

> Ein Kind sieht einen Spatz und lernt, dass dies ein Vogel ist. Also denkt es zunächst, alle Vögel sähen aus wie Spatzen. Dann erfährt es nach und nach, dass auch Amseln, Adler, Enten, Hühner und sogar Pinguine Vögel sind. Wie das Kind seine Vorstellung von Begriffen erweitern und korrigieren muss, so müssen wir auch unsere Klischees immer wieder überprüfen und an die Realität unserer neuen Lernerfahrung anpassen. (Karagiannakis 2022c: 13)

---

22 Im Jahr 2023 gab es in Deutschland 334 Sterne-Restaurants. Davon wurden gerade mal neun von Frauen geleitet (vgl. www.spiegel.de, 14.09.2023). Eine einzige von ihnen hatte zwei Sterne, der Rest einen (vgl. www.swr.de, 21.9.2023). Sagt das nun etwas über die Kochkünste von Frauen und Männern aus oder eher etwas über Diskriminierung und Benachteiligung von Frauen?

23 Der Begriff *Klischee* wird i.d.R. synonym zu *Stereotyp* verwendet.

Es gibt mehrere **Arten von Stereotypen**:

- **Auto-Stereotype** beziehen sich auf die Ingroup[24] und sind tendenziell positiv.
- **Hetero-Stereotype** machen Aussagen über die Outgroup und sind eher negativ.
- **Meta-Stereotype** sind Stereotype über ein (tatsächliches oder angenommenes) Stereotyp, das die Mitglieder einer Outgroup über die eigene Ingroup haben (sollen).
- **Selbst-Stereotypisierung** meint das Anwenden von Stereotypen über die Ingroup auf die eigene Person *(Alle Deutschen sind pünktlich, also bin ich auch pünktlich)* (vgl. Stürmer & Siem 2022: 53).

Stereotype erfüllen drei lebenswichtige **Funktionen**:

- **Kognitive Funktion** – Eingehende Reize werden schnell verarbeitet und einsortiert, was im Bedarfsfall ermöglicht, schnell Entscheidungen zu treffen.
- **Affektive Funktion** – Das eigene Selbstwertgefühl wird gesteigert, indem man einen Sündenbock findet und unangenehme eigene Anteile auf andere verlagert.
- **Soziale Funktion** – Durch Definition und Abgrenzung von Outgroups wird die Ingroup gesichert und stabilisiert.

Lippmann „versteht Stereotypisierung als ein rationelles Verfahren des Individuums zur Reduktion der Komplexität seiner realen Umwelt" (vgl. Lippmann 1922, zitiert nach Heringer 2014: 204). Demnach gehört es zur Beschaffenheit des Menschen, Wahrnehmungen möglichst in vorgefertigte Raster einzuordnen und sich so zu orientieren (vgl. ebd.). Als Konsequenz nehmen wir selektiv wahr, sehen und hören vor allem das, was unsere bereits vorhandenen Eindrücke bestätigt (vgl. ebd.). Stereotype haben also das Ziel,

> Erfahrungen vorherzusehen. Das Gehirn kann nicht in jeder neuen Situation bei null anfangen. Es muss auf dem aufbauen, was es zuvor wahrgenommen hat. Aus diesem Grund sind Stereotype nicht von Haus aus schlecht. In dem nie endenden Versuch, unsere komplexe Umwelt zu verstehen und zu ordnen, beschleunigen sie sozusagen die ‚Erkenntnis'. (Ariely 2008: 206f.)

Arbeitsanregung: Ein Experiment, Teil 2

Fertigen Sie in Ihrem Portfolio eine Tabelle mit drei Spalten an. Die erste Spalte steht für die Kategorie *Beschreibung*, die zweite für *wertfreie Interpretation*, die dritte für *bewertende Interpretation*.

Lesen Sie nun Ihre spontanen Assoziationen, die Sie in Teil 1 des Experiments gesammelt haben und schreiben Sie sie in die passende Spalte. Berücksichtigen Sie dabei folgende Erläuterungen:

- Eine **Beschreibung** ist etwas, das man mit den Sinnesorganen wahrnehmen kann: *ein rechteckiges Foto, ein Mann und zwei Kinder* usw.
- Aufgrund von Erfahrungen könnte man schließen, dass der abgebildete Mann ein Vater oder die beiden Kinder Geschwister sind. Der Vater könnte mit seinen Kindern im Home Office sein. Das alles sind aber Vermutungen. Der Mann könnte genauso gut der Bruder sein, die

24 Mit dem Begriff *Ingroup* (auch *Eigengruppe*) wird in der Sozialpsychologie eine Gruppe bezeichnet, der man selbst angehört, mit der man sich verbunden fühlt und identifiziert. Dem gegenüber steht die *Outgroup* (auch *Fremdgruppe*). Menschen gehören immer mehreren Ingroups an und sind gleichzeitig Mitglieder von Outgroups.

– Haushaltshilfe einer Familie mit zwei (oder mehr) Kindern oder ein Mann, der eine private kleine Kinderbetreuungsgruppe in seiner eigenen Wohnung anbietet. Begriffe wie *Vater*, *Geschwister, seine Kinder* oder *Home Office* sind also Interpretationen, und zwar **wertfreie Interpretationen**.
– Begriffe wie *gestresst, routiniert, multitaskingfähig, jung* usw. sind persönliche Einschätzungen des Betrachters oder der Betrachterin. Vielleicht sind die abgebildeten Personen mitten im Rollenspiel und völlig entspannt. Oder der Mann ist wirklich gestresst, aber das Foto ist ein Schnappschuss aus einem ruhigen Moment. Begriffe wie *gestresst* oder *routiniert* usw. sind also Bewertungen. Bewertungen sind per se immer auch Interpretationen, wir benutzen für diese Analyse deshalb den Begriff **bewertende Interpretation**.

Werten Sie die Tabelle anschließend auch quantitativ aus und zählen Sie die Einträge in jeder Spalte. Ermitteln Sie in der dritten Spalte auch die positiven und die negativen Bewertungen. Hierzu zwei Beispiele: Der Begriff *gestresst* ist negativ konnotiert, er ist deshalb eine **negativ bewertende Interpretation**. Der Begriff *routiniert* wäre eine **positiv bewertende Interpretation**.

In welcher Kategorie haben Sie die meisten Assoziationen? Wie ist die Verteilung bei den drei Interpretationstypen? Überrascht Sie das Ergebnis? Wie erklären Sie sich Ihre Assoziationen mithilfe der vorangegangenen Informationen in Kaptiel 4.1?

Arbeitsanregung: Ein Experiment, Teil 3

Betrachten Sie noch ein letztes Mal alle Interpretationen in Ihrer Tabelle. Welche Stereotype könnten ihnen jeweils zugrunde liegen? Notieren Sie möglichst viele Beispiele.

5.2 Vorurteile

Ein Vor-Urteil im Wortsinn ist ein vorläufiges Urteil, dem ein revidiertes, auf genauerer Kenntnis basierendes folgen müsste. Vorurteile wären demnach per se veränderlich. Das Gegenteil ist die gängige Praxis: Urteile werden gefällt, ohne sie anhand von Tatsachen auf ihre Gültigkeit zu überprüfen. Sie sind „Ausdruck von negativen Stereotypen [...] und generellen, mangelhaften oder unbegründeten Meinungen über eine Outgroup“ (Taylor & Pettigrew 2000, zitiert nach Zick et al. 2009: 292). Im Gegensatz zu Stereotypen können Vorurteile nicht ausschließlich kognitiv erklärt werden. Sie sind voller Emotionen und als Werte und Tabus getarnter Normen (vgl. Assmann 2009: 34). Ein Vorurteil hat nicht die Funktion, die Welt zu verstehen, sondern es dient „als Waffe in der Macht- und Identitätspolitik“ (ebd.: 33). Vor allem die Emotionen verhindern, dass das Vorurteil so korrigiert werden kann, wie es der Begriff als solcher suggeriert.

> Anstatt das Stereotyp umzubauen und bei veränderter Beweislage entsprechende Anpassungen vorzunehmen, wird das Vorurteil stark gemacht, um Indizien zurückzudrängen und zu zerstören. Während das Stereotyp an die Welt angepasst wird, schafft sich das Vorurteil eine passende Welt. Tatsächlich kann das Vorurteil – wenn es sich um das Vorurteil der MachthaberInnen oder der Massen handelt – sowohl die Welt als auch andere Menschen nach seinen Vorstellungen formen und eine phantasmatische Fiktion in grausame Realität verwandeln. (vgl. Tajfel 1982; nach Assmann 2009: 34)

Gesellschaftliche Normen und Tabus, diskriminierungssensible Einstellungen und Diskurse führen dazu, dass Vorurteile heute weniger offen geäußert werden. Dennoch sind sie weiterhin vorhanden. Sie werden als *latente* oder *subtile Vorurteile*, *symbolischer*, *ambivalenter*, *aversiver* oder *moderner Rassismus* beschrieben (vgl. Dietz & Petersen 2006: 9). „Menschen mit latenten Vorurteilen hegen einen gewissen Restbestand an negativen Gefühlen gegenüber Fremdgruppenmitgliedern, aber bemühen sich, vorurteilsfrei zu erscheinen" (ebd.). Dabei sind diese Vorurteile jedoch mitunter so versteckt, „dass selbst ihre Besitzer diese häufig nicht erkennen und sich selbst folgerichtig für vorurteilsfrei erachten" (ebd.).

Vorurteile führen schnell zu **sozialer Diskriminierung**, Personen werden aufgrund ihrer Gruppenzugehörigkeit abgelehnt oder benachteiligt (vgl. Stürmer & Siem 2022: 53). Daraus folgt oft **Stigmatisierung**: Person A schreibt Person B eine negativ bewertende, meist äußere Eigenschaft zu, weil B den Erwartungen von A nicht entspricht (z.B. Hautfarbe, sexuelle Orientierung, Alter). Da ein Stigma nicht durch andere Merkmale kompensiert werden kann, werden stigmatisierte Menschen über die ihnen zugeschriebenen, negativen Merkmale definiert (vgl. ebd.: 54).

Auch Vorurteile erfüllen eine Reihe von Funktionen. Sie führen zu Gruppenbildung, wodurch man sich selbst positiv von den anderen abhebt. Sie dienen als Rechtfertigung, indem andere für Fehler verantwortlich gemacht werden. Sie polarisieren und machen den oder die andere(n) schlecht. Indem sie Sündenböcke benennen, legitimieren und stabilisieren sie Herrschaftsverhältnisse und Machtgefälle zwischen Majoritäten und Minoritäten (vgl. Berninghausen & Hecht-El Minshawi 2015: 66).

Stereotype und Vorurteile im Vergleich

Stereotype und Vorurteile beschreiben nicht, sondern bewerten. Die folgenden Beispiele verdeutlichen noch einmal die Unterschiede.

Beispiel 1

Tab. 5: Unterschied zwischen einem Stereotyp und einem Vorurteil

Stereotyp	Vorurteil
Alle Deutschen lieben Kartoffeln.	*Deutsche sind Kartoffelfresser.*
weit verbreitetes Stereotyp; man kann sich ärgern, aber auch schmunzeln	stark wertendes Vorurteil; stigmatisiert die betroffene Gruppe

Beispiel 2[25]

Tab. 6: Unterschied zwischen einem Vorurteil und einer Beobachtung

Vorurteil	Beobachtung
Deutsche sind autobesessene Raser.	*Auf Autobahnen in Deutschland gibt es kein generelles Tempolimit.*
• beruht auf Erfahrung oder Hörensagen • verallgemeinert Erfahrungen • beschreibt eine Erwartungshaltung • ist negativ bewertend, emotional aufgeladen	• beruht auf Erfahrung • beschreibt einen Sachverhalt • bezieht sich auf einzelne Tatsachen • bemüht sich um wertfreie Beschreibung

25 vgl. Berninghausen & Hecht-El Minshawi 2015: 65

Um die Konsequenzen eigener Stereotype und Vorurteile zu minimieren, ist es wichtig, sich bewusst zu machen und zu akzeptieren, dass man welche hat. Offenheit für andere Meinungen und Perspektiven sowie regelmäßiges Hinterfragen des eigenen Denkens und Handelns helfen dabei, die eigenen Vorurteile zu erkennen. Hilfreich ist auch, sich selbst genau zu beobachten, konkrete Details objektiv zu betrachten und zu beschreiben, statt pauschal zu bewerten und zu generalisieren. Auch sollten wir jederzeit offen bleiben für Revidierungen der eigenen Haltung und Einschätzungen.

Tipp: Legen Sie einen Zeitraum fest und achten Sie darauf, wie oft Sie selbst Situationen und Menschen aufgrund von Stereotypen oder Vorurteilen bewerten. Versuchen Sie, die Situation und die betroffenen Menschen neutral zu beschreiben. Werten Sie Ihre Erkenntnisse aus und formulieren Sie Schlussfolgerungen für Ihr künftiges Handeln.

Arbeitsanregung: Führen Sie in nächster Zeit eine Sprach- und/oder Medienanalyse durch. Formulieren Sie zuerst Ihre Vermutungen und Erwartungen.

Sammeln Sie dann für die Sprachanalyse möglichst viele Bezeichnungen, Sprichwörter, Redewendungen, Anekdoten, Witze usw., aus denen Stereotype oder Vorurteile über bestimmte Menschengruppen hervorgehen.

Analysieren Sie in den Medien Filme, Werbung, Podcasts, Radiobeiträge, Posts in den sozialen Medien, Blogartikel, Youtube-Videos usw. unter dem gleichen Gesichtspunkt.

Reflektieren Sie Ihre Ergebnisse abschließend und beantworten Sie die folgenden Fragen:

- Stimmen die Ergebnisse mit meinen Erwartungen überein?
- Falls nicht, habe ich mehr oder weniger Stereotype und Vorurteile erwartet?
- Kommen in den Ergebnissen mehr positive oder negative Stereotype vor?
- Welche der ermittelten Stereotype oder Vorurteile habe ich selbst auch? Was werde ich unternehmen, um sie abzustellen?

5.3 Unconscious Bias

Arbeitsanregung: Lesen Sie die folgenden Sätze und Aufgaben der Reihe nach und beantworten Sie sie jeweils sofort. Denken Sie nicht lange nach und bewerten Sie Ihre Antworten nicht. Schreiben Sie einfach auf, was Ihnen als Erstes spontan einfällt.

(1) Erster Schultag in einer Grundschulklasse in ländlicher Gegend in Süddeutschland. Auch die neue Klassenleitung der 1b stellt sich vor. Beschreiben Sie die Person.

(2) Auf einer universitären Veranstaltung werden verschiedene übergreifende Organe und Einrichtungen der Universität durch die jeweilige Leitung vorgestellt. Geben Sie den Personen einen Namen und nennen Sie einige ihrer Eigenschaften.

- Abteilung für Gender und Diversity …

- IT-Zentrum …
- Promotionsausschuss der Naturwissenschaftlichen Fakultät …
- Hausmeisterdienste …
- Psychologische Beratungsstelle …

Begriffsklärung

In der Psychologie bezeichnet der Begriff *Bias* (auf Deutsch meist *kognitive Verzerrung*) fehlerhafte Neigungen bei der Wahrnehmung, dem Erinnern oder Urteilen. Bias laufen stets unbewusst und automatisiert ab, man spricht deshalb von *Unconscious Bias (unbewusste* oder *implizite Voreingenommenheit*).

Dieses Phänomen wurde vor allem durch Daniel Kahneman (*1934; israelisch-US-amerikanischer Psychologe; Nobelpreisträger für Wirtschaftswissenschaften) bekannt, der es gemeinsam mit anderen Psychologen erforscht hat. Kognitive Verzerrungen sind ein evolutionsbedingter, biologischer Prozess, der auf verschiedenen Funktionsweisen des menschlichen Gehirns basiert (vgl. Kahneman 2011):

- Das Gehirn speichert Informationen, die wir im Laufe des Lebens und aufgrund von Erfahrungen sammeln.
- Es nutzt vorhandene Muster, um möglichst effizient zu arbeiten.
- Es filtert Wahrnehmungen nach zentralen Merkmalen und vergleicht sie mit bereits gespeichertem Wissen. Das schont Ressourcen, ist aber sehr fehleranfällig, denn wichtige Informationen können ausgefiltert werden.

Sobald Unconscious Bias verankert sind, fallen wir immer wieder auf das zugrundeliegende Muster zurück und der Denkfehler wird jedes Mal neu verstärkt.

Die zwei Denksysteme des menschlichen Gehirns

Kahnemann beschreibt zwei Denksysteme des menschlichen Gehirns und nennt sie *System 1* und *System 2* (vgl. ebd.: 53).

System 1 ist das Unbewusste. Es arbeitet intuitiv, schnell, emotional, „weitgehend mühelos und ohne willentliche Steuerung" (ebd.). Hier finden wir angeborene Fähigkeiten sowie erlernte und verinnerlichte geistige Kenntnisse, auf die wir bei Bedarf unbewusst automatisch zurückgreifen. Die meisten erwachsenen Menschen wissen, wer *die Queen* war, selbst wenn sie sich nicht für das englische Königshaus interessieren. Sie wissen, dass Paris die Hauptstadt von Frankreich ist, was der Begriff *11. September* bedeutet usw.

Das gleiche gilt für erlernte praktische Fertigkeiten, die ebenfalls in System 1 angesiedelt sind. Machen Sie doch einmal den Selbsttest: Können Sie schwimmen oder Rad fahren, eine Schleife binden, einen Zopf flechten oder eine Krawatte knoten? Können Sie auch mündlich ohne Gesten erklären, wie das funktioniert? Vermutlich nicht so einfach, denn alle genannten Tätigkeiten führen wir spontan und intuitiv durch, sobald wir sie gelernt und verinnerlicht haben. Und was tun Sie, wenn Sie durch einen niedrigen Durchgang gehen? Ziehen Sie vielleicht reflexartig den Kopf ein, auch wenn Sie eigentlich aufrecht hindurchpassen würden? „System 1 unseres Gehirns ist eine Art Instinkt und Autopilot und bearbeitet den größten Teil unserer Wahrnehmungen und Denkprozesse“ (Karagiannakis 2022c: 23).

System 2 ist das Bewusste. Es arbeitet langsam, logisch und mit erhöhter Aufmerksamkeit, die es „auf die anstrengenden mentalen Aktivitäten“ (Kahneman 2022: 53) lenkt. Auch System 2 steuert geistige und körperliche Aktivitäten, allerdings bewusst und konzentriert. Das gilt sowohl für ganz einfache geistige Aufgaben (z.B. den eigenen Namen buchstabieren, die Telefonnummer durchgeben) als auch für komplexere.

> Versuchen wir etwa, uns an eine Situation im Urlaub zu erinnern, rekapitulieren wir oft in Gedanken die Zeit unmittelbar davor und danach und suchen nach Anhaltspunkten. Oder haben wir einen Gegenstand verlegt, versuchen wir bewusst, uns daran zu erinnern, wann wir ihn zuletzt wo benutzt haben usw. Beispiele für praktische Tätigkeiten, die in System 2 gesteuert werden, sind z.B.: handwerkliche Tätigkeiten, Wandern in rutschigem Terrain, das Heraussuchen eines bestimmten Gegenstands aus einer vollen Schublade. Wird man während solcher Aktivitäten abgelenkt und nimmt die Aufmerksamkeit ab, dann verringert sich auch die Leistung. (Karagiannakis 2022c: 23)

Zwischen System 1 und System 2 kommt es zu Kooperationen, „wenn eine Frage auftaucht, für die System 1 keine Antwort bereitstellt“ (Kahneman 2011: 37), z.B.:

> Sie gehen in der Dunkelheit einen Weg entlang und hören irgendwo vor Ihnen ein lautes Rascheln und Knacken. System 1 signalisiert sofort und automatisch: *Achtung, unbekanntes Geräusch, eventuell Gefahr in Verzug!* Sie zucken spontan zusammen und bleiben stehen. System 2 übernimmt und versucht durch genaueres Hinschauen, Hinhören, Suchen und vor allem auch durch Nachdenken herauszufinden, wer oder was das Geräusch verursacht und ob das wirklich gefährlich sein könnte. (Karagiannakis 2022c: 24)

Die Arbeitsvorgänge in System 2 sind deutlich anstrengender als in System 1. Aus genau diesem Grund zieht das Gehirn die Arbeit mit System 1 vor, auch wenn viele Menschen vielleicht ein anderes Selbstbild haben. Kahneman hat das wie folgt zusammengefasst:

> Wenn wir an uns selbst denken, identifizieren wir uns mit System 2, dem bewussten, logisch denkenden Selbst, das Überzeugungen hat, Entscheidungen trifft und sein Denken und Handeln bewusst kontrolliert. Obwohl System 2 von sich selbst glaubt, im Zentrum des Geschehens zu stehen, ist das unwillkürliche System 1 der Held. (Kahneman 2011: 33)

Unconscious Bias im Kontext von zwischenmenschlichen Beziehungen und Diversity

Assmann beschreibt zwei sogenannte *universelle Prinzipien*, die sich in Voreingenommenheit zeigen. Prinzip 1: Menschen gehören stets mehreren Gruppen mit spezifischen Eigenheiten an, die alle Einfluss auf menschliches Denken und Handeln nehmen. Deshalb gibt es, so Assmann, „keine neutrale Grundhaltung [...]. Was das Stereotyp für die menschliche Wahrnehmung ist, ist die Voreingenommenheit für die menschlichen Gefühle und die Grundlagen gesellschaftlicher Orientierung“ (Assmann 2009: 7). Prinzip 2 ist verwandt mit Kahnemans Aussage, dass das Gehirn immer wieder auf gespeicherte Muster und Denkfehler zurückfällt und sie dadurch verstärkt. Auch im zwischenmenschlichen Verhalten entscheiden wir oft, indem wir an frühere Entscheidungen anknüpfen und sie wiederholen (vgl. ebd.). Genau hierin liegt eine große Gefahr: „Wenn Voreingenommenheit über diese Kontexte hinaus verstärkt wird, kann sie zur Grundlage von etwas äußerst Einschränkendem, Verzerrendem, Heimtückischem und Gefährlichem werden“ (ebd.).

Bias-Typen

In der Literatur werden um die 170 verschiedene Bias genannt und beschrieben. Nachstehend finden Sie eine Auswahl, jeweils mit einer Erläuterung (Tab. 7). Versuchen Sie, zu jedem Bias-Typ Beispiele aus Ihrem Studien- oder Arbeitsalltag (ggf. aus dem privaten Umfeld) zu finden, und notieren Sie diese in der rechten Spalte.

Tab. 7: Bias-Typen

Bias-Typ	Eigenes Beispiel
Confirmation Bias[26] Informationen, welche die eigenen Meinungen und Erwartungen bestätigen, werden gezielt gefiltert und ausgewählt, auch in Bezug auf Eigenschaften von Personen	
Affinity Bias Tendenz, Menschen zu bevorzugen, die uns in Bezug auf unterschiedliche Merkmale und Interessen ähnlich sind	
Availability Heuristic Bias Überbewertung von Informationen, besonders aus den (sozialen) Medien und vor allem, wenn sie dort für Aufregung sorgen	
Anchoring Effect Sich festhalten und klammern an den ersten Eindruck, auch wenn man später weiß, dass er falsch ist	

26 In der Literatur werden für viele Bias hauptsächlich die englischen Bezeichnungen verwendet, für andere deutsche. Ich verwende jeweils diejenigen, die häufiger vorkommen.

Bias-Typ	Eigenes Beispiel
Gender Bias Unbewusste Beeinflussung durch geschlechtsbezogene Stereotype	
Altersbezogene Voreingenommenheit Unbewusste Beeinflussung aufgrund des Alters von Menschen	
Voreingenommenheit aufgrund des Namens Menschen mit vertrauten Namen (in Deutschland z.B. aus (west-)europäischen Sprachen) werden bevorzugt, solche mit fremd klingenden Namen (z.B. arabisch) benachteiligt	
Cross-Race-Effekt Schlechteres Wiedererkennen von Gesichtern, die nicht der eigenen Ethnie angehören	
Beauty Bias Bevorzugte Behandlung von Personen, deren äußere Erscheinung attraktiv wirkt	
Authority Bias Unreflektierter Glaube an Autoritätspersonen (Vorgesetzte, Trainerin, Projektleiter) führt dazu, dass man ihren Anweisungen folgt, ohne sie zu hinterfragen	
Conformity Bias Anpassen der eigenen Meinung an die der Gruppe, auch wenn man eigentlich anderer Meinung ist	

Bias-Typ	Eigenes Beispiel
Law of Small Numbers Übermäßiges Vertrauen in eine kleine Stichprobe (z.B. persönliche Beobachtungen), aus der man Schlussfolgerungen für größere Kontexte zieht	
Blind Spot Bias Unvermögen, die eigenen Bias zu erkennen, auch wenn man darauf hingewiesen wird und Tatsachen dafür sprechen; gleichzeitig wirft man anderen Personen Voreingenommenheit vor	
Selbstüberschätzungs-Bias Tendenz, sich für besser zu halten, als man tatsächlich ist, und auf dieser Grundlage Entscheidungen zu treffen und zu handeln; Überschätzung der eigenen Kenntnisse und Fähigkeiten	
Egozentrismus-Bias Sich selbst in sozialen Vergleichssituationen besser einschätzen als andere, ähnliche Personen	
Status-quo-Bias Bestehendes gegenüber Neuem bevorzugen, sich auf Bekanntes, Vertrautes und Bewährtes verlassen und sich gegen Unbekanntes sträuben	
Social Comparison Bias Gefühl des Wettbewerbs oder der Abneigung gegenüber einer Person, die man als körperlich oder geistig überlegen wahrnimmt	
Belief Bias Ein Argument danach beurteilen, wie logisch und plausibel die Konsequenz für uns selbst ist	

Bias-Typ	Eigenes Beispiel
Ambiguitätseffekt Bevorzugung von Optionen, von denen die Wahrscheinlichkeit, dass sie günstige Ergebnisse hervorbringen, bereits bekannt ist	
Bumerang-Effekt Verfestigung der eigenen Meinung und Position, nachdem neue Fakten und Informationen, die diesen eigentlich widersprechen, bekannt werden	
Homogenitätseffekt Tendenz davon auszugehen, dass die Mitglieder der Outgroup sich sehr ähnlich oder gleich sind und verhalten, während die Ingroup als Gruppe aus lauter Individuen wahrgenommen wird	

Die Tabelle zeigt, dass Unconscious Bias faktisch allgegenwärtig sind. Sie existieren unabhängig von Alter, Geschlecht, Bildung, Beruf, sozialem Status usw. Sie sind „etwas, gegen das man vorgibt, immun zu sein“ (Assmann 2009: 4), obwohl wir sie nie komplett abstellen können. Deshalb ist es wichtig, die eigenen Bias so gut wie möglich zu erkennen, sie zu analysieren und kritisch damit umzugehen. Eigene Wahrnehmungen und Erfahrungen müssen hinterfragt und ggf. neu bewertet werden. Hierzu ist es hilfreich zu wissen, dass Bias besonders oft unter Anspannung und Stress auftreten, wenn man schnell reagieren muss oder sich in einer Situation überfordert fühlt. Suchen Sie aktiv nach solchen Situationen, wenn Sie an Ihren Bias arbeiten möchten. Je mehr Sie darüber herausbekommen, welche bei Ihnen besonders ausgeprägt sind, desto größer ist die Chance, Mechanismen zu entwickeln, mit denen Sie sie minimieren können.

Tipp: Wenn Sie sich detaillierter mit Ihren eigenen Stereotypen/Vorurteilen/Unconscious Bias beschäftigen möchten, empfehle ich Ihnen den *Harvard Implicit Association Test (IAT)* der Harvard University. Der Online-Test wurde Ende der 1990er-Jahre entwickelt, wird weiterhin wissenschaftlich betreut und ausgewertet und gilt als seriös.

Ein kleiner „Warnhinweis“: Wenn Sie sich noch nicht ausführlich mit der Thematik beschäftigt haben, wird Sie das Ergebnis vermutlich überraschen. Manche Leute sind am Ende „ein bisschen beleidigt“ und zweifeln als Reaktion die Seriosität und Verlässlichkeit des Tests an. Sehen Sie den Test als Möglichkeit, Ihre blinden Flecken zu erkunden und Ihre Diversity-Kompetenz zu verbessern.

Link zur deutschen Version:

https://implicit.harvard.edu/implicit/germany/takeatest.html

Arbeitsanregung: Überlegen Sie, was man generell tun kann und was Sie speziell unternehmen können, um mit den eigenen Stereotypen und Vorurteilen angemessen umzugehen. Wann, wie oft, wie könnten Sie sich diese bewusst machen? Wie könnten Sie sie minimieren? Was könnten Sie tun, wenn Sie in einer konkreten Situation feststellen, dass Ihr Verhalten auf Stereotypen oder Vorurteilen basiert? Erarbeiten Sie einen konkreten Plan.

CCW: Haben Sie Lust, die Sache etwas kreativer anzugehen? Dann entwickeln Sie ein Medikament gegen Stereotype und Vorurteile und schreiben Sie den Beipackzettel dazu. Wogegen wirkt das Mittel? Wann, wie, wie oft, wie lange muss man es einnehmen? Welche Nebenwirkungen können auftreten? Was muss man dann machen? Alternative: Entwickeln Sie eine Behandlungsform und erläutern Sie den Ablauf.

Stimmen von Studierenden

Nach der klaren Übersicht der verschiedenen Deutungsarten zum Bild ist mir meine eigene Wahrnehmung besonders aufgefallen. Sie war voller Vorurteile, das war mir aber nicht bewusst. Alle meine Deutungen waren bewertend aufgrund von unterbewussten Vorurteilen.

***

Ich fand es sehr erschreckend, wie schnell man doch bewertende Interpretationen von sich geben kann, ohne dies wirklich zu bemerken. Meiner Meinung nach ist diese Erkenntnis bereits der erste Schritt zur Besserung. Natürlich muss man im Alltag speziell darauf achten, aber es fällt bestimmt leichter, wenn man einmal diesen Umstand so extrem aufgezeigt bekommt.

***

Ich versuche jetzt schon, Vorurteile und Stereotype zu erkennen, mich in Gedanken zu stoppen und diese zu überdenken. Ich denke zuzugeben, dass man Vorurteile hat, ist der erste Schritt, sonst kann man nicht an ihnen arbeiten.

***

Ich habe aus dem Text mitgenommen, dass man eine Situation wertfrei beschreiben und akkurat bleiben sollte. Auch wenn ich es mir schwierig vorstelle, eine Situation ohne Interpretationen zu betrachten, werde ich versuchen, dies umzusetzen. Außerdem versuche ich, etwas über viele Sichtweisen und andere Kulturen zu lernen, um meine Vorurteile zu verwerfen und ihren Platz mit echtem Wissen zu füllen. Das versuche ich bereits durch mehr Diversität in meinem Instagram-Feed und durch Bücher oder Podcasts zu erreichen.

6. Die Diversitäts-Kerndimensionen unter der Lupe

Zur Einstimmung: Ein Diversity-Quiz

Versuchen Sie, die folgenden Fragen zu beantworten (ohne zu googeln), und kreuzen Sie die richtige Lösung an. Wenn nicht anders angegeben, ist immer nur eine Antwort richtig.

1. Im Jahr 2020 betrug die durchschnittliche Lebenserwartung von Frauen in der BRD 83,4 Jahre. Wie hoch war sie 1950?

   ☐ 63,1 Jahre ☐ 68,5 Jahre ☐ 72,7 Jahre

2. 1964 lebten in der damaligen BRD ca. 58,6 Mill. Menschen und es wurden knapp 1,4 Mill. Kinder geboren. 2022 hatte die BRD ca. 84,7 Mill. Einwohner/innen. Wie viele Kinder wurden in diesem Jahr geboren?

   ☐ 739.000 ☐ 810.000 ☐ 856.000

3. Welche der folgenden Personen gehören zur Gruppe der „Menschen mit Migrationshintergrund"? Mehrfachantwort möglich

   ☐ (Spät-)Aussiedler/innen

   ☐ in Deutschland Geborene, die später eingebürgert wurden

   ☐ in Deutschland Geborene, deren nicht-deutsche Großeltern alle eingebürgert wurden

4. Welche der folgenden Bezeichnungen sagen etwas über die geschlechtliche Identität von Menschen aus (und nichts zur sexuellen Orientierung)? Mehrfachantwort möglich

   ☐ trans* ☐ cis* ☐ non-binär*

5. Was geschah am 28.6.1969 in der Bar Stonewall Inn in New York?

   ☐ die Schwulen-Community organisierte den ersten Christopher Street Day

   ☐ nicht-heterosexuelle Menschen wehrten sich zum ersten Mal massiv gegen eine Razzia durch die Polizei; die Proteste dauerten mehrere Tage

   ☐ eine Laienpriesterin traute zum ersten Mal ein homosexuelles Paar

6. Seit wann steht das Benachteiligungsverbot aufgrund einer Behinderung im Grundgesetz der BRD?

   ☐ seit 1949 ☐ seit 1968 ☐ seit 1994

7. Das Judentum umfasst sowohl die Religion als auch das jüdische Volk. Man ist von Geburt an jüdisch, wenn ...

   ☐ man in Israel geboren ist

   ☐ bei der Geburt beide Elternteile jüdisch sind

   ☐ man eine jüdische Mutter hat

8. Der Prophet Mohammed (geb. 570 n. Chr.) hat um 610 n. Chr. den Islam gegründet. Wo befindet sich seine Grabstätte?

   ☐ in der Kaaba in Mekka

   ☐ in der Propheten-Moschee in Medina

   ☐ auf dem Tempelberg in Jerusalem

9. Auf welche Lebensbereiche wirkt sich die soziale Herkunft signifikant aus? Mehrfachantwort möglich
   - ☐ auf die körperliche und psychische Gesundheit
   - ☐ auf den Bildungserfolg
   - ☐ auf die Wahl des Hochschultyps

10. Welche Aussage stimmt nicht?
   - ☐ Intersektionalität beschreibt Diskriminierungserscheinungen aus unterschiedlichen Lebensabschnitten
   - ☐ Die Bezeichnung *Intersektionalität* wurde vom englischen Wort für Straßenkreuzung abgeleitet
   - ☐ Intersektionalität bezeichnet die Mehrfachdiskriminierung aufgrund unterschiedlicher sozialer Merkmale

Vergleichen Sie Ihre Ergebnisse nun mit den Lösungen am Ende von Kapitel 6.

In den nächsten Kapiteln werden Sie sich recht intensiv mit ausgewählten Aspekten zu den Kerndimensionen von Diversität beschäftigen. Diese Dimensionen habe ich aus verschiedenen Gründen bewusst ausgewählt: Es sind diejenigen Dimensionen, die durch das *Grundgesetz* und das *Allgemeine Gleichbehandlungsgesetz* geschützt sind (außer der Dimension *Soziale Herkunft*). Sie sind am offensichtlichsten und werden beim Zusammentreffen von Menschen bewusst oder unbewusst spontan beachtet. Es sind diejenigen Dimensionen, zu denen es die meisten Stereotype, Vorurteile und unbewussten Voreingenommenheiten gibt, sodass es dadurch besonders häufig – gewollt oder ungewollt – zu Diskriminierungen kommt. Es sind auch die Dimensionen, zu denen regelmäßig Beschwerden und Beratungsanfragen bei der Antidiskriminierungsstelle des Bundes eingehen.

Die Kapitel zu den einzelnen Dimensionen sind recht ausführlich und doch nur ein Bruchteil dessen, was es zu sagen gäbe. Bei der Auswahl der Schwerpunkte habe ich mich sowohl am Fachdiskurs als auch an den Fragen, die in meinen Seminaren und Workshops gestellt und diskutiert werden, orientiert. Ziel ist es, für immer wiederkehrende Aspekte zu sensibilisieren, Kenntnisse zu vermitteln und Reflexionen anzuregen. Lassen Sie sich inspirieren und vertiefen Sie Themen, die Sie besonders interessieren, indem Sie selbst weiterrecherchieren und/oder sich mit Gleichgesinnten austauschen.

6.1 Dimension *Alter*

Die Bezeichnung *Alter* umfasst jedes beliebige Lebensalter, das aus sozialwissenschaftlicher Sicht drei Ebenen hat:

- „ein[...] biologische[s] Alter, das sich auf den Körper bezieht,
- ein[...] psychologische[s] Alter [nach Becker (2016) die Perspektive des Erlebens und Verhaltens] und
- ein[...] soziale[s] Alter, mit dem kulturelle Werte und Normen sowie altersbezogene Rollenerwartungen verbunden sind" (Abdul-Hussain & Hofmann 2013: o.S.).

Nach Becker (2016) konnte bisher empirisch kein eindeutig negativer Zusammenhang zwischen dem Lebensalter und der Leistungsfähigkeit nachgewiesen werden. Viele Eigenschaften nähmen im Alter tendenziell zu, z.B. Lebens- und Berufserfahrung, Pflicht- und Verantwortungsbewusstsein, betriebsspezifisches Wissen, Besonnenheit u.a. Andere nähmen ab, etwa körperliche und geistige Beweglichkeit, Risikobereitschaft, Lern- und Weiterbildungsbereitschaft u.a. (vgl. Becker 2016: 176). Wieder andere, „[z]entrale Persönlichkeitsmerkmale bleiben über die Lebensspanne weitgehend unverändert: Leistungs- und Zielorientierung, Systemdenken sowie Entscheidungsfähigkeit" (ebd.) (*Formatierung der Aufzählung geändert*). Die Geschwindigkeit des Alterungsprozesses hänge wesentlich vom persönlichen Lebensstil ab (vgl. ebd.: 177).

Ob diese Aussagen so pauschal Bestand haben, scheint mir fraglich. Manches liegt auf der Hand: Wer lange lebt und arbeitet, hat zwangsläufig viel Zeit, Erfahrungen im Leben und im Beruf zu sammeln. Auch hat ein „normal" lebender 70-Jähriger i.d.R. nicht die gleiche körperliche Kraft und Ausdauer wie ein gesunder 35-Jähriger. Dass Menschen mit zunehmendem Alter generell besonnener, verantwortungsvoller und weniger risikobereit werden, kann jedoch nicht verallgemeinert werden, selbst wenn es belegbare Tendenzen geben sollte. Solche Verallgemeinerungen führen zu altersbezogener Diskriminierung.

Die Diversity-Dimension *Alter* ist in den Medien, der öffentlichen Diskussion und in der Diversitätsforschung seit Jahren präsent. „In der medialen Öffentlichkeit reicht die Themenpalette von Diskussionen über Generationenvertrag, Pensionssicherheit, Finanzierung des Wohlfahrtsstaats, ‚Überalterung' der Gesellschaft bis hin zur Schönheitsindustrie, die für-immer-jung-sein Phantasien zum Leben erweckt" (Bendl et al. 2012: 80).

Als Diskriminierungsmerkmal kommt das Lebensalter besonders oft im Berufskontext vor, aber auch im Zusammenhang mit privaten Versicherungen, öffentlichen Gesundheits- und Sozialleistungen, Finanz- und Bankgeschäften und auch beim Hochschulzugang (vgl. ADS o.J.: o.S.). Ältere werden diskriminiert, weil Unternehmen sie für weniger belastbar, flexibel, engagiert usw. als jüngere Mitarbeitende halten, was besonders häufig indirekt aus Stellenausschreibungen hervorgeht (*Wir suchen Sie für unser junges, dynamisches Team* u.Ä.). Auch die zunehmende Umstellung von alltäglichen Dienstleistungen, die nur noch online erhältlich oder im Onlinebetrieb preiswerter sind, schließt einen Teil der älteren Bevölkerung aus (z.B. Steuererklärung, Terminvereinbarungen in Arztpraxen, Fahrkartenkauf für öffentliche Nahverkehrsmittel, Paketporto). Im Finanzwesen sind mitunter widersprüchliche Praktiken zu beobachten: Einerseits werden Angebote gezielt über Werbung mit „reiferen", grauhaarigen Menschen beworben, andererseits werden Angehörige genau dieser Altersgruppe bei Kreditvergaben oft benachteiligt, weil davon ausgegangen wird, dass sie nicht in der Lage sein werden, den Kredit (z.B. im Rentenalter) abzubezahlen. Konsumgüter werden in besonderer Weise für die Gruppe der kaufkräftigen 50+ angepriesen usw.

Jüngere werden benachteiligt, weil sie zu wenig (Lebens-)Erfahrung haben, zu viel an Work-Life-Balance denken und zu wenig Identifikationswillen und Commitment für das Unternehmen mitbringen. Aus Untersuchungen ist bekannt, dass sie deutlich öfter den Job wechseln als die älteren Generationen. Und obwohl dies ein Zeichen von Flexibilität ist, wird es ihnen oft negativ und als wenig loyal ausgelegt. Jungen Frauen wird pauschal unterstellt, dass sie häufig wegen Schwangerschaften und Kinderbetreuung ausfallen werden, für Führungspositionen ungeeignet sind usw.

Für den Arbeitsmarkt beschrieben Köppel & Schreiber das Phänomen *Altersdiskriminierung* bereits vor mehr als zehn Jahren sehr ausführlich:

> **Jugendwahn**
>
> Der Begriff Jugendwahn verweist darauf, dass über 50-Jährige, teils auch deutlich Jüngere, zum ‚alten Eisen' gehören. Ihnen wird abgesprochen, noch zu 100 Prozent leistungsfähig zu sein. Subtil zeigt sich das in Stellenanzeigen: Dynamik, Belastbarkeit, Innovationsfreude, Technikaffinität, Veränderungs- und Lernbereitschaft werden gefordert - Eigenschaften, die man vornehmlich Jüngeren zuschreibt.
>
> Doch ein 60-Jähriger kann leistungsfähiger sein als ein 25-Jähriger: Zwar mögen körperliche Kraft und zuweilen das Gedächtnis nachlassen, aber die Expertise nimmt zu. Vorurteile führen dazu, dass Ältere als ‚unfähig' oder ‚unwillig' abgestempelt, auf anspruchslosen Stellen geparkt oder in den Vorruhestand geschickt werden.
>
> **Das Senioritätsprinzip**
>
> Das Senioritätsprinzip steht dem Jugendwahn diametral gegenüber. Es sichert die Chefsessel für Ältere. Lebensalter, oft kombiniert mit Betriebszugehörigkeitsdauer und Berufserfahrung, führt zu mehr Verantwortlichkeit und höherer Entlohnung - als Anerkennung für Loyalität und Berufserfahrung. Das Prinzip ist nicht nur in der öffentlichen Verwaltung, sondern auch in jedem dritten Industriebetrieb verbreitet. Doch es birgt reichlich Konfliktpotenzial: ‚Verwelken ist keine Leistung an sich', wie ein Netzwerkmitglied vermerkte. Beide Prinzipien haben sich mit dem demografischen Wandel überholt. Wie kann man nun Jung und Alt ihren Kompetenzen gemäß einsetzen? (Köppel & Schreiber 2012: 20)

Wie aus dem Zitat hervorgeht, ist die Frage, was als alt oder jung betrachtet wird, ein relativer Begriff. Aus der Sicht von 80-Jährigen ist man mit 60 Jahren durchaus jung, aus der Sicht von 40-Jährigen eher nicht. In der Arbeitswelt, insbesondere bei Neueinstellungen, gehört man oft mit 40 bereits zu den älteren Bewerber/innen. Die *Bundesagentur für Arbeit* zitiert auf ihrer Webseite den *Bundesverband mittelständische Wirtschaft* so: „Zwei von fünf Betrieben beschäftigen gar keinen Mitarbeiter mehr, der mehr als 50 Jahre auf dem Buckel hat. Jedes siebte Unternehmen hierzulande gibt in Umfragen offen zu, grundsätzlich keine Älteren einzustellen" (Bundesagentur für Arbeit o.J.: o.S.). Und auch an Hochschulen und Universitäten gibt es zwar seit Jahrzehnten die Einrichtung des Senior/innenstudiums, man wird als älterer Mensch zwischen den fast ausschließlich jungen Studierenden aber dennoch (kritisch) beäugt.

Diese Relativität des Begriffs deckt sich auch mit der Tatsache, dass in „der konstruktivistisch orientierten Alters- und Diversitätsforschung [...] Alter [...] als gesellschaftlich konstruiert konzipiert [wird]; d.h. Alterszuschreibungen werden in alltäglichen Interaktionen hergestellt, bestätigt, aktualisiert, dauerhaft verfestigt und auch verändert." (Bendl et al. 2012: 83)

Den genannten und anderen Formen von Altersdiskriminierung liegen oft Stereotype und Vorurteile oder Verallgemeinerungen zugrunde: Ältere haben grundsätzlich mehr Erfahrung, wissen besser Bescheid, sind loyal, bodenständig, aber langsam. Jüngere sind dynamisch, flexibel, belastbar, schnell, aber haben nur Flausen im Kopf. Auch im Sprachgebrauch zeigen sich solche Stereotype und Bewertungen. In Ausdrücken und Redewendungen wie *reif sein*, *jugendlicher Leichtsinn*, *alter Knacker*, *jung und schön sein, Alter vor Schönheit* usw. stecken Bewertungen der jeweiligen Altersgruppe. Die Aussage *Sie sehen aber viel jünger aus* kann mit Anfang 20 bedeuten, dass man noch nicht für alt genug betrachtet wird. Gegenüber einem/einer 60-Jährigen ist sie meist als Kompliment gedacht und beinhaltet, genauso wie *Man sieht Ihnen Ihr Alter gar nicht an*, die Annahme, dass Jungsein das erstrebenswertere Ideal ist – allerdings völlig unabhängig von der Frage, ob der oder die 60-Jährige das nicht vielleicht ganz anders sieht.

Arbeitsanregung 1: Selbstbeobachtung und Praxisanwendung

Lesen Sie die folgenden Situationen und beantworten Sie jeweils direkt im Anschluss die dazugehörenden Fragen.

Situation A

Sie stehen an der Straßenbahn-Haltestelle. Direkt nebenan befindet sich ein kleiner Supermarkt, in dem Sie sich auf dem Weg zur Uni häufig noch schnell etwas zum Essen besorgen. Zeitdruck haben Sie aktuell nicht, also gehen Sie in den Supermarkt. Ihre Sachen haben Sie schnell gefunden und gehen zügig zur Kasse. Es ist nur eine geöffnet, aber um diese Uhrzeit ist nicht viel los. Zwei Positionen vor Ihnen steht ein alter Herr. Als er an der Reihe ist, lädt er seine Einkäufe gemächlich in seinen Einkaufs-Trolley, sortiert sie umständlich hin und her und kramt dann in seinem Portemonnaie nach dem passenden Kleingeld. Es dauert eine Weile, bis er es gefunden hat. Nebenher und auch noch nach dem Bezahlen erzählt er dem Kassierer, dass seine Enkel zu Besuch kommen und er extra für sie ihre Lieblingsspeisen eingekauft habe: Mandarinen, Himbeermarmelade, Schokokekse und noch mehr.

Was geht Ihnen durch den Kopf, während Sie warten und die Szene beobachten? Welche Gefühle machen sich in Ihnen breit? Notieren Sie Ihre Gedanken und Gefühle zu dieser Szene, bevor Sie weiterlesen.

Situation B

Sie sind mit dem Bus auf dem Weg zur Uni und müssen gleich in den Bus hinter Ihnen umsteigen. Ihr aktueller Sitz befindet sich ungefähr in der Mitte zwischen zwei Türen. An der einen stehen mehrere Schüler/innen, die ebenfalls aussteigen wollen, an der anderen wartet eine alte Dame mit ihrem Rollator.

Zu welcher Tür gehen Sie? Warum? Notieren Sie wieder zuerst Ihre Antworten auf diese Fragen und lesen Sie erst danach weiter.

Legen Sie nun einen Zeitraum fest (*die nächsten fünf Tage, nächste Woche* o.Ä.) und beobachten Sie Ihre Gedanken, Gefühle und Ihr Verhalten in vergleichbaren Situationen. Achten Sie darauf, ob und wenn ja, wie oft Sie sich von Vorannahmen über die jeweilige Altersgruppe leiten lassen. Kommt das öfter vor, als Ihnen bewusst war? Formulieren Sie, was Sie ändern könnten. Legen Sie einen neuen Zeitraum fest, in dem Sie Ihren Plan umsetzen und werten Sie am Ende aus, wie gut Ihnen das gelungen ist. Wenn Sie noch nicht zufrieden sind, aktualisieren Sie Ihren Plan und setzen Sie auch diesen um.

Sie lassen sich gar nicht von Vorannahmen leiten? Ganz sicher? Prima. Woran liegt das? Wie sind Sie vorgegangen oder was tun Sie immer noch, um diese wertfreie Haltung zu entwickeln und beizubehalten? Machen Sie sich Ihre Strategie bewusst und überlegen Sie, in welchen weiteren, Diversity-relevanten Kontexten sie Ihnen nützlich sein könnte.

Arbeitsanregung 2: Gedankenspiel
Stellen Sie sich ein Projektteam in einem für Sie relevanten Kontext vor (Studium, Nebenjob, Beruf, ggf. privates Umfeld). Sie sind Mitglied dieses Teams, das eine sehr gemischte Altersstruktur hat. Die Alterspanne reicht von Mitte 20 bis über 60.

Überlegen Sie, welche Vorteile das jeweilige Alter der Personen für die gemeinsame Projektarbeit bietet. Sammeln Sie bewusst so viele Vorteile wie möglich schriftlich. Falls Sie das Gefühl haben, Ihnen fällt nicht genug ein, tauschen Sie sich mit anderen Personen aus – mit Kommilton/innen, Kolleg/innen, Freund/innen oder Familienangehörigen.

Ergeben sich durch das jeweilige Alter auch Nachteile? Wenn ja, welche? Notieren Sie auch diese und überprüfen Sie dann: Welche der gesammelten Vorteile gleichen die Nachteile wieder aus? Was können Sie im Team zusätzlich tun, um die Vorteile der gemischten Altersstruktur effektiv zu nutzen?

Arbeitsanregung 3 & Tipp: Vertiefung der Thematik in Theorie und Praxis
In der folgenden Liste finden Sie eine Reihe von Vorschlägen mit Informationsquellen oder praktischen Aktivitäten für eine vertiefende Auseinandersetzung mit der Dimension *Alter*:

- Gehen Sie auf die Webseite der *Antidiskriminierungsstelle des Bundes* und suchen Sie die Unterseite *Diskriminierungsmerkmale* (zum Zeitpunkt der Manuskripterstellung: https://www.antidiskriminierungsstelle.de/DE/ueber-diskriminierung/diskriminierungsmerkmale/diskriminierungsmerkmale-node.html)
- Klicken Sie dort auf das Feld *Alter*. Informieren Sie sich über das Verständnis von Altersdiskriminierung der Bundesstelle, über eingehende Beratungsanfragen, Maßnahmen der Bundesstelle o.a. → Hier finden Sie auch detaillierte Schilderungen jeweils aktueller Diskriminierungsfälle.
- Gehen Sie auf die Webseite der *Charta der Vielfalt e.V.* (https://www.charta-der-vielfalt.de), scrollen Sie nach unten zum Diversitätsrad und klicken Sie auf die Dimension *Alter*. Stöbern Sie dort in den angebotenen Informationen und den vorgeschlagenen Links zu Publikationen oder anderen Organisationen und Einrichtungen.
- Achten Sie in den Medien (Werbung, Zeitungsartikel, Filme, Radiobeiträge) bewusst auf Äußerungen und Bilder, durch die bestimmte Altersgruppen positiv oder negativ hervorgehoben, in Stereotypen-Schubladen gesteckt oder diskriminiert werden.
- Analysieren Sie Redewendungen, Sprichwörter, Stellenausschreibungen, Formulierungen in Ihrem eigenen privaten, studentischen oder beruflichen Umfeld und identifizieren Sie altersdiskriminierende Sprache.
- Überlegen Sie sich gezielt einige Leitfragen zur Altersdiskriminierung, befragen Sie bekannte oder unbekannte Menschen und werten Sie die Antworten aus.

Verschaffen Sie sich so ein Bild von Spektrum und Stand der negativen oder positiven Diskriminierung aufgrund von Lebensalter in Ihrem Umfeld und auch darüber hinaus. Notieren Sie Ihre wichtigsten Erkenntnisse, Dinge, die Sie überrascht, erfreut oder erschreckt haben o.a. Formulieren Sie Schlussfolgerungen und konkrete Maßnahmen für Ihr eigenes künftiges Handeln in Bezug auf die Dimension *Alter*.

Hinweis: Diese Vorschläge und Startseiten für Recherchen können mit angepassten Stichwörtern auf alle in diesem Kapitel behandelten Dimensionen[27] übertragen werden. Am Ende der

27 Einzige Ausnahme (Stand Februar 2024): Die Antidiskriminierungsstelle des Bundes stellt keine Informationen für die Dimension *Soziale Herkunft* zur Verfügung.

folgenden Abschnitte von Kapitel 6 werden sie deshalb jeweils erwähnt, jedoch nicht mehr wiederholt. Stattdessen werden weitere, auf die jeweilige Dimension bezogene Vorschläge, hinzugefügt.

Tipp: Statistiken rund um das Thema *Alter* (oder andere Themen) in der Bundesrepublik Deutschland finden Sie auf der Seite des *Statistischen Bundesamts* (https://www.destatis.de). Geben Sie ein entsprechendes Stichwort in das Suchfeld ein.

Auf der Plattform *statista* (https://de.statista.com) finden Sie Statistiken, Daten und Berichte zu vielfältigen Themen in Deutschland und der Welt. Viele Inhalte sind öffentlich zugänglich. Für vollen Zugriff auf alle Inhalte benötigen Sie ein Konto. Als Mitglied einer Bildungseinrichtung erhalten Sie dieses kostenlos über die Campus-Lizenz. Informationen hierzu finden Sie in der Rubrik *Preise & Zugänge*.

Hinweis: Diese Informationen gelten ebenfalls für alle Dimensionen in diesem Kapitel.

6.2 Dimension *Ethnische Herkunft/Hautfarbe*

Diese Dimension umfassend zu behandeln, ist so gut wie unmöglich, die Menge an seriösen Studien und Fachpublikationen ist kaum überschaubar. Im aktuellen gesellschaftspolitischen Diskurs ist sie aber eine der wichtigsten Dimensionen, die es zu beachten gibt, im Diversity Management findet sie größte Beachtung. In diesem Band werden deshalb ausgewählte Aspekte aus drei verschiedenen Perspektiven betrachtet: in diesem Kapitel als einführender Überblick, inklusive einiger grundlegender Informationen zum Kontext *Rassismus*, in Kapitel 11 unter dem Fokus der inter- bzw. transkulturellen Kommunikation sowie in Kapitel 12 unter dem Aspekt *Alltagsrassismus*.

6.2.1 Erläuterung und Diskussion der Begriffe

Die Schwierigkeiten bei der Benennung dieser Dimension wurden bereits erläutert. Im Folgenden werden die Ausdrücke *Herkunft*, *Nationalität*, *Ethnie* und *Hautfarbe* voneinander abgegrenzt. Außerdem werden der Begriff *Migrationshintergrund* und die recht neue Bezeichnung *Einwanderungsgeschichte* erläutert, da sie in der Praxis beide eng mit der Dimension *Ethnische Herkunft/Hautfarbe* verknüpft sind.

Herkunft und Nationalität

Sie wissen bereits, dass für die Bezeichnung der vorliegenden Dimension auch die Begriffe *Herkunft* und *Nationalität*, verwendet werden. Schauen wir uns diese zunächst aus rein linguistischer Sicht an (vgl. DWDS und DUDEN):

- **Herkunft**: (1) gesellschaftliche/soziale Abstammung; bestimmter sozialer, nationaler, kultureller Bereich, aus dem jemand kommt: einfache, bescheidene, bürgerliche Herkunft; (2) Ursprung: die Waren sind unbekannter, überseeischer Herkunft
- **Nationalität**: (1) Zugehörigkeit zu einer Nation, Staatsangehörigkeit: englischer Nationalität sein; (2) ethnische Zugehörigkeit, Volkszugehörigkeit; (3) Nationen/nationale Minderheiten, die in einem Staatsgefüge vereinigt sind

Bei den personenbezogenen Aspekten beschreibt *Herkunft* soziokulturelle und *Nationalität* länder- und staatsangehörigkeitsbezogene Kriterien. Letzteres deckt sich auch mit dem alltäglichen Gebrauch des Begriffs (z.B. in Formularen). Für eine Diversity-Dimension handelt es sich in beiden Fällen um Bezeichnungen, die wenig präzise Informationen über die Betroffenen verraten. Nehmen wir die folgenden Personen:

- Mirko, 75, kam Anfang der 1970er-Jahre aus Italien nach Dortmund und ist dort geblieben; er hat seit 25 Jahren die deutsche Staatsangehörigkeit
- Ksenia, 65, ist in Polen geboren und als Spätaussiedlerin Anfang der 1990er-Jahre nach Berlin gekommen; in ihrem Pass steht bei Nationalität: deutsch
- Thomas, 45, ist in Frankfurt geboren; seine Vorfahren waren immer in Deutschland; er zog vor 20 Jahren zur Promotion nach Frankreich und lebt seitdem dort; er besitzt die französische und die deutsche Staatsangehörigkeit
- Manuela, 35, lebt in Stuttgart; ihre Großeltern kamen in den 1960er-Jahren nach Deutschland; die Mutter ist Deutsche, der Vater ist mit portugiesischer Staatsangehörigkeit bei Hamburg geboren und hat später die deutsche angenommen

Was sagen nun die Begriffe *Herkunft* und *Nationalität* über diese Menschen aus? Woher kommen sie? Welche Nationalität haben sie? Kann man daraus etwas über ihre Eigenarten, Haltungen, Verhaltensweisen oder über ihre Herkunft und Nationalität ableiten? Mir scheint, der Begriff *Nationalität* ist im Diversity-Kontext wenig zielführend, *Herkunft* zumindest ohne Zusatz ebenfalls wenig aussagekräftig.

Ethnie/Ethnische Herkunft

Wörterbücher definieren *Ethnie* als „Menschengruppe (insbesondere Stamm oder Volk) mit einheitlicher Kultur" (DWDS und DUDEN). Die Diversity-Forschung und benachbarte Felder betrachten Ethnie und Ethnizität als geistiges oder soziales Konstrukt (vgl. Ellerbe-Dück & Dzajic-Weber 2016: 127; Bendl et al. 2012: 97), das Menschengruppen eine kulturelle, soziale, historische o.a. Homogenität zuschreibt, die real nicht existiert.

Die Bezeichnungen *Ethnizität*, *Ethnie* und *ethnische Herkunft* entstanden im 19. Jahrhundert parallel zu *Nation* und zu gesellschaftlich-nationalen Bewegungen in Europa. Während in Frankreich, Großbritannien und den USA die Staats(bürger)nation galt, in der sich alle Bürger/innen gemeinsamen politischen Werten verpflichtet fühlten (vgl. Alter 2016: 44), herrschte in Deutschland „das Modell der Abstammungs- bzw. der völkischen Nation, das dem Prinzip von ‚Blut und Boden' folgt" (Ellerbe-Dück & Dzajic-Weber 2016: 128). Im Zuge kulturwissenschaftlicher Diskurse, weltweiter Globalisierung, großer Migrationsbewegungen und auch, um sich vom nationalsozialistischen Verständnis des *Völkischen* abzugrenzen, verbreiteten sich seit dem späten 20. Jahrhundert Begriffe wie *ethnische Herkunft/Identität/Nation* oder *Ethnie*, die offener sind als das Konzept geschlossener Nationen eines Staatsgebiets (vgl. ebd.). „Nationen sind politische Gemeinschaften, die dauerhaft im selben Staatsverband leben oder leben wollen. Ethnizität hingegen überschreitet oft nationale und staatliche Grenzen" (Gingrich 2008, zitiert nach Bendl et al. 2012: 99).

Mit dem neuen Zuwanderungsgesetz von 2005 – und erst dann – wurde in Deutschland der Status des Einwanderungslands offiziell anerkannt. Integration war nun eine gesetzliche Aufgabe. Spätestens seitdem ist die Frage nach der ethnischen Herkunft in den Vordergrund gerückt. Sie wird jedoch ausschließlich in Bezug auf Menschen, deren

Familien irgendwann nach Deutschland eingewandert sind, diskutiert und der Fokus liegt dabei auf Herkunftsländern, von denen wir meinen, dass sie uns nicht (sehr) ähnlich sind (vgl. Ellerbe-Dück & Dzajic-Weber 2016: 128)[28].

Hautfarbe

Das Phänomen *Hautfarbe* ist eng mit der Bezeichnung *Rasse* und dem Phänomen *Rassismus* verknüpft. Menschengruppen werden nach vermeintlich neutralen, objektiven Kriterien bewertet, hierarchisiert und diskriminiert. Am heftigsten geschieht dies aufgrund der Hautfarbe und besonders betroffen ist die Schwarze[29] Hautfarbe. Sie wird meist auf den ganzen afrikanischen Kontinent bezogen – inklusive der damit verbundenen Vorurteile von Rückständigkeit, Unterentwicklung, flächendeckender Armut, Kriminalität usw. (vgl. ebd.: 127). Im Laufe des 19. und bis Mitte des 20. Jahrhunderts wurden „pseudo-wissenschaftliche, biologistische[30] Theorien" (ebd.) entwickelt, mit denen verschiedene Rassen bewertet und die Überlegenheit der sogenannten *weißen Rasse* gerechtfertigt wurden. Im Nationalsozialismus lieferten sie die Begründung der menschenverachtenden „Vernichtungsideologie" (ebd.).

Migrationshintergrund und Einwanderungsgeschichte

Migrationshintergrund

Für einen Bericht im Auftrag der Bundesregierung kreierte die Pädagogin und Migrationsforscherin Ursula Boos-Nünning Ende der 1990er-Jahre das Wort *Migrationshintergrund*. Später soll sie einmal gesagt haben, wenn sie geahnt hätte, dass diese Bezeichnung sich so rasant verbreiten und etablieren würde, hätte sie sich eine andere ausgedacht. Das Statistische Bundesamt übernahm den Begriff 2005 und benutzt ihn seither in seinem jährlichen Mikrozensus. Seine offizielle Definition umfasst ausschließlich Personen, die ab 1950 nach Deutschland eingewandert sind, und lautet:

> Zur Bevölkerung mit Migrationshintergrund zählen alle Personen, die die deutsche Staatsangehörigkeit nicht durch Geburt besitzen oder die mindestens ein Elternteil haben, auf das dies zutrifft. Im Einzelnen haben folgende Gruppen nach dieser Definition einen Migrationshintergrund: Ausländerinnen/Ausländer, Eingebürgerte, (Spät-)Aussiedlerinnen/Aussiedler, Personen, die durch die Adoption deutscher Eltern die deutsche Staatsbürgerschaft erhalten haben, sowie die Kinder dieser vier Gruppen. (Statistisches Bundesamt o.J.: o.S.)

Der Begriff wird aus vielen Gründen zunehmend kritisiert. Zunächst ist die statistische Erfassung der gemeinten Personen nicht leicht. Dann wird der Ausdruck besonders im Alltag als problematisch oder diskriminierend empfunden. Er macht keinerlei Aussa-

28 Siehe hierzu auch die Arbeitsanregung am Ende dieses Abschnitts (Kap. 6.2.1)

29 *Schwarz* großgeschrieben steht für ein konstruiertes, real nicht existierendes Muster, nachdem Personen mit dunkler Hautfarbe kategorisiert werden. Es bezieht sich nicht auf eine ethnische Gruppe (s.o.), sondern umfasst Menschen mit ähnlichen rassistischen Erfahrungen (vgl. Schearer & Haruna 2013 o.J.: o.S.). Das Pendant dazu für die nicht-Schwarze Mehrheitsgesellschaft ist *weiß* klein und kursiv geschrieben.

30 Adjektiv zu *Biologismus*. Dieser Ausdruck bezeichnet die Übertragung sowie die einseitige Anwendung biologischer Aspekte auf andere, nicht-biologische Wissensgebiete (vgl. DWDS).

gen darüber, welchen sozialen, beruflichen und sonstigen Gruppen die so Bezeichneten angehören und ob sie diskriminiert werden oder nicht. Sinti und Roma beispielsweise fallen nicht unter die Definition, sind aber mit Rassismus konfrontiert (vgl. Ahyoud et al. 2018: 13). Die Betroffenen sehen sich ausgegrenzt und stigmatisiert, weil das Wort hauptsächlich mit Problemen verknüpft wird (vgl. Gräf & Pürckhauer 2020: 4). Migrationshintergrund suggeriert, dass die Menschen selbst eingewandert sind, was aber im Falle der Nachkommen bis in die dritte Generation nicht der Fall ist (vgl. ebd.).

Beispiel: Herr und Frau X sind nach Deutschland eingewandert und behalten ihre nicht-deutsche Staatsangehörigkeit. Ihre Kinder werden in Deutschland geboren und leben hier, haben dennoch die Staatsangehörigkeit der Eltern. Eines der Kinder gründet später mit einem/einer deutschen Staatsbürger/in eine eigene Familie und bekommt selbst Kinder. Sie leben in Deutschland, die Sprache der Großeltern sprechen sie nicht, haben auch keine eigene Migrationserfahrung. Per Definition gehören sie dennoch zur Gruppe der Menschen mit Migrationshintergrund.

Lebt ein deutsches Elternpaar hingegen im Ausland, bekommt dort Kinder, die später nach Deutschland ziehen, haben diese „zwar selbst Migrationserfahrung, aber keinen ‚Migrationshintergrund'" (ebd.: 4f.).

Einwanderungsgeschichte

Eine Fachkommission der Bundesregierung mit Expert/innen aus Wissenschaft, Verwaltung und Zivilgesellschaft beschäftigte sich mit den Rahmenbedingungen der Integrationsfähigkeit von Zugewanderten und deren Nachkommen. Im Januar 2021 empfahl sie ein neues Konzept einzuführen, das der *Eingewanderten und ihrer (direkten) Nachkommen*.

> Die Definition umfasst alle Menschen, die entweder selbst (Eingewanderte) oder deren beide Elternteile (Nachkommen von Eingewanderten) seit 1950 in das heutige Gebiet Deutschlands eingewandert sind. Eingewanderte Personen gehören dabei der ersten Generation an; die in Deutschland geborenen Nachkommen von Eingewanderten zählen zur zweiten Generation. Personen ab der dritten und weiteren Generationen werden im neuen Konzept nicht als Nachkommen von Eingewanderten erfasst. (Statistisches Bundesamt o.J.: o.S.)

Die Enkel von Herrn und Frau X aus dem Beispiel oben fallen damit nicht unter die neue Definition. Diese soll zum einen Stigmatisierungen vermeiden, zum anderen „bisher im gesellschaftlichen und politischen Diskurs verwendete Konzepte und Begrifflichkeiten" (ebd.) vereinfachen und harmonisieren. Ein entscheidender Unterschied zum Konzept des Migrationshintergrunds ist: Die Staatsangehörigkeit der betroffenen Personen zum Zeitpunkt der Geburt ist nicht mehr das relevante Kriterium. Stattdessen rückt die *Wanderungserfahrung* in den Vordergrund (vgl. ebd.).

Das Statistische Bundesamt berücksichtigt das neue Konzept nun in seinem Mikrozensus und hat 2023 zum ersten Mal Daten dazu veröffentlicht. Es verwendet vier neue Begrifflichkeiten: (1) *Eingewanderte* und (2) *Nachkommen von Eingewanderten*, die in der Kategorie (3) *Personen mit Einwanderungsgeschichte* zusammengefasst werden.

Menschen, die in Deutschland geboren werden und nur einen Elternteil mit Einwanderungsgeschichte haben (wie die Enkel im Beispiel oben) zählen zwar nicht zu den *Personen mit Einwanderungsgeschichte*, werden aber in einer weiteren Kategorie als (4) *Personen mit einseitiger Einwanderungsgsgeschichte* erfasst (vgl. ebd.). Parallel dazu existieren bisher weiterhin auch Statistiken zu Menschen mit Migrationshintergrund.

Verbände, Organisationen und Einrichtungen, die sich mit Migration und Integration beschäftigen, kritisieren, das neue Konzept beinhalte zwar einige positive Änderungen, gehe jedoch nicht weit genug. Zudem ändere es nichts daran, dass in Deutschland geborene Menschen, deren Familien eine Migrationsgeschichte haben, weiterhin exponiert, isoliert und diskriminiert werden (vgl. Mediendienst Integration, https://mediendienst-integration.de).

Arbeitsanregung: Reflexion von Fallbeispielen

Lesen Sie die drei Beispiele. Machen Sie dabei nach jedem Fallbeispiel einen kurzen Stopp und notieren Sie, was Ihnen spontan durch den Kopf – oder den Bauch – geht.[31]

A – Der amerikanische Student

In einer Universitätsstadt in Deutschland. Ein deutscher Student geht zusammen mit einem US-amerikanischen Austauschstudent zu einer Zimmerbesichtigung. Eine deutsche Frau mittleren Alters vermietet ein Privatzimmer in ihrem Haus. Als die Formalitäten aufgenommen werden, sagt der deutsche Student: „Mein Kommilitone ist Amerikaner." Die Vermieterin entgegnet spontan: „Macht nichts. Hauptsache keine Ausländer!"

B – Frauen mit Migrationshintergrund

In einer Fortbildung in Deutschland treffen sich zwei Teilnehmerinnen zu einer einführenden Kennenlernaktivität. Beide sprechen gewählt und akzentfrei Deutsch. Beide sagen im Laufe des Gesprächs, sie haben Migrationshintergrund. Äußerlich kann man keine Vermutungen darüber anstellen, woher die beiden selbst oder ihre Eltern ursprünglich kommen könnten. „Meine Eltern sind in den 60ern aus Portugal hierhergezogen", erzählt die eine, „ich selbst bin hier geboren und aufgewachsen. Und du?" – „Ich bin als Erwachsene nach Deutschland gekommen", antwortet die andere, „ich komme aus Österreich."

C – Mann mit Migrationshintergrund

Berlin, ungefähr 2013. Eine Gruppe junger Leute sitzt beisammen, alle unterhalten sich ausgelassen. Nicht alle kennen sich, deshalb erzählt ab und zu jemand etwas über sich. Ein junger Mann, dunkle Haut, dunkelbraune Augen und Haare, muttersprachliches Deutsch mit Berliner Einschlag. Er sagt, er habe Migrationshintergrund. Alle schauen ihn erwartungsvoll an. Er wartet einen Moment, dann lacht er und sagt: „Ich bin Ossi."

Bearbeiten Sie nun die nachstehenden Fragen:

- Hat Sie in den drei geschilderten Situationen irgendetwas überrascht? Wenn ja, was genau und warum? Wenn nein, warum nicht?
- Wie beurteilen Sie die Aussage der Vermieterin „Hauptsache keine Ausländer!" in Beispiel A? Welche Vorurteile und Voreingenommenheiten liegen dieser Aussage vermutlich zugrun-

31 Quelle der drei Fallbeispiele: *Sammlung Karagiannakis*. Sie wurden im Originalwortlaut bereits in Karagiannakis 2022a: 56 publiziert. Die anschließenden Reflexionsfragen sind angelehnt an dieselbe Publikation, jedoch für den Hochschulkontext aufbereitet und erweitert.

de? Was sagt das über die potenzielle Wahrnehmung von nicht-deutschen Personen durch Deutsche aus?

- Kennen Sie Menschen, die wie in Beispiel B aus Österreich oder aus der Schweiz nach Deutschland gezogen sind und hier leben? Wenn nicht, versuchen Sie, sich das vorzustellen. Hätten Sie diese Personen spontan zu den Menschen mit Migrationshintergrund gezählt? Würden Sie sich Gedanken über ihre ethnische Herkunft machen, wenn Sie ihnen begegneten? Warum/warum nicht?
- Wie haben Sie sich beim Lesen von Beispiel C den jungen Mann vorgestellt? Hatten Sie eine Vermutung, welches Herkunftsland er nennen würde? Wie haben Sie reagiert, als Sie seine Antwort gelesen haben? Warum?

6.2.2 Die Dimension *Ethnische Herkunft/Hautfarbe* im Kontext von Rassismus

Die Antidiskriminierungsstelle des Bundes behandelt die Themen *ethnische Herkunft* und *Rassismus* als eine Einheit. Anfragen zu Diskriminierung aufgrund rassistischer Gründe oder ethnischer Herkunft machen den größten Anteil der Beratungsanfragen aus (vgl. ADS o.J.: o.S.). Diese Diskriminierungsformen treten vor allem in folgenden Bereichen auf: Wohnungsmarkt, Bankgeschäfte, Schule und Hochschule, Zugang zu Gaststätten und Clubs, Kontakt mit der Polizei, öffentlicher Raum sowie Arbeitsleben. Betroffene erfahren nicht nur rassistische Beleidigungen (z.B. aufgrund ihrer Hautfarbe), sondern auch strukturelle Benachteiligungen (z.B. das Nicht-Einladen zu Bewerbungsgesprächen aufgrund des Nachnamens oder fehlende Aufstiegschancen) sowie aggressive Anfeindungen. Besonders auffällig ist, dass rassistische Diskriminierung, die von Betroffenen an Vorgesetzte, Schulleitungen oder andere Verantwortliche gemeldet wird, von diesen heruntergespielt, nicht ernst genommen und nicht weiter verfolgt wird (vgl. ebd.).

Wie bereits erwähnt, werden vermeintlich objektive, äußere Merkmale von Menschen ungleich *be*-wertet und damit manche Menschengruppen *ab*-gewertet. Dadurch werden gesellschaftliche Machtverhältnisse und Hierarchien hergestellt (vgl. Ellerbe-Dück & Dzajic-Weber 2016: 129). „Rassismus ist eine Ideologie und ein Unterdrückungssystem [...] und auch eine Menschenrechtsverletzung" (ebd.). Man unterscheidet dabei den (1) individuellen, (2) institutionellen und (3) strukturellen Rassismus, also (1) Diskriminierung von Menschen durch Einzelpersonen, (2) sich wiederholende rassistische Praktikern innerhalb von Institutionen (z.B. bei der Polizei) sowie (3) durch staatliche Richtlinien und Erlasse geregelte Ungleichbehandlung bestimmter Personengruppen (z.B. Residenzpflicht für Asylbewerber/innen). Im *Lagebericht Rassismus in Deutschland* der Beauftragten der Bundesregierung für Antirassismus von 2023 heißt es:

> Rassismus ist weitaus mehr als ein individuelles Vorurteil: Die ihm zugrundeliegenden Denkmuster sind historisch tief verankert, sodass sie die Weltsicht der Menschen vielfach auch unbewusst prägen können; Rassismus durchzieht daher die gesamtgesellschaftlichen Strukturen. (Die Beauftragte der Bundesregierung für Antirassismus 2023 : 17)

Rassismus existiert seit Jahrhunderten in allen Gesellschaften weltweit, auch in Deutschland, auch heute. Der Nationalsozialismus wurde zweifelsohne gründlich aufgearbeitet, während andere rassistische Themen der deutschen Geschichte eher verdrängt werden (z.B. die deutsche Kolonialherrschaft in Afrika). Lange Zeit nach dem zweiten Weltkrieg wähnte man sich gewappnet gegen Rassismus, obwohl er doch allgegenwärtig war: die Serie von Brandanschlägen auf Wohnhäuser von Migrant/innen nach der Wiedervereinigung, NSU, Pegida, Anfeindungen und Angriffe gegenüber Geflüchteten und Asylsuchenden ab 2015, rassistisch motivierte Attentate auf deutsche Politiker/innen (z.B. 2015, Henriette Reker, Kölner Oberbürgermeisterin; 2019, Walter Lübcke †, ehemaliger Abgeordneter des Hessischen Landtags), verachtende Anfeindungen gegenüber „asiatisch/chinesisch aussehenden Menschen" in Deutschland während der Corona-Pandemie – die Liste ließe sich fortsetzen. Und doch wurde all das lange als Ausnahme und Einzelfall abgetan, Randgruppen wurden dafür verantwortlich gemacht, sowohl in der Bevölkerung als auch auf höchster politischer Ebene. Das Phänomen Rassismus wird von vielen noch immer als Problem der anderen wahrgenommen – der Menschen in anderen Bundesländern, in anderen (europäischen) Ländern und vor allem in den USA. *Black Lives Matter* löste Empörung und Solidarität aus, war aber in erster Linie ein vermeintlich US-amerikanisches Problem.

In beinah jedem meiner interkulturellen und Diversity-Seminare und -Workshops treffe ich auf Teilnehmende aller Altersgruppen, die überzeugt davon sind, dass es von wenigen Ausnahmen abgesehen in Deutschland keinen Rassismus gibt. Die überrascht sind und es nicht glauben wollen, was Kommiliton/innen oder Kolleg/innen mit Migrationshintergrund über persönliche Rassismus-Erfahrungen berichten. Erst die jüngsten (zum Zeitpunkt der Manuskripterstellung hochaktuellen) Enthüllungen der Rechercheplattform *Correctiv* (https://correctiv.org) zu den Abschiebeplänen der AfD und anderer rechtsextremer Gruppierungen scheint viele Menschen in Deutschland aufzuwecken. Zu Hunderttausenden ziehen sie auf die Straße und demonstrieren gegen Hass, Hetze, Rassismus, Diskriminierung sowie explizit gegen die AfD, für Demokratie, Menschenrechte und kulturelle Vielfalt. In einem Artikel der Süddeutschen Zeitung vom 25.01.24 heißt es dazu:

> Seit zwei Wochen wühlen die *Correctiv*-Recherchen [...] die Republik auf, treiben Hunderttausende gegen Rechtsextreme und die AfD auf die Straße und hinterlassen bei allem Respekt für die Enthüllung und die gerechte Empörung doch auch die Frage: Warum überrascht das so viele?

Es folgt eine lange Liste von Zitaten rassistischer Äußerungen und Aktivitäten der AfD und dann die Frage: „Warum, um Himmels willen, gruselt sich das Land also erst jetzt?" (ebd.).

6.2.3 Gründe für die wachsende Bedeutung der Diversity-Dimension *Ethnische Herkunft/Hautfarbe*

Der beschriebene Rassismus hat dazu geführt, dass die intensive Beschäftigung mit ethnischer Herkunft und Hautfarbe heute eine zentrale Kategorie des Diversity Managements ist. Die Anerkennung Deutschlands als Einwanderungsland ist ein weiterer Grund und hat gesellschaftliche, politische und rechtliche Konsequenzen. Diese müssen jedoch nicht nur auf dem Papier, in Regularien oder vor Gericht existieren, sondern auch in den Köpfen der Menschen ankommen. Für den Arbeitsmarkt gilt außerdem, dass eine vielfältige Belegschaft zahlreiche Vorteile mit sich bringen kann: mehr Innovationskraft, bessere Entscheidungsfindung, eine höhere Leistungsfähigkeit (s. auch Kap. 3.4). Außerdem bildet sie die diverse Gesellschaft, und damit die Kundschaft, besser ab.

Um die Potenziale ethnischer und kultureller Vielfalt effektiv zu nutzen und rassistischen Anfeindungen entgegenzuwirken, sind Kenntnisse über kulturelle Systeme und den Umgang damit erforderlich. Die Beschäftigung mit der Dimension *Ethnische Herkunft/Hautfarbe* führt im Idealfall zu einer offenen, respektvollen, wertschätzenden Haltung und zu angemessenem Handeln.

Arbeitsanregung 1: Fallbeispiel
Lesen Sie das folgende Fallbeispiel und notieren Sie zwischendrin, was Ihnen beim Lesen spontan in den Sinn kommt.

2009, im Bürgeramt einer Großstadt, irgendwo in Deutschland. Die Familie – Vater, Mutter und drei jugendliche Kinder – sind kürzlich innerhalb Deutschlands umgezogen. Sie gehen ins Bürgeramt, um sich anzumelden. Beim Betreten des Gebäudes schauen sie sich um. Die Räumlichkeiten vermitteln den Eindruck, es gäbe nur einen großen Raum mit Publikumsverkehr, also stellen sie sich in der Warteschlange an. Der Raum ist groß, geräumig und hell, es liegen zahlreiche Broschüren aus, mit denen man sich die Wartezeit vertreiben kann. Als sie an der Reihe sind, trägt der Vater ihr Anliegen vor. Der Sachbearbeiter fragt nach den Personalausweisen. Die Familienmitglieder legen ihre Dokumente hin – vier deutsche, ein nicht-deutsches. „Nein“, sagt der Sachbearbeiter kurz angebunden, legt alle Ausweise zusammen, gibt sie dem Vater zurück und sagt: „Sie müssen alle in die Ausländerabteilung, Treppe hoch, rechts, in den schmalen, dunkeln Gang.“ (Sammlung Karagiannakis)

Beantworten Sie nun die folgenden Fragen:
- Wie beurteilen Sie die Situation?
- Welche Formen von Diskriminierung sehen Sie hier? Welche Details genau sind Ihrer Meinung nach diskriminierend?
- Stellen Sie sich vor, Sie sind der/die neue Abteilungsleiter/in im Bürgeramt. Was würden Sie ändern?

Arbeitsanregung 2: Fallbeispiele aus der Beratungspraxis der Antidiskriminierungsstelle des Bundes/ADS
In den folgenden Abschnitten finden Sie vier Fälle, die der ADS gemeldet wurden (https://www.antidiskriminierungsstelle.de → Wir beraten Sie → *Aktueller Fall – Fälle aus unserer Beratung → Rassismus/Ethnische Herkunft*). Lesen Sie die Beschreibungen, achten Sie darauf, welche Gedanken, Fragen, Gefühle o.a. die Fälle bei Ihnen auslösen und notieren Sie diese.

Fallbeispiel 1 – Taschenkontrolle[32]
Ein Mann kauft in einem Geschäft Flipflops, verzichtet auf den Kassenbon und will mit der Ware in der Hand das Geschäft verlassen. Der Ladendetektiv stoppt ihn und fragt nach dem Kaufbeleg. Die beiden Männer gehen zusammen an die Kasse, wo der Kassierer bestätigt, dass die Ware bezahlt wurde. Der Fall ist geklärt. Nun will der Detektiv aber den Rucksack des Kunden –

32 Die Beispiele in dieser Arbeitsanregung sind inhaltlich der genannten Rubrik der ADS entnommen, wurden jedoch gekürzt und paraphrasiert.

und nur seinen – kontrollieren. Der Kunde ist die einzige Schwarze Person in Sichtweite. Um kein Aufsehen zu erregen, lässt er die Prozedur vor den Augen zahlreicher Beobachter/innen über sich ergehen. Dabei fühlt er sich sehr erniedrigt.

Fallbeispiel 2 – Wohnungssuche, 1

Eine Wohnungsanzeige in Berlin. Mohammad A. ruft an und meldet sich mit seinem Namen. Die Vermieterin fragt noch einmal nach und gibt an, die Wohnung sei bereits vergeben. Eine Viertelstunde später ruft ein Freund von Herrn A. an und meldet sich mit seinem deutschen Namen. Er bekommt sofort einen Besichtigungstermin.

Fallbeispiel 3 – Wohnungssuche, 2

Eine syrische Familie kommt zu einem Besichtigungstermin, den sie mit der Vermieterin einer Wohnung vereinbart hat. Vor Ort sagt ihnen diese, sie wolle sie nicht in ihrem Haus haben, weil sie Syrer/innen „generell für gefährlich" (ADS o.J.: o. S.) halte und die anderen Mietparteien sie „sowieso nicht akzeptieren werden" (ebd.).

Fallbeispiel 4 – Busfahren

Eine Frau steht mit ihrem Kinderwagen und einer Freundin an der Haltestelle und wartet auf den Bus. Die beiden Frauen tragen ein Kopftuch. Der Bus kommt und hält, als die Frauen aber hinten einsteigen wollen, schließt die Busfahrerin die Tür und bringt dabei das Kind in Gefahr. Darüber beschwert sich die Mutter in der Servicezentrale des Busunternehmens. Dort entgegnet ihr die Mitarbeiterin, sie und ihre Freundin seien selbst schuld. „Sie sollten ihr Kopftuch ablegen, dann würden sie auch ‚in Deutschland respektiert' werden" (ebd.).

Analysieren Sie nun die Texte unter Berücksichtigung Ihrer Notizen und nehmen Sie dazu Stellung. Orientieren Sie sich an den nachstehenden Leitfragen.

- Welche Formen der Diskriminierung nehmen Sie wahr?
- Was löst das bei Ihnen aus?
- Wie beurteilen Sie das Verhalten der diskriminierenden Personen?
- Welche gesellschaftlichen Missstände kommen in den Fällen zum Ausdruck?
- Haben Sie selbst schon einmal vergleichbare Erfahrungen gemacht, als Betroffene/r oder Beobachter/in? Wie ist es Ihnen dabei ergangen?
- Haben Sie etwas unternommen? Wenn ja, was? Wenn nein, warum nicht? Was hätten Sie tun können und was hätten Sie sich gewünscht oder benötigt, um es zu tun?

CCW – Fassen Sie die Ergebnisse Ihrer Überlegungen zusammen, indem Sie einen Beitrag für einen gesellschaftskritischen Blog, der sich an Studierende richtet, verfassen.

Hinweis: Wie die ADS die Fälle juristisch bewertet, können Sie in der oben genannten Rubrik der ADS nachlesen.

Arbeitsanregung 3 & Tipp: s.o. → Hinweis am Ende von Kapitel 6.1

Zusätzlich: Für umfangreiche kritische Informationen (und auch Veranstaltungen) rund um die Themen *Ethnie, nationale Herkunft, Migration, Rassismus* usw.

Heinrich Böll Stiftung: https://www.boell.de und https://heimatkunde.boell.de/de

Sachverständigenrat für Integration und Migration: https://www.svr-migration.de

IQ-Netzwerk Integration durch Qualifizierung: https://www.netzwerk-iq.de

Neue Medienmacher: https://glossar.neuemedienmacher.de/glossar/prefix:a

Antidiskriminierungsstelle des Bundes, Diskriminierungserfahrungen in Deutschland:
- https://www.antidiskriminierungsstelle.de/SharedDocs/downloads/DE/publikationen/Expertisen/expertise_diskriminierungserfahrungen_in_deutschland.html
- https://www.antidiskriminierungsstelle.de/SharedDocs/aktuelles/DE/2020/20200609_PK_Jahresbericht_2019.html

Antidiskriminierungsstelle des Bundes, Diskriminierungserfahrungen im Zusammenhang mit der Corona-Krise (auch zu anderen Dimensionen):
- https://www.antidiskriminierungsstelle.de/SharedDocs/downloads/DE/Dokumente_ohne_anzeige_in_Publikationen/20200504_Infopapier_zu_Coronakrise.html

6.3 Dimension *Geschlecht/Geschlechtliche Identität/Gender*

Zum Einstieg einige Zahlen des Statistischen Bundesamts zu Ausbildung und Erwerbstätigkeit von Männern und Frauen in Deutschland (Angaben in Prozent). Sofern nicht anders angegeben, beziehen sich die Zahlen auf das Jahr 2022 (Tab. 8).

Tab. 8: Ausbildung und Erwerbstätigkeit von Männern und Frauen in Deutschland im Jahr 2022

	Bereich	**Frauen**	**Männer**
1	Erwerbstätigenquote der 15- bis 65-Jährigen	73,1	80,6
2	Beschäftigte in Teilzeit (15-Jährige und älter)	49,2	12,7
3	Erwerbstätigenquote von Müttern und Vätern mit mindestens einem Kind unter 3 Jahren	39,7	89,6
4	Bezug von Elterngeld (2021)	73,9	26,1
5	Schulabgänger/innen ohne Hauptschulabschluss	38,4	61,7
6	Studienberechtigungen im Abgangsjahr	54,7	42,6
7	Promotionsabschlüsse	46,1	53,9
8	Erwerbstätige in Führungspositionen	28,9	71,1
9	Erwerbstätige in Führungspositionen in den obersten Bundesbehörden	40,8	59,2
10	Hauptberufliche Professuren an deutschen Hochschulen	28	72
11	Betreuungspersonal in Kindertagesstätten	92,1	7,9
12	MINT-Ausbildungsberufe im dualen System (Stand 2021)	10,6	89,4
13	Studienabschluss Ingenieurwissenschaften	25,9	74,1
14	Abschluss Lehramt im Primarbereich	86,6	13,4

Weitere statistische Informationen

- **Gender Pay Gap (unbereinigt)**[33] → Deutschland insgesamt 18 Prozent; ehemaliges Bundesgebiet inkl. Berlin 19, neue Bundesländer ohne Berlin 7 Prozent
- **Gender Pay Gap (bereinigt)**[34] → Deutschland insgesamt 7 Prozent; ehemaliges Bundesgebiet, inkl. Berlin 6, neue Bundesländer ohne Berlin 9 Prozent
- **Betreuungsquote in Kitas von Kindern unter drei Jahren** → 35,5 Prozent
- **Differenz Arbeitszeit Männer und Frauen mit Kindern unter drei Jahren** → 21,9 Stunden
- **Durchschnittliche Bezugsdauer von Elterngeld in Monaten** (2021) → Väter 3,6 Monate, Mütter 14,6 Monate

Arbeitsanregung: Was sagen diese Angaben über mögliche aktuelle Rollenbilder und eine potenzielle Ungleichbehandlung bestimmter Menschengruppen in der deutschen Gesellschaft aus? Notieren Sie Ihre Einschätzungen.

6.3.1 Begriffsklärung

Das *biologische Geschlecht* wird Menschen bei der Geburt zugewiesen. Das Geschlecht, mit dem sich eine Person identifiziert, die *geschlechtliche Identität*, stimmt aber nicht zwingend mit dem biologischen Geschlecht überein. Im Gegenteil, „geschlechtliche Identitäten sind sehr vielfältig und Selbstbezeichnungen können sich ändern, deshalb kann es keine verbindliche oder dauerhafte Definition geben. Personen identifizieren sich beispielsweise als trans*, inter*, non-binär, cisgender“ (Charta der Vielfalt o.J.: o.S.).

Soziologisch betrachtet ist Geschlecht eine Strukturkategorie. Abhängig vom Geschlecht einer Person werden ihr von anderen Personen(gruppen) Eigenschaften zugewiesen und gesellschaftliche Erwartungen an sie herangetragen, z.B. an ihre Rollen, Denk- und Handlungsweisen, an Aufgaben- und Arbeitsteilung u.v.m. (vgl. Hofmann 2012: 23). „Geschlecht umfasst daher soziale und biologische Aspekte in Rekursivität (in wechselseitiger Beeinflussung)“ (Abdul-Hussain & Hofman 2013: o.S.). Die englische Bezeichnung *Gender* steht für das soziale Geschlecht (in Abgrenzung zu engl. *sex* = biologisches Geschlecht). Gender ist stark durch soziale, kulturelle und wirtschaftliche Aspekte der Gesellschaft, in der man aufwächst, geprägt und an ihre Normen und Werte geknüpft. Es ist aber auch eine individuell erlernte Geschlechterrolle (vgl. Bundesministerium für Wirtschaftliche Zusammenarbeit und Entwicklung/BMZ o.J.: o.S.).

Das Geschlecht entscheidet auch heute noch oft darüber, wie Aufgaben, Ressourcen, Verantwortung usw. verteilt werden – am Arbeitsplatz, im öffentlichen oder im privaten Alltag. Dabei werden Bedürfnisse von Menschen in Umgebungen, in denen ihr Geschlecht unterrepräsentiert ist, häufig bewusst oder unbewusst ausgegrenzt, nicht wahrgenommen, ignoriert oder schlichtweg vergessen. Im Berufsleben wirkt sich dies stark auf die Chancen der Betroffenen aus. Man spricht hier von dem Phänomen der *gläsernen Decke*. Sie ist eine unsichtbare, auf Ideologien, Stereotypen oder Vorurteilen

33 unbereinigter Wert → Bruttostundenverdienste von Frauen und Männern mit unterschiedlichen Berufen, Qualifikationen und Jobanforderungen

34 bereinigter Wert → Bruttostundenlöhne von Frauen und Männern mit vergleichbaren Eigenschaften und Erwerbsbiografien

basierende Barriere, die vor allem Frauen daran hindert, in Führungspositionen aufzusteigen. Dies ist einer der Gründe, warum für viele Berufskontexte Frauenquoten eingeführt wurden.

6.3.2 Gläserne Decke und Hürdenlauf

Steffens & Roth (2016) halten die Metapher der gläsernen Decke für überholt und verwenden stattdessen das Bild eines Hürdenlaufs. Frauen werde trotz fachlicher Kompetenzen der Aufstieg „in Spitzenpositionen und andere traditionelle Männerdomänen" (Steffens & Roth 2016: 275) durch eine Ansammlung von Hürden erschwert (vgl. ebd.). Die Autorinnen identifizieren sechs Typen von Hürden (vgl. ebd.: 275–280):

1. Geschlechterstereotype
Entgegen der unter Laien durchaus verbreitenden Meinung, es gebe (in Deutschland) keine Geschlechterstereotypen mehr, belegen sozialpsychologische Studien deutlich: Das Gegenteil ist der Fall. Solche Stereotype lassen sich in zwei Kategorien unterteilen.

- **Handlungsorientierung** → umfasst Fachkompetenz, Dominanz und Eigenschaften wie *selbstbewusst* oder *bestimmend*, die als typisch männlich gelten
- **Gemeinschaftsorientierung** → beinhaltet die Relevanz zwischenmenschlicher Beziehungen sowie Charakteristika wie *Fürsorge* oder *Bescheidenheit*, die als typisch weiblich betrachtet werden

Basierend auf diesen Kategorien werden von Männern oder Frauen unterschiedliche Kompetenzen erwartet. Während MINT-Berufe, Führung, Management, Unternehmertum u.Ä. zu den Männerdomänen zählen, unterstellt man Frauen, ihre Expertise liege vorrangig in den Bereichen Sprachen, Kunst oder Sozialwissenschaften sowie in der Pflege und Kinderbetreuung. Solche Stereotype gelten im Kindesalter, in der Schule, im Erwachsenenalter und in der Berufswelt. Den meisten Menschen ist jedoch nicht bewusst, dass ihr Denken und Handeln von solchen Stereotypen geleitet wird. Zu den Klassikern für die Schule gehört die Benachteiligung von Mädchen im Fach Mathematik. Im Berufsleben haben Geschlechterstereotype Einfluss auf das „Selbstbild einer Person, situationale Faktoren sowie die geschlechterbezogenen Annahmen derjenigen, die das Verhalten beobachten" (ebd.).

2. Selbststereotypisierung
Schon ab der frühen Kindheit beeinflussen Geschlechterstereotype unsere Selbstwahrnehmung: unser Selbstbild, die Art, wie wir uns sehen und gern sein wollen, welche Interessen wir haben, welche Kompetenzen und Eigenschaften wir zu haben glauben und welche nicht, was wir uns zutrauen usw. Diese Verknüpfung von Geschlechtszugehörigkeit und Selbstbild ist bei Frauen stärker ausgeprägt als bei Männern.

Bleiben wir beim Beispiel Mathematik. In mehreren Studien wurde „getestet, wie Schulnoten und Zukunftspläne mit Geschlechterstereotypen von Viert- bis Neunklässner*innen zusammenhängen" (Steffens & Roth 2016: 276). Dabei kam heraus, dass Schülerinnen umso schlechtere Noten in Mathematik hatten und das Fach abwählen wollten, je mehr sie es für ein Jungenfach hielten. Jungen hingegen zeigten umso bessere Leistungen und Interesse für das Fach, je mehr sie es als Jungenfach betrachteten. Fakt ist:

Geschlechterstereotype schränken Menschen in ihrem Verhalten, ihren Interessen und Berufswünschen von Kind auf bis in das Erwachsenenalter ein.

3. Situationale Faktoren
Der Fokus des Selbstbilds variiert je nach Situation. Das Geschlecht spielt z.B. kaum eine Rolle, wenn Frauen/Mädchen unter sich sind, aber eine sehr große, wenn eine Frau/ein Mädchen allein unter vielen Männern/Jungen ist. Werden in solchen Situationen Geschlechterstereotype aktiviert, beeinträchtigt das die Leistungen von Frauen/Mädchen in Bezug auf das jeweilige Stereotyp. Aus der Schulforschung ist das Beispiel des Physikunterrichts bekannt. Mädchen, die in gemischten Gruppen lernen, haben am Ende des Schuljahres schlechtere Physiknoten und ein schwächeres Selbstbild in Bezug auf ihre Physikkenntnisse als solche, die in reinen Mädchengruppen lernen. Ähnlich ist es im Arbeitsumfeld Erwachsener. Gibt es in einem Berufsfeld beispielsweise nur wenige Frauen oder besteht eine Auswahlkommission in einem Bewerbungsgespräch hauptsächlich aus Männern, signalisiert das, dass Frauen nicht gewünscht sind oder nicht dazu gehören. Das Interesse von Frauen an diesem Beruf sinkt.

4. Fähigkeits- und berufsbezogene Stereotype
Studien legen nahe, dass sich Jugendliche und Heranwachsende bei der Berufs- und Studienwahl von Feldern, von denen sie annehmen, dass sie selbst nicht dem Prototyp entsprechen, auch nicht angezogen fühlen. Offenbar hat das Bild, das einem bestimmten Beruf von der Allgemeinheit zugeschrieben wird, einen Einfluss auf die Berufswahl. Lange Zeit herrschte etwa die Meinung, um erfolgreiche Unternehmerin zu werden, müsse man besonders viele typisch männliche Eigenschaften haben. „Sobald das Stereotyp entkräftet wurde, [...] stieg das Interesse von Frauen, sich selbstständig zu machen“ (Steffens & Roth 2016: 277). Vergleichbares gilt für andere Berufsfelder und Fachbereiche.

Ebenfalls sehr wichtig ist die Rolle von Vorbildern. In Männerberufen erfolgreiche Frauen können ein ermutigendes Vorbild sein. Das Gegenteil ist der Fall, wenn diese Frauen Eigenschaften aufweisen, die man selbst für nicht erstrebenswert oder nicht erreichbar hält (z.B. Überfliegerin oder eben typisch männliche Eigenschaften). In solchen Fällen können weibliche Vorbilder abschreckend wirken. „Es werden also nicht irgendwelche Rollenvorbilder benötigt, sondern die richtigen“ (ebd.: 278).

5. Geschlechterstereotype und Urteile anderer über Männer und Frauen
Bisher ging es um die Wirkung von Geschlechterstereotypen über die Ingroup auf Mitglieder derselben. Eine andere Frage lautet: Wie wirken sich Vorannahmen auf die Beurteilung anderer, betroffener Personen aus? „Beurteilen wir dasselbe Verhalten anders, wenn es ein Mann oder eine Frau zeigt“ (ebd.)?

Fakt ist, dass man von Jungen und Männern andere Interessen, Vorlieben, Kompetenzen oder Qualitäten erwartet als von Mädchen und Frauen. Liegen nicht genügend Sachinformationen über die Kompetenzen der zu beurteilenden Person vor, werden Jungen und Männer nachweislich bevorzugt. „Hunderte von Studien zu Auswirkungen von Geschlechterstereotypen auf Urteile über andere zeigen [...], dass Frauen nicht zwangsläufig im beruflichen Bereich negativer bewertet werden als Männer“ (Steffens & Roth 2016: 279). Sind ausreichend Informationen vorhanden, werden sie oft genauso gut oder sogar besser beurteilt als ihre männlichen Kollegen. Im Arbeitsleben nehmen sich

Personalverantwortliche aber oftmals nicht die Zeit, anhand von Fakten „ein überlegtes Urteil [...] zu bilden" (ebd.), sondern füllen vermeintliche Lücken voreilig mit Stereotypen. „Des Weiteren stellt das reine Wissen um Elternschaft Frauen mehr Hürden in den Weg als Männern" (ebd.).

6. Geschlechterrollen, Partnerschaft und Familie
Traditionelle Geschlechterrollen beeinflussen noch immer die Arbeitseinteilung bei Paaren. Frauen übernehmen den Großteil der Familien- und Hausarbeit, selbst wenn sie Vollzeit arbeiten. Männer können dadurch „enorm viel Zeit (über 60h/Woche) ihrer Arbeit widmen" (Steffens & Roth 2016: 279) und ebnen den Weg zu Spitzenkarrieren. Klassische Rollenaufteilungen begünstigen somit den beruflichen Erfolg von Männern und erschweren Frauen den Zugang zu Spitzenpositionen.

Wie stark alte Rollenvorstellungen in Deutschland noch immer verbreitet sind, zeigte sich besonders deutlich während der Covid-Pandemie: Laut einer repräsentativen Umfrage der Bertelsmann Stiftung von 2020 wurden generelle Hausarbeiten, Kochen, Kinderbetreuung, inklusive Homeschooling, u.a. mit deutlichem Abstand zu den Männern hauptsächlich von Frauen übernommen, auch wenn beide Eltern berufstätig und im Home Office waren (Würzen 2020). Dabei gab es eine auffällige Diskrepanz zwischen Wahrnehmung und Realität. „Obwohl den Männern zum Teil auffällt, dass viele der genannten Aufgaben bei den Frauen liegen, sind sie dennoch zu 66 Prozent der Ansicht, die Aufgaben der Kinderbetreuung und Hausarbeit seien gerecht aufgeteilt" (ebd.: 2). Bei den Frauen sahen dies weniger als die Hälfte so (vgl. ebd.).

Arbeitsanregung: Betrachten Sie noch einmal die Statistik zu Beginn des Kapitels 6.3 und reflektieren Sie diese unter Berücksichtigung der Informationen in den vorangegangen Abschnitten. Überlegen Sie anschließend, ob Sie aus Ihrem studentischen, beruflichen oder privaten Umfeld Fälle kennen, welche diese Angaben stützen. Reflektieren Sie zuletzt auch Ihre persönliche Haltung und Ihr Verhalten in Bezug auf die genannten Aspekte.

6.3.3 Die Dimension *Geschlecht* aus der Sicht der Antidiskriminierungsstelle

Etwa 25% der Beratungsanfragen, die bei der Antidiskriminierungsstelle des Bundes eingehen, beziehen sich auf das Geschlecht. Die meisten betreffen Benachteiligungen am Arbeitsplatz. Das reicht von Formulierungen in Stellenausschreibungen und unangemessenen Fragen im Vorstellungsgespräch über Benachteiligungen wegen einer Schwangerschaft, beim Wiedereinstieg nach der Elternzeit (z.B. durch unterqualifizierte Aufgaben), bei der Bezahlung oder bei Beförderungen bis hin zu sexueller Belästigung. Die Betroffenen sind hauptsächlich Frauen sowie Trans- oder Inter-Menschen.

Auch das *Gender Marketing* ist ein großes Problem. Bestimmte Produkte, sollen „durch die Auswahl von Farbe, Motiven oder direkten Zusätzen wie ‚men' ein bestimmtes Geschlecht ansprechen und zum Kauf bewegen" (ADS o.J.: o.S.). Dabei unterscheiden sich die Produktpreise für Männer und Frauen. Besonders extrem ist das in Friseursalons, in Reinigungen, bei Bekleidung (auch Kinderkleidung), Kosmetikprodukten u.v.m. (An der Heiden & Wersig 2017). In den meisten Fällen sind die Produkte oder Dienstleistungen für Frauen deutlich teurer als die Gegenstücke für Männer.

Arbeitsanregung 1: Reflexion von Fallbeispielen

Lesen Sie die beiden Fallbeispiele und bearbeiten Sie die jeweils darunter stehenden Anregungen.

Fallbeispiel 1 – Gender-Klage

Im Juli 2022 wurde am Landgericht Ingolstadt die Klage des VW-Mitarbeiters Alexander B. gegen Audi abgewiesen. Der Mitarbeiter hatte Audi im Frühling 2021 wegen des dort verwendeten Genderleitfadens verklagt. Es störte ihn, dass in E-Mails, Präsentationen und anderen Dokumenten, die an ihn geschickt wurden, Gender-Zeichen verwendet wurden, weil er sich dadurch in seinen Persönlichkeitsrechten verletzt und diskriminiert fühlte. Audi sollte diese Gender-Praktiken ihm gegenüber unterlassen und bei Verstößen eine Strafe in Höhe von 100.000 Euro an ihn zahlen (vgl. Süddeutsche Zeitung 29.07.2022). Ungefähr ein Jahr später wurde die Sache vom Oberlandesgericht München, wo der Kläger Berufung eingelegt hatte, erneut und endgültig abgewiesen. Es gebe für ihn als Gender-Gegner kein Recht, in Ruhe gelassen zu werden, so der vorsitzende Richter wörtlich in seiner Begründung. (vgl. Donaukurier 01.09.2022; SWR Aktuell 18.7.2023).

Nehmen Sie nun Stellung zu dem Fall. Orientieren Sie sich dabei an den folgenden Leitfragen:
- Wie beurteilen Sie die Sichtweise des Mitarbeiters Alexander B.?
- Hat Herr B. Ihrer Meinung nach Grund, sich durch Gender-Sprache diskriminiert zu fühlen?
- Ist das Verhalten des Herrn B. möglicherweise selbst diskriminierend?
- Wie stehen Sie zu der Begründung des Richters, Gender-Gegner/innen hätten kein Recht, in Ruhe gelassen zu werden?

Wie stehen Sie selbst zu gendersensibler Sprache? Es muss sich dabei nicht nur um Merkmale wie die im Fallbeispiel handeln.

Fallbeispiel 2 – Väter in Elternzeit

Der Ingenieur Stefan Wagner (41) gehörte bei seinem Arbeitgeber, einem mittelständischen Unternehmen in Deutschland, zu den Top-Mitarbeitern. Sein Jahresgehalt war sechsstellig, einen Dienstwagen bekam er von der Firma auch. Nach sechs Jahren wurde Wagner Vater und meldete acht Monate Elternzeit an. Als er in die Firma zurückkam, gab man ihm fast nur Assistenzaufgaben. Außerdem drängte ihn sein Chef zu einem Aufhebungsvertrag, den er vier Monate später tatsächlich unterschrieb. Die Behandlung durch seinen Vorgesetzten empfand er als große Kränkung. Herrn Wagner passierte damit das, was meistens Frauen nach der Elternzeit passiert (vgl. Süddeutsche Zeitung 25.07.22).

Nehmen Sie auch zu diesem Fall Stellung und orientieren Sie sich wieder an den nachstehenden Fragen:
- Wie beurteilen Sie das Verhalten Herrn Wagners in Relation zu Geschlechterstereotypen, Rollenverteilung in der Partnerschaft u.Ä.?
- Wie beurteilen Sie das Verhalten des Vorgesetzten unter Berücksichtigung des AGG?
- Glauben Sie, dass der beschriebene Fall eine Ausnahme ist oder dass es viele Väter gibt, denen etwas Ähnliches widerfährt? Recherchieren Sie dazu im Internet oder fragen Sie in Ihrem Bekanntenkreis, ob es dort ähnliche Erfahrungen gibt.
- Betrachten Sie nun die statistischen Informationen Kinderbetreuung, Elternzeit usw. zu Beginn von Kapitel 6.3 sowie Ihre erste Einschätzung dazu. Würden Sie jetzt etwas daran ändern? Falls ja, was und warum?

Sind Sie selbst Vater? Wie sind Sie mit dem Thema *Elternzeit* und *Kinderbetreuung* umgegangen bzw. gehen noch damit um? Sie sind noch nicht Vater, haben aber vor, es einmal zu werden? Wie würden Sie Elternzeit und Kinderbetreuung am liebsten gestalten?

Arbeitsanregung 2 & Tipps: Vertiefung der Thematik
s.o. → Hinweis am Ende von Kapitel 6.1

Zusätzlich: Für weitere Informationen ...
- https://www.deutschlandfunkkultur.de/un-bericht-vorurteile-gegen-frauen-geschlechter-gleichberechtigung-100.html
- https://hdr.undp.org/content/2023-gender-social-norms-index-gsni#/indicies/GSNI

... und zwei Kurzfilme (gleiches Experiment mit minimalen Unterschieden in zwei Ländern)
- USA: https://www.youtube.com/watch?v=qv8VZVP5csA
- Schweiz: https://www.youtube.com/watch?v=QLrFPWpNU3A

6.4 Dimension *Sexuelle Orientierung/Identität*

Homo- und bisexuelle, trans- und intergeschlechtliche Menschen werden oft unter der Bezeichnung LSBTIQ* zusammengefasst. LSBTIQ*[35] steht für Lesben, Schwule, Bisexuelle, trans*, inter* und queere[36] Personen. Das Sternchen* steht stellvertretend für weitere Identitäten.

Der im Allgemeinen Gleichbehandlungsgesetz (AGG) verwendete Begriff der sexuellen Identität sollte ursprünglich alle diese Personengruppen umfassen. Mittlerweile hat die europäische Rechtsprechung jedoch klargestellt, dass trans* und inter* Personen im AGG rechtlich durch das Merkmal Geschlecht geschützt sind, da es sich um eine Geschlechtsidentität handelt und nicht wie bei Lesben, Schwulen und Bisexuellen um eine sexuelle Orientierung. (ADS o.J.: o.S.)

6.4.1 Kurzer historischer Abriss zum Thema „Sexuelle Orientierungen“ in Deutschland

Die Auseinandersetzung mit sexuellen Orientierungen in der deutschen Gesellschaft und Politik hat eine lange und komplizierte Geschichte. Immer wieder gab es Gesetze und Regelungen, Diskriminierung und Stigmatisierung. Dies sind die wichtigsten Etappen:

- **Deutsches Kaiserreich und § 175 StGB** → § 175 StGB wurde 1871 im Deutschen Kaiserreich eingeführt; sogenannte „widernatürliche Unzucht“ zwischen Männern stand damit unter Strafe; existierte auch in der Weimarer Republik und wurde 1935 unter den Nazis verschärft; ab sofort reichte bereits ein Verdacht aus, um mit bis zu zehn Jahren Haft verurteilt zu werden (vgl. ADS o.J.: o.S.)

35 Alternativ wird auch das Akronym LGBTIQ* für die englischen Bezeichnungen *lesbian, gay, bisexual, transgender, intersexual* und *queer* benutzt.

36 *trans** → von lat. *über, darüber hinaus*; Bezeichnung für Menschen, die sich nicht mit dem Geschlecht identifizieren, das ihnen bei der Geburt zugewiesen wurde; dem gegenüber steht *cis* → von lat. *diesseits*; Bezeichnung für Menschen, die sich mit dem Geschlecht, das ihnen bei der Geburt zugewiesen wurde, identifizieren; *inter** → von lat. zwischen; Bezeichnung für Menschen mit unterschiedlichen, nicht eindeutig männlichen oder weiblichen geschlechtlichen Realitäten; *queer* → von engl. *seltsam, eigenartig, homosexuell*; Sammelbezeichnung für Menschen, die nicht cisgender und/oder nicht heterosexuell sind

- **Weimarer Republik und Magnus Hirschfeld** → Hirschfeld gründete 1919 in der Weimarer Republik ein Institut für Sexualwissenschaft in Berlin; verfolgte wissenschaftliche, praktische, aufklärerische und politische Ziele, darunter die Entkriminalisierung gleichgeschlechtlicher sexueller Praktiken; das Institut blieb bis 1933 bestehen (vgl. Magnus-Hirschfeld-Gesellschaft e.V., https://magnus-hirschfeld.de)
- **Nationalsozialismus** → 1933 bis 1945, Zeitraum der stärksten Verfolgung von Homosexuellen in der deutschen Geschichte; mehr als 50.000 schwule Männer wurden verurteilt, 10.000 bis 15.000 in Konzentrationslager deportiert; lesbische Frauen wurden zwar nicht strafrechtlich, aber oft aus anderen, kombinierten Gründen verfolgt (vgl. Lebendiges Museum Online; https://www.dhm.de/lemo)
- **Nachkriegszeit in BRD und DDR** → verschärfter §175 aus der Nazi-Zeit blieb bis auf Weiteres bestehen; wurde in der **DDR** 1968 gestrichen, aber durch einen entschärften Paragraphen mit höheren Schutzaltersgrenzen für homosexuelle Kontakte ersetzt; dieser wurde erst am 30.06.1989 aus dem StGB gestrichen; Reformierung und Entschärfung des Paragraphen in der **BRD** im Jahr 1969 (ähnlich wie in der DDR); wurde 1994 gestrichen, bis dahin war Homosexualität in Deutschland also noch strafbar, wenn sie auch seit 1969 nicht mehr strafrechtlich verfolgt wurde; (vgl. LSVD Lesben- und Schwulenverband; https://www.lsvd.de); erst im „Jahr 2002 hob der Deutsche Bundestag die während der Zeit des Nationalsozialismus ergangenen Urteile gegen Homosexuelle auf. Damit wurden die bis 1945 Verurteilten rehabilitiert“ (Burgi 2016: 5).
- **AIDS-Krise und Hysterie der 1980er- und 90er-Jahre** → erste Fälle wurden Anfang der 1980er-Jahre in den USA bekannt, bald darauf auch in Deutschland; über die Krankheit wusste man lange Zeit fast nichts; 1983 kamen Mediziner/innen zu dem Schluss, gegen AIDS müsse nichts unternommen werden, da nur Homosexuelle davon betroffen seien; zur Eindämmung wurden Zwangsuntersuchungen und Kontaktverfolgung vorgeschlagen; namhafte CSU-Politiker führten Mitte der 1980er-Jahre einen Maßnahmenkatalog gegen AIDS mit Zwangstest für Prostituierte, Drogenabhängige, Anwärterinnen des Beamtenstatus oder Menschen, welche die deutsche Staatsbürgerschaft beantragten, ein, den es ausschließlich in Bayern gab; AIDS-Kranke sollten „in speziellen Heimen“ „gesammelt“ und „konzentriert“ werden (vgl. Süddeutsche Zeitung 24.02.20212); zunehmende Diskriminierung und Stigmatisierung und als Konsequenz Traumatisierung von Homosexuellen in den 1980er- und 90er-Jahren; manche begangen lieber Suizid, als ihre Krankheit zuzugeben; die queere Community, die sich gerade erst formiert hatte, wurde von der AIDS-Hysterie regelrecht bedroht; bisexuelle Personen wurden auf besondere Weise diskriminiert, da sie AIDS vermeintlich aus der queeren Community in die heterosexuelle Gesellschaft übertrugen (vgl. Queer Lexikon; https://queer-lexikon.net)
- **Lebenspartnerschaftsgesetz** → wurde 2001 in Deutschland eingeführt; gleichgeschlechtliche Paare konnten ihre Partnerschaft eintragen und erhielten (mit einigen Einschränkungen) ähnliche Rechte wie heterosexuelle Ehepaare; das Gesetz galt bis 2017 (s.u., *Ehe für alle*) (vgl. Bundesministerium der Justiz; https://www.gesetze-im-internet.de)
- **Allgemeines Gleichbehandlungsgesetz/AGG** → trat 2006 in Kraft, um Diskriminierung aufgrund verschiedener Merkmale, einschließlich sexueller Orientierung, zu bekämpfen (s. Kap. 3.2).
- **Ehe für alle** → wurde 2017 im deutschen Bundestag beschlossen; gleichgeschlechtliche Paare können seitdem heiraten und Kinder adoptieren (vgl. Deutscher Bundestag; https://www.bundestag.de); das Lebenspartnerschaftsgesetz wurde durch die gleichgeschlechtliche Ehe abgelöst
- **Transsexuellengesetz (TSG)** → trat 1980 in Kraft, nachdem das Bundesverfassungsgericht 1978 entschieden hatte, dass transsexuelle Menschen rechtlich anerkannt werden müssen und ein Recht darauf haben, ihr Geschlecht und ihren Namen zu ändern; dafür sind jedoch entwür-

digende Maßnahmen notwendig, die später als verfassungswidrig erklärt wurden (vgl. LSVD Lesben- und Schwulenverband); das TSG ist deshalb sehr umstritten

- **Selbstbestimmungs-Gesetz** → soll das TSG ablösen; zwei Vorschläge von FDP und Bündnis90/Die Grünen wurden 2021 von der Mehrheit der Bundestags-Abgeordneten abgelehnt; im Sommer 2023 beschloss die Bundesregierung einen neuen Entwurf, der am 12.04.2024 im Bundestag verabschiedet wurde; das Gesetz soll am 01.11.2024 in Kraft treten (vgl. LSVD Lesben- und Schwulenverband und Bundesministerium der Justiz; https://www.bmj.de)

Die ausgewählten Etappen dokumentieren einen Wandel von einer stark repressiven zu einer zunehmend offenen Haltung gegenüber sexuellen Minderheiten. Die gesellschaftliche Akzeptanz von LGBTIQ*-Personen steigt zwar kontinuierlich an, Hasskriminalität und Diskriminierung in vielen Lebensbereichen bestehen aber weiterhin.

6.4.2 Umgang mit unterschiedlichen sexuellen Orientierungen in Deutschland heute

TRIGGERWARNUNG: In diesem Abschnitt wird an einer Stelle diskriminierende Sprache explizit herangezogen. Es ist ein nachgewiesenes Phänomen, dass diskriminierende Sprache sowohl bewusst, als auch oft unbewusst verwendet wird. Ausdrücke werden mal absichtlich benutzt, um andere Personen zu verletzen, mal als „normal", „nicht so schlimm", „nicht ernst/böse gemeint" usw. verwendet. Das potenzielle Ausmaß der Verletzung und Diskriminierung ist den Nutzer/innen dann nicht bekannt oder es wird nicht ernst genommen und heruntergespielt. Nach gründlicher Überlegung habe ich mich deshalb bewusst dazu entschieden, diskriminierende Sprache durch konkrete Beispiele unmissverständlich zu benennen und den diskriminierenden Inhalt zu erläutern.

Untersuchungen und Befragungen zeigen immer wieder, dass das Problembewusstsein für die Diversity-Dimension *Sexuelle Orientierung/Identität* und die Notwendigkeit, sich im Arbeitsleben intensiv damit auseinanderzusetzen, in Deutschland (und in anderen europäischen Ländern) eher schwach ausgeprägt ist (vgl. Bendl et al. 2012: 115; Vasilyev 2014; Dese & Morgner 2021). Dabei wird die Bezeichnung *sexuelle Orientierung* – die an sich jede Form von Sexualität umfasst, also auch Heterosexualität – üblicherweise als Synonym zu *Homosexualität* benutzt. Sowohl Homosexualität als auch der Begriff *sexuelle Orientierung* werden wiederum als Abweichung von der vermeintlichen Norm, nämlich der Heterosexualität, oder gar als unnatürlich betrachtet und sind sozial unerwünscht (vgl. Bendl et al. 2012: 117).

„Auch wissenschaftliche Untersuchungen belegen, dass nicht-heterosexuelle Orientierungen gesellschaftlich und insbesondere im Erwerbsleben nach wie vor negativ konnotiert bzw. tabuisiert sind" (ebd.: 116). Wie die Religionszugehörigkeit wird die sexuelle Orientierung oft als Privatangelegenheit abgetan und aus dem Arbeitsumfeld verbannt (vgl. Deser & Morgner 2014: 28), obwohl doch gleichzeitig Familie und Partnerschaft bei Heterosexuellen regelmäßig Gesprächsthemen in den Pausen, auf Firmen-Events oder einfach mal zwischendurch sind.

Nicht-heterosexuelle Menschen sind häufig Opfer von Diskriminierung in Form von Beleidigungen oder Gewaltdelikten und die Zahl der Übergriffe nimmt zu – im Jahr 2022 um ca. 15,5% im Vergleich zum Vorjahr (vgl. Bundesministerium des Inneren und für Heimat/BMI & Bundeskriminalamt/BKA 2023: 12). Sie werden im Alltag, in der Öffentlichkeit oder am Arbeitsplatz gemobbt, bei der Wohnungssuche benachteiligt u.v.m. Manche Benachteiligungen sind oder waren sogar in offiziellen Richtlinien verankert. So durften Homosexuelle in Deutschland bis 2015 z.B. generell kein Blut spenden. Die Regelung wurde zwar in mehreren Etappen gelockert (es wurden Sperrfristen für gleichgeschlechtlichen Sex vor der Blutspende festgelegt), waren aber weiterhin diskriminierend. Vollständig abgeschafft wurde diese Regelung erst im März 2023. Laut einer europaweiten Studie von 2019 lag der Anteil derjenigen nicht-heterosexuellen Menschen, die in Deutschland bereits Diskriminierung erfahren haben (36% der Befragten) deutlich über dem EU-Durchschnitt (11% der Befragten) (vgl. ADS o.J.: o.S.). Als Folge leiden Nicht-Heterosexuelle besonders häufig an psychischen Erkrankungen.

Wie zu anderen Diversity-Dimensionen, gibt es auch in Bezug auf sexuelle Orientierung viele diskriminierende sprachliche Äußerungen. So werden etwa die Bezeichnungen *schwul* oder *Lesbe* als Schimpfwort benutzt, was impliziert, dass eine entsprechende sexuelle Orientierung verachtenswert ist. Während *Lesbe* und *lesbisch* an sich neutral sind und auch als Eigenbezeichnung verwendet werden, liegt dies bei *schwul* anders: Das Wort ist eigentlich eine ältere Form von *schwül* und wurde als solches abfällig und synonym zu *warmer Bruder* verwendet. Erst in neuer Zeit wird der Begriff als Eigenbezeichnung und sachlich verwendet (vgl. DUDEN). Umso verletzender ist es, auf die alte, diskriminierende Ausdrucksweise zurückzugreifen oder gar die Verachtung in Kombinationen wie *schwule Sau* drastisch zu verstärken.

Die ablehnende Haltung wird oftmals dadurch verstärkt, dass man nicht neutrale Bezeichnungen wie homosexuell benutzt (was schon schlimm genug wäre), sondern stattdessen Ausdrücke wie *Homo*, *Transe*, *Schwuchtel* oder *Tunte*. Wissen Sie, woher diese Bezeichnungen ursprünglich stammen? Hier ein kurzer etymologischer Überblick: *Homo* ist eine Kurzform von *homosexuell*, also eigentlich einfach *gleichgeschlechtlich*, ist im Gegensatz zu letzterem aber abwertend. Diese Information ist für Sie vermutlich nicht neu. Auch der Begriff *Transe* ist eine Abkürzung, nämlich von *Transvestit* → von lat. *trans-* (= Präfix zur Bezeichnung einer Veränderung) und lat. *vestire* (= kleiden). Ältere Bezeichnungen gleicher Herkunft sind z.B.: *transvestieren* (= eine Dichtung im Scherz oder auch boshaft umschreiben, 18. Jhd.) → von ital. *travestire* (= verkleiden); *Travestie* (= komisch-satirische Nachahmung einer Dichtung, ca. 1800); *Transvestitismus* (= Tragen der Kleidung eines anderen Geschlechts; 1910) u.a. (vgl. DWDS). Der Begriff *Schwuchtel* geht vermutlich zurück auf den regionalen Ausdruck *schwuchteln* (= tanzen, tänzeln, die Hüften wiegen) (vgl. ebd.; DUDEN). Alle drei Ausdrücke sind also ursprünglich eher neutral, allenfalls ironisch-satirisch, wurden erst viel später auf Homosexuelle übertragen und werden heute abschätzig verwendet. Anders ist es bei *Tunte*. Bereits im 19. Jhd. war das eine abwertende, vermutlich niederdeutsche Abwandlung von *Tante*, die lautmalerisch die Sprechweise eines psychisch gestörten Menschen nachahmen sollte (vgl. ebd.), es handelte sich also von Anfang an um diskriminierende Sprache.

Zu der offen abwertenden Verwendung der Bezeichnungen kommt hinzu, dass sie in manchen Peer-Groups als witzig oder cool gelten und dazu verwendet werden, andere für etwas zu kritisieren, das überhaupt nichts mit sexueller Orientierung zu tun hat. Gerade deshalb sind die Ausdrücke aber so diskriminierend, denn sie bedeuten sinngemäß: Dein Verhalten ist so schlecht wie Homosexualität.

Neben den Diskriminierungen durch Worte, halten sich auch sehr viele Klischees und Vorurteile. Hier eine Auswahl:

- Schwule Männer sind sexbesessen, unmännlich, äußerst sensibel, benehmen sich wie Frauen oder sind tuntig; sie kleiden sich schrill und bunt, werden Friseur, deshalb sind Friseure oft schwul
- Lesbische Frauen haben kurze Haare, sind Mannweiber, benehmen sich wie Männer und sind gleichzeitig männerfeindlich
- Bei schwulen Paaren hat einer von beiden die Frauenrolle inne, bei lesbischen Paaren eine von beiden die Männerrolle
- Schwule und Lesben sollten keine Kinder haben, das ist unnatürlich und deshalb können sie keine guten Eltern sein

Arbeitsanregung 1: Reflexion und Selbstbeobachtung

Schritt 1

Legen Sie Ihr Portfolio und einen Stift zurecht. Rufen Sie dann das Video *Tolerant? Sind wir selber #1* auf, schauen Sie es bis zur Stelle 0:44 („Das vergeht wieder.") an und stoppen Sie es dann. Achten Sie beim Zuschauen auf die Äußerungen der verschiedenen Personen, auf ihre Mimik, Gestik, Körperhaltung usw.

Tolerant? Sind wir selber #1: https://www.youtube.com/watch?v=Mnkis1khXrw

Beantworten Sie nun die folgenden Fragen und notieren Sie Ihre Vermutungen:

1. In welchem Verhältnis stehen die anwesenden Personen zueinander?
2. Worüber sprechen die Personen im Film?
3. Was hat die Protagonistin ihnen wohl gerade mitgeteilt?
4. Wie reagieren die anderen – überrascht, erfreut, abweisend … oder?
5. Wie fühlt sich die Protagonistin aufgrund der Reaktionen?
6. Gibt es Äußerungen und/oder Verhaltensweisen, die Ihnen besonders aufgefallen sind? Welche und warum?

Schritt 2

Schauen Sie das Video nun weiter, bis die Frage „TOLERANT?" erscheint (Min. 1:24, violette Schrift auf schwarzem Hintergrund). Achten Sie beim Zuschauen auf die gleichen Aspekte wie im ersten Teil.

Beantworten Sie anschließend zunächst die oben stehenden Fragen 2–6 und danach diese:

1. Sind die anwesenden Personen Ihrer Meinung nach tolerant? Warum/warum nicht? Begründen Sie Ihre Einschätzung.
2. Was wird wahrscheinlich als Nächstes passieren? Notieren Sie Ihre Vermutung.

Schritt 3

Schauen Sie das Video nun bis zum Schluss weiter.

Beantworten Sie dann wieder einige Fragen:

1. Stimmte Ihre Vermutung über den Fortgang der Handlung im Film? Wenn ja, wie sind Sie darauf gekommen? Wenn nein, hat Sie der tatsächliche Fortgang überrascht? Warum/warum nicht?
2. Wie denken Sie nun rückblickend über das Verhalten der verschiedenen Personen im Film und über ihre Toleranz?
3. Und wie steht es um Ihre eigene Haltung und Toleranz zum dargestellten Thema?

Tipp: Von denselben Produzent/innen (Heinrich Böll Stiftung) gibt es zwei weitere Kurzfilme zur selben Thematik:

Tolerant? Sind wir selber #2: https://www.youtube.com/watch?v=qO05Euyj1MU
Tolerant? Sind wir selber #3: https://www.youtube.com/watch?v=U73rZJk98d8

Arbeitsanregung 2 & Tipp: s.o. → Hinweis am Ende von Kapitel 6.1

Weitere Informationen und Filmtipps

- https://queere-bildung.de/ → Fachverband für Bildungsarbeit zu sexueller, romantischer und geschlechtlicher Vielfalt in Deutschland
- https://schwulenberatungberlin.de/ → Informationen, Tools, Checks u.a. rund um LGBTIQ*
- https://www.youtube.com/watch?v=5WEwHplM6ow → LGBTIQ: Ein Überblick über die Diskriminierung | Mit offenen Karten, ca. 0:12 | ARTE 2022 → Situation weltweit)
- https://www.youtube.com/watch?v=6b1m6aoKHBk → Schwules Leben: Immer noch ein Kampf? | Auf den Punkt | Talkshow, ca. 0:43 | DW 2021 → Situation in Deutschland
- https://www.youtube.com/watch?v=R2eiVlsjTzU – Hass gegen LGBTQ+ – Von Diskriminierung und Widerstand | Doku, 1:32 | SRF Dok 2021 → Situation in der Schweiz
- https://www.youtube.com/watch?v=ki5Q-khzukU – VERBOTENE LIEBE – Von der Todesstrafe zur Ehe für alle | Doku 2021 → Situation in Österreich
- https://www.youtube.com/watch?v=KXd6AlWFiyl – Homosexualität damals vs. heute – Gay & Grey | Zervakis & Opdenhövel. Live. | ProSieben 2022 → Portrait zweier Homosexueller aus zwei unterschiedlichen „Epochen" in Deutschland

… und sehr viel mehr

6.5 Dimension *Körperliche und geistige Fähigkeiten*

TRIGGERWARNUNG: Wie in Kapitel 6.4.2 und auch aus den gleichen Gründen werden auch in diesem Abschnitt einige diskriminierende Ausdrücke explizit benannt. Manche davon sind ausgeschrieben, andere werden nicht ausgeschrieben, sondern mit *** vervollständigt. Dies gilt für Bezeichnungen, die besonders derb und verletzend sind.

Barrieren und Benachteiligungen in allen Lebensbereichen sind alltägliche Erfahrungen von Menschen mit Behinderungen, z.B.: bauliche Barrieren im öffentlichen Raum, in Gebäuden, im ÖPNV usw.; digitale und kommunikative Barrieren (keine Vorlesefunktion, keine Kontaktmöglichkeiten bei der Buchung von Dienstleistungen oder anderen Formen der Kommunikation mit Dienstleistern) u.a. (vgl. ADS o.J.: o.S.). „Bei der Antidiskriminierungsstelle des Bundes melden Menschen mit Behinderungen überdurchschnittlich häufig Diskriminierungserfahrungen im Bereich der Gesundheitsversorgung sowie beim Zugang zu Kindertageseinrichtungen und zu Schulen sowie im Kontext der Justiz" (ebd.).

Als schwerbehindert gelten in Deutschland Menschen mit einem gültigen Schwerbehinderten-Ausweis. Er wird von Versorgungsämtern ausgestellt, wenn der Grad der Behinderung mindestens 50 Prozent beträgt. Ende 2021 gab es ca. 7,8 Millionen schwerbehinderte Menschen in Deutschland. Das entsprach 9,4% der gesamten Bevölkerung (vgl. Statistisches Bundesamt o.J.: o.S.). Schwere Behinderungen werden zu 90% durch Krankheiten verursacht, die allerwenigsten (1%) sind Folge von Unfällen oder Berufskrankheiten und auch sehr wenige (3%) sind angeboren oder treten im Laufe des ersten Lebensjahrs auf (vgl. ebd.). Hierbei handelt es sich häufig um äußerlich erkennbare körperliche oder geistige Behinderungen.

Neben dieser Gruppe gibt es eine Vielzahl an chronischen, oft inneren Erkrankungen, die sowohl im Alltag als auch im Berufsleben eine Beeinträchtigung darstellen (Diabetes, HIV, psychische Krankheiten, Migräne, MS, Long Covid u.a.). Davon sind etwa 15% der Bevölkerung betroffen, sie sind aber in den Statistiken der Menschen mit körperlicher oder geistiger Behinderung nicht inbegriffen (vgl. ADS o.J.: o.S.). Auch sie erfahren oft Benachteiligungen am Arbeitsplatz, bei der Stellensuche oder auch beim Abschluss von Versicherungen (inklusive privater Krankenversicherungen).

Zählt man die beiden Gruppen zusammen, dann ist fast ein Viertel der Bevölkerung in Deutschland dauerhaft oder über einen längeren Zeitraum gesundheitlich beeinträchtigt. Insgesamt handelt es sich dabei um eine sehr heterogene Gruppe, da die Formen der Beeinträchtigung in vielfacher Hinsicht sehr unterschiedlich sind.

In der „gesellschaftlichen Wahrnehmung und Bewertung [gilt Behinderung] als eine Variante menschlicher Funktionsfähigkeiten und Körperschemata, [...] [die] als Abweichung von der Normalität" gilt (Behrisch 2016: 438). Sie wird mit minderwertiger Ästhetik sowie geringerer Leistung und reduzierter anderer Ressourcen assoziiert (vgl. ebd.). Die UN *Behindertenrechtskonvention* von 2006 definiert Inklusion als Menschenrecht statt – wie vorher – als Appell (vgl. Dietsche & Jent 2016: 451). Auch wenn es inzwischen zahlreiche Debatten, Konzepte und Modelle von Inklusion gibt, sei es im Bildungsbereich oder im Berufsleben, so ist es dennoch weiterhin verbreitet, behinderte Menschen in speziellen Institutionen (Schulen, Werkstätten u.a.) zu isolieren.

> Behinderung [ist] eine gesellschaftliche Konstruktion: Behindert ist man nicht, behindert wird man. Behinderung wird im sozialen Modell als Prozess gesehen, der Menschen die gesellschaftliche Teilhabe, Anerkennung und den Respekt vorenthält, welche Menschen ohne Beeinträchtigungen selbstverständlich zustehen (Prozess des Behindertwerdens) (Abdul-Hussain & Hofmann 2013: o.S.).

Es gibt drei wissenschaftliche Zugänge zur Betrachtung des Themas *Behinderung*:

- **Medizinisch** → Fokus auf die Einschränkung grundlegender Aktivitäten im Leben durch physische oder mentale Beeinträchtigung
- **Sozial** → gesellschaftliche Konstruktion (s.o.), „die sich aus sozialer Unterdrückung und sozialen, institutionellen und materiellen Barrieren aus der Umwelt der Betroffenen ergibt" (Bendl et al. 2012: 91)
- **Feministisch und phänomenologisch** → auf die Perspektive der Betroffenen, deren individuelle Erfahrungen und den Umgang mit der Beeinträchtigung konzentriert

Auch über Menschen mit Behinderungen kursieren viele Vorurteile, die zu Benachteiligung und Diskriminierung führen. Die folgende Liste zeigt eine Auswahl von solchen

Vorurteilen und dem tatsächlichen Sachverhalt, vorrangig aus dem Berufsbereich (vgl. ADS o.J.: o.S.; Bayerisches Staatsministerium für Familie, Arbeit und Soziales (StMAS) o.J.: o.S.; Bendl et al. 2012: 93):

- Menschen mit Behinderung sind schwer kündbar, deswegen werden sie gar nicht erst eingestellt. → Menschen mit Schwerbehinderung genießen einen besonderen Kündigungsschutz, wenn das Arbeitsverhältnis länger als sechs Monate besteht. Allerdings bedeutet das nicht, dass sie unkündbar sind.
- Manche Arbeitgeber sind der Meinung, es bestehe keine Verpflichtung, Menschen mit Behinderungen einzustellen. → „Private und öffentliche Arbeitgeber mit mindestens 20 Mitarbeitenden sind gemäß Sozialgesetzbuch IX (SGB IX) grundsätzlich dazu verpflichtet, mindestens fünf Prozent ihrer Arbeitsplätze an Menschen mit amtlich anerkannter Schwerbehinderung zu vergeben. Anderenfalls müssen sie Ausgleichszahlungen leisten." (ADS o.J.: o.S.)
- Menschen mit Behinderung sind nicht/weniger leistungsfähig. → Viele Menschen mit Behinderung sind hochleistungsfähig.
- Menschen mit Behinderung sind gering qualifiziert. → Laut einem Bericht der Bundesagentur für Arbeit haben „60 Prozent der arbeitsuchenden Menschen mit Behinderung [...] eine Berufsausbildung oder ein Studium erfolgreich abgeschlossen" (StMAS o.J.: o.S.) Gerade wegen der Behinderung haben sie außerdem oft besondere zusätzliche Fähigkeiten (vgl. ebd.).
- Im Unternehmen gibt es keine geeigneten Stellen für Menschen mit Behinderung. → Menschen mit Behinderung benötigen keine Spezial-Stellen. Sie können für das eingesetzt werden, wofür ihre Ausbildung sie qualifiziert.
- Es gibt zu wenig Erfahrung und Berührungsängste im Umgang mit beeinträchtigten Personen. Sie sind deshalb belastend für jedes Team. → Laut einer gemeinsamen Studie der AUDI AG und der Universität St. Gallen sind „Teams aus Beschäftigten mit und ohne Behinderung [...] innovativer" (StMAS o.J.: o.S.). Wichtig sind Aufklärungsarbeit, eine offene, inklusive Einstellung und eine Vorbildfunktion durch die Führungskräfte im Unternehmen.
- Menschen mit Behinderung haben einen deutlich höheren Urlaubsanspruch und fallen deshalb häufiger aus. → Erst ab einem Behinderungsgrad von mehr als 50 Prozent hat man mehr Urlaubsanspruch, allerdings lediglich fünf Tage im Jahr.
- Menschen mit Behinderung fallen häufiger aus gesundheitlichen Gründen aus. → Oftmals sind ihre Fehlzeiten sogar geringer als die der Kolleg/innen ohne Behinderung. (vgl. Integrationsfachdienste in Westfalen-Lippe, Webportal, „Beratung bei der Personalauswahl" nach StMAS o.J.: o.S.)
- Viele Menschen denken vor allem an äußerlich sichtbare Behinderungen. Unternehmen halten das für einen Nachteil im Kontakt mit Kund/innen.
- Psychisch kranke Menschen gelten als unberechenbar, und auch hier gibt es Berührungsängste.

Generell sind psychische und andere schwere Erkrankungen in Deutschland (und anderswo) häufig immer noch ein Tabu. Und Stereotype und Vorurteile gegenüber Menschen mit besonderen Bedürfnissen sind weit verbreitet und werden oft schon im Kindesalter gelernt (vgl. Bendl et al. 2012: 94).

Auch für diesen Themenbereich gilt: Sprache ist oft unsensibel und diskriminierend. Und das beginnt bereits mit der Bezeichnung der Personen, um die es in diesem Abschnitt geht. Oftmals werden *Menschen mit Behinderung* als *Menschen mit besonderen Bedürfnissen* bezeichnet. Das soll negative Konnotationen verhindern, ist aber umstritten, denn „[m]anche Menschen haben zwar aufgrund ihrer Behinderung besondere

Bedürfnisse, doch z.B. alleinerziehende Personen, ältere Menschen oder Kinder und Migrant/innen haben auch besondere Bedürfnisse" (Bendl et al. 2012: 86f.).

Viele derb abwertende Ausdrücke oder generell das Wort *behindert* werden beleidigend verwendet (*Bist du behindert oder was?*, *Spas****, *Krüp****, *Mong****). Aber auch zahlreiche Begriffe, die vermeintlich neutral genutzt werden (meist aus Unwissenheit), sind es keineswegs. Hierzu gehören etwa Pauschalisierungen wie *der/die Blinde*, *Querschnittsgelähmte* (statt die sehbehinderte Nachbarin Frau X, der querschnittsgelähmte Lehrer Herr Y), *mongoloid* (statt *Down Syndrom*), *Liliputaner/Zwerg* (statt *kleinwüchsige Person*), der Gebrauch von *gesund* oder *normal* als Gegenteil von *behindert* u.v.m. Selbst Bezeichnungen wie *behindertengerecht* sind nicht zutreffend genug, da sie pauschalisieren und alle Formen von gesundheitlichen Beeinträchtigungen über einen Kamm scheren. Bessere Begriffe sind *rollstuhlgerecht* (klar auf die Bedürfnisse von Menschen, die einen Rollstuhl benutzen, ausgerichtet) oder *barrierefrei* (Ausweitung auf Menschen mit anderen Einschränkungen gesundheitlicher und nicht gesundheitlicher Art, im selben Kontext z.B. ältere Menschen, Personen mit Kinderwagen u.a.). Auch Ausdrücke wie *an den Rollstuhl gefesselt*, *Opfer einer Behinderung* oder Bewertungen wie *tragisch*, *schrecklich* u.v.m. sind problematisch und sollten vermieden werden (vgl. Österreichischer Behindertenrat o.J.: 1f.).

Arbeitsanregung 1: Reflexion und Selbstbeobachtung

Schritt 1

Bearbeiten Sie zuerst die nachstehenden Fragen:

- Wenn Sie zu den Menschen ohne Behinderung gehören, haben Sie schon einmal genauer über Ihre eigene Haltung gegenüber denjenigen mit Behinderung nachgedacht? Sind Sie sich bewusst, wie Sie bei Begegnungen reagieren oder was in Ihnen vorgeht? Gehen Sie etwa Menschen mit einer äußerlich erkennbaren, schweren Behinderung manchmal aus dem Weg, empfinden Sie Mitleid, macht Sie das traurig oder sind Sie unsicher und wissen nicht, wie Sie sich verhalten sollen?
- Falls Sie selbst zu den Menschen mit Behinderung gehören, haben Sie die oben beschriebenen Reaktionen von anderen Menschen schon erlebt? Wie gehen Sie damit um? Was würden Sie sich stattdessen wünschen und wie könnte das Ihrer Meinung nach erreicht werden? Wie reagieren Sie selbst auf andere Menschen mit (anderen) Behinderungen?

Schritt 2

Schauen Sie sich nun das Video *Das erste Mal* der *Aktion Mensch* an. Achten Sie dabei auf die Reaktionen der beteiligten Personen – auf ihre Aussagen, Mimik, Gestik, Körperhaltung usw. Versuchen Sie auch, auf Ihre eigene Reaktion und die Gedanken, die Ihnen beim Zuschauen spontan in den Sinn kommen, zu achten. Machen Sie, wenn möglich, während des Schauens ein paar Notizen zu Ihren Beobachtungen.

Aktion Mensch, Das erste Mal: https://vimeo.com/150904757

Schritt 3

Werten Sie anschließend Ihre Beobachtungen aus.

- Was ist Ihnen an den Personen im Film aufgefallen, was an Ihnen selbst?
- Was sagt das möglicherweise über den Umgang mit der Dimension *Körperliche und geistige Fähigkeiten* aus?
- Was ist Ihnen sonst noch aufgefallen?
- Welche Fragen haben sich Ihnen gestellt?

Schritt 4
Legen Sie einen (längeren) Zeitraum fest und achten Sie in dieser Zeit auf Ihre Reaktionen und Gedanken, wenn Sie Menschen mit körperlichen oder geistigen Einschränkungen begegnen. Notieren Sie währenddessen und/oder am Ende Ihre wichtigsten Erkenntnisse und formulieren Sie Konsequenzen für Ihr eigenes künftiges Handeln in Bezug auf die Dimension *Körperliche und geistige Fähigkeiten.*

Tipp: Eine sehr, sehr vage Ahnung von einigen körperlichen Einschränkungen können Sie u.a. durch die folgenden Aktivitäten bekommen:
- Wenn Sie das nächste Mal Musik hören oder einen Film schauen wollen, stellen Sie die Lautstärke so ein, wie Sie es normalerweise tun. Stecken Sie sich dann Ohrstöpsel in die Ohren (am besten solche mit einem starken Schallschutz) und hören Sie die Musik oder schauen Sie den Film. Wie lange halten Sie das aus? Wie geht es Ihnen dabei? Welche Gefühle und Gedanken steigen in Ihnen auf?
- Tragen Sie die Ohrstöpsel unauffällig, wenn Sie das nächste Mal in der Straßenbahn oder im Bus, in der Vorlesung, der Lerngruppe oder in der Teambesprechung sitzen. Beobachten Sie Ihre Reaktionen und ggf. die Reaktionen der anderen darauf.
- Suchen Sie sich eine Person Ihres Vertrauens, die im wahrsten Sinne des Wortes auf Sie aufpasst. Stellen Sie sich an einen Ihnen vertrauten Platz, an dem viele Menschen oder Fahrzeuge unterwegs sind – z.B. in der Mensa, an der Ampel einer kleinen Straße, vor den Supermarkt um die Ecke, an die Schlange in der Kinokasse o.Ä. Schließen Sie ein paar Minuten lang die Augen, nehmen Sie die Situation intensiv wahr und fühlen Sie sich hinein. Wenn Sie sich dazu in der Lage fühlen, versuchen Sie mit geschlossenen Augen, das zu tun, was Sie normalerweise dort tun würden – in der Mensa das Essen aussuchen; warten, bis die Ampel grün ist, und dann die Straße überqueren; in den Supermarkt gehen; ein Kinoticket kaufen. **Ihre Begleitung muss unbedingt dabei sein und darauf achten, dass Ihnen nichts passiert!**
- Es gibt Simulationsbrillen, mit denen man weit verbreitete Sehbehinderungen nachstellen kann (z.B. Grüner und Grauer Star, Sehbehinderungen aufgrund von Diabetes u.a.). Neben teuren Varianten findet man im Internet für wenig Geld (unter 2,- €/Brille; Stand April 2024) auch einfache Brillen aus Pappe. Wenn Sie Lust haben, besorgen Sie sich doch mal eine. Lesen Sie damit Ihre gewohnten Texte, Anzeigen im Bus oder schauen Sie ein Video. Gehen Sie an alltägliche Wege, Plätze, Treppen, Zebrastreifen usw., setzen Sie die Brille auf und schauen Sie, was Sie wie wahrnehmen. **Nehmen Sie auch hierzu sicherheitshalber eine Begleitung mit.**

Arbeitsanregung 2: Reflexion eines Fallbeispiels
Lesen Sie das Fallbeispiel und bearbeiten Sie anschließend die darunter stehenden Fragen.

Im Februar 2007 ereignete sich an der Universität Freiburg folgender Fall:
120 Medizin-Studierende schrieben eine 60-minütige Klausur, die von drei Personen beaufsichtigt wurde. Während der Klausur durfte niemand den Raum verlassen. Kurz vor Schluss bat ein Student darum, auf die Toilette gehen zu dürfen. Er war querschnittsgelähmt (sichtbar) und hatte eine Blasenfunktionsstörung (nicht sichtbar). Das Aufsichtspersonal akzeptierte weder seine Erklärung noch den Vorschlag des Studenten, eine der Aufsichtspersonen könne ihn ja

begleiten, und auch nicht die Zurufe anderer Studierender, man solle ihn gehen lassen. Schließlich stand eine Studentin auf, leerte ihre Trinkflasche im Waschbecken aus und gab sie ihrem Kommilitonen. „In der Ecke des Hörsaals pinkelte er dann hinein“ (Spiegel Online 27.02.2007).

Nehmen Sie nun Stellung zu dem Fall. Orientieren Sie sich an den folgenden Fragen:

- Wie beurteilen Sie das Verhalten des Aufsichtspersonals, wie das Verhalten des betroffenen Studenten und das der Studierenden, die die Aufsicht aufforderten, ihren Kommilitonen gehen zu lassen?
- Was sagen Sie zur der Lösung, welche die Studentin mit der Trinkflasche umsetzte?
- Und was zu der Tatsache, dass der betroffene Student vor allen anderen die Trinkflasche als „Ersatztoilette“ benutzt hat oder benutzen musste?
- Hätten die betroffenen Personen (Student und Aufsichtspersonal) eventuell etwas anders machen können? Wenn ja, was und warum? Wenn nein, warum nicht?

Stellen Sie sich nun vor, Sie wären selbst im Hörsaal gewesen. Versuchen Sie sich vorzustellen, wie Sie sich verhalten hätten, (a) als betroffener/betroffene Student/in, (b) als Aufsichtsperson, (c) als Kommilitone/Kommilitonin.

Arbeitsanregung 3 & Tipp: s.o. → Hinweis am Ende von Kapitel 6.1

Außerdem noch ein Filmtipp (kurzweilige Reportage mit Erläuterungen verschiedener körperlicher Beeinträchtigungen sowie Folgen für Alltag, Schule und Beruf; jeweils ausgehend von konkreten, betroffenen Personen):

Menschen mit Behinderung. Kampf um Teilhabe und Gleichberechtigung:
https://www.ardmediathek.de/video/respekt/menschen-mit-behinderung-kampf-um-teilhabe-und-gleichberechtigung/ard-alpha/Y3JpZDovL2JyLmRlL2Jyb2FkY2FzdC9GMjAxOFdPMDAwOTg4QTA

6.6 Dimension *Religion & Weltanschauung*

6.6.1 Begriffsklärung

Die Diversity Dimension „Religion und Weltanschauung“ umfasst die Vielfalt der religiösen Überzeugungen und Weltanschauungen, die in einer Gesellschaft oder Organisation existieren. Sie berücksichtigt Glaubensrichtungen (Christentum, Islam, Judentum, Hinduismus, Buddhismus u.a.) ebenso wie nicht-religiöse Weltanschauungen.

Problematisch an der Betrachtungsweise von Religionen ist die Tatsache, dass man sie meist in die sogenannten *großen Weltreligionen* unterteilt (s.o.) und stereotypisiert.

> Muslim_innen beten fünfmal am Tag und Juden und Jüdinnen halten den Schabbat. Das trägt auch dazu bei, dass die Zunahme religiöser Vielfalt in der Regel nur in Bezug auf ‚die Anderen‘, vor allem den gewachsenen Anteil an Muslim_innen in Deutschland wahrgenommen wird. (Bildungsteam Berlin Brandenburg o.J.: o.S.)

In der Realität sind all diese Gruppen in sich jedoch vielfältig und komplex. Es gibt unterschiedliche Richtungen innerhalb der großen Religionen ebenso wie Variationen innerhalb der einzelnen Richtungen. Und nicht zuletzt werden sie von Individuen praktiziert und gelebt (vgl. ebd.).

Die Bezeichnung *Weltanschauung* beschreibt im juristischen Sinne „ein für die Lebensführung eines Menschen verbindliches und identitätsstiftendes Verständnis des menschlichen Lebens und der Welt [...], welches von einer relevanten Zahl anderer geteilt wird“ (ADS o.J.: o.S.). Diese Weltanschauung muss eine „religionsähnliche Überzeugung [sein], die sich [...] auf das Diesseits bezieht“ (ebd.), andernfalls wird sie nicht gerichtlich anerkannt. Dazu gehören beispielsweise Theorien wie Marxismus oder Anthroposophie, jedoch nicht „rein politische Überzeugungen“ (ebd.).

6.6.2 Auswirkungen von Religion und Weltanschauung

Religionszugehörigkeiten können sich in vielerlei Hinsicht auf Alltag und Beruf auswirken. Religiöse Feiertage und Rituale beeinflussen die Arbeitszeiten. Sind diese ausschließlich nach der Religion oder den Religionen der Mehrheitsgesellschaft ausgerichtet – in Deutschland nach dem Christentum und insbesondere nach der katholischen oder evangelischen Kirche – ist die Wahrscheinlichkeit für Kollisionen mit anderen Glaubensgemeinschaften recht hoch. Andere Stolpersteine sind religiöse Kleidervorschriften und spezielle Ernährungsweisen, bestimmte religiöse Werte und Traditionen u.a. Auch sie beeinflussen sowohl das berufliche als auch das soziale Umfeld. Vorurteile gegenüber bestimmten Religionen, Unverständnis für religiöse Praktiken, Konflikte zwischen verschiedenen Religionsgruppen, aber auch Unwissenheit führen zu Diskriminierung am Arbeitsplatz wie im Privatleben.

Von den Beratungsanfragen, die 2020 an die Antidiskriminierungsstelle des Bundes gerichtet wurden, bezogen sich 5% auf die Religionszugehörigkeit und weitere 2% auf die Weltanschauung. Von Diskriminierung besonders betroffen sind Menschen, denen man aufgrund von äußeren Merkmalen die Religion ansehen kann – allem voran das Kopftuch bei muslimischen Frauen und die Kippa bei jüdischen Männern. Letztere werden häufig im Alltag beleidigt und angefeindet (auf der Straße, auf dem Schulhof oder beim Versuch, ein Restaurant zu besuchen) oder am Arbeitsplatz gemobbt. Erstere werden bei der Jobsuche und Bewerbungen ebenso diskriminiert wie im Alltag (vgl. ADS o.J.: o.S.).

Bekannt geworden ist hierzu eine Studie aus dem Jahre 2016: Drei fiktive Frauen bewarben sich mit identischen Unterlagen (CV, Anschreiben, Zeugnisse etc.) auf insgesamt 1.474 Stellenausschreibungen. Die Bewerbungsunterlagen waren streng nach den deutschen Gepflogenheiten für seriöse Bewerbungen erstellt und die Stellenangebote mit passenden Anforderungen ausgewählt worden. Die Unterlagen unterschieden sich lediglich in zwei Punkten, Name und Foto. Zwei der drei fiktiven Bewerberinnen verwendeten exakt das gleiche Foto, eine der beiden Frauen nannte sich aber Sandra Bauer, die andere Meryem Öztürk. Das Foto der dritten Bewerberin zeigte dieselbe Frau, die hier wieder Meryem Öztürk hieß, diesmal jedoch ein Kopftuch trug. Sandra Bauer erhielt von 18,8% der Unternehmen eine positive Rückmeldung mit Einladung zum Vorstellungsgespräch, gefolgt von Meryem Öztürk ohne Kopftuch, bei der sich 13,5% der angeschriebenen Firmen meldeten. Auch wenn die Differenz nicht sehr groß erscheint, so ist sie doch statistisch signifikant. Meryem Öztürk mit Kopftuch wurde lediglich von 4,2% der Unternehmen kontaktiert (vgl. Weichselbaumer 2016). Die Ergebnisse zeigen sehr anschaulich und unmissverständlich, wie die Bewerberin aufgrund eines vermeintlich muslimischen Symbols[37] massiv benachteiligt wird.

6.6.3 Religionszugehörigkeiten in Deutschland

Im Jahre 2022 lebten in der Bundesrepublik Deutschland ca. 84,6 Millionen Menschen (vgl. Statistisches Bundesamt; https://www.destatis.de). Die Zugehörigkeit zu den Religionsgemeinschaften verteilte sich wie in Abb. 6 dargestellt (Angaben = prozentualer Anteil an der Gesamtbevölkerung der BRD; Informationen vgl. Religionsmonitor 2023 und Bundesministerium des Inneren und für Heimat, https://www.bmi.bund.de). Wie vermutlich erwartet, stellt die Gruppe der christlichen Religionen die größte dar. Jedoch umfasst sie lediglich die Hälfte der Bevölkerung und die beiden großen, traditionellen Religionsrichtungen Deutschlands, katholisch und evangelisch, kommen zusammen auf nur 88,3% der Christinnen und Christen (Abb. 7), also deutlich weniger als die Hälfte der Bürgerinnen und Bürger – Mitte der 1950er-Jahre waren es mehr als 96%.

Abb. 6: Religionen in Deutschland 2022

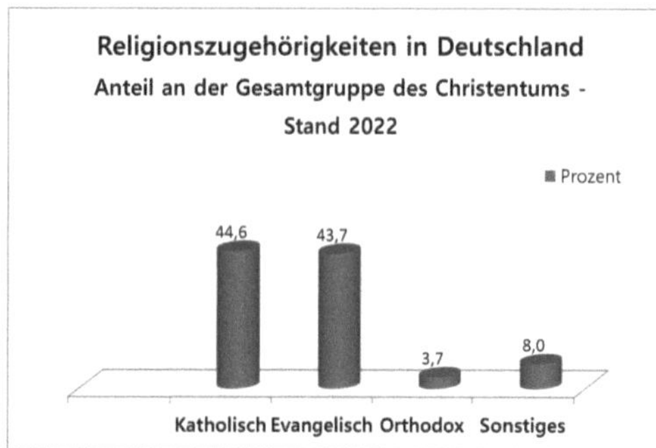

Abb. 7: Christliche Religionen in Deutschland 2022

Eine weit verbreitete Kritik, die insbesondere von Gegner/innen der Migration kolportiert, jedoch auch von anderen Menschen vermutet wird, ist die Aussage, dies liege an den nicht-christlichen Menschen mit Migrationshintergrund. Schaut man sich die Gruppe der nicht-christlichen Religionen jedoch genauer an, stellt man schnell fest, dass sie alle zusammen auf gerade mal 15,1% der bundesdeutschen Gesamtbevölkerung kommen – der Rest, der mehr als ein Drittel der Bevölkerung umfasst, ist konfessionslos. Was vielfach nicht berücksichtigt, verschwiegen oder marginalisiert wird, ist die Tatsache, dass immer mehr Menschen den beiden traditionellen Kirchen in Deutschland den Rücken kehren und austreten.

Zwei weitere Religionsgruppen, die in Deutschland für Auseinandersetzungen, Anfeindungen und Diskriminierung sorgen, sollen hier hervorgehoben werden: das Judentum und der Islam. Wie in Abb. 6 dargestellt, gehören nur 0,3% der Menschen in

37 Das Kopftuch wird vor allem von Gegner/innen des Islam, aber auch von neutralen Personen als Symbol für Religion (und Unterdrückung) gewertet. Tatsächlich gibt es im Koran keinerlei Hinweise dazu, dass muslimische Frauen ein Kopftuch tragen sollen, und die wenigsten von ihnen tun dies weltweit.

Deutschland dem jüdischen Glauben an. Zu den islamischen Religionen bekennen sich 8,5%[38]. Warum also schlägt ihnen so viel Hass entgegen?

Der Religionsmonitor stellt die Ergebnisse einer repräsentativen Umfrage, die von der Bertelsmann Stiftung in größeren Abständen weltweit durchgeführt wird, zusammen. Bei der letzten Befragung in Deutschland im Sommer 2022 (ausgewertet und dokumentiert im Religionsmonitor 2023) ergaben sich folgende zentrale Ergebnisse:

- „Die zunehmend plurale religiöse Landschaft in Deutschland lässt Raum für individuelle Kombinationen und auch für Nichtreligiosität" (Müke et al. 2023: 10).
- „Die allgemeine Zustimmung zur Religionsfreiheit und Anerkennung religiöser Vielfalt ist groß, verzeichnet im Zehnjahresvergleich aber Rückgänge" (ebd.: 11).
- „Fehlendes Wissen über religiöses Leben ist ein Einfallstor für Misstrauen und Falschinformationen" (ebd.: 11).
- „Kontakte zu Andersgläubigen bauen Brücken und öffnen den Blick dafür, dass religiöse Vielfalt bereichernd sein kann" (Müke et al. 2023: 12).
- „Je größer die Wertschätzung religiöser Vielfalt, desto stärker der gesellschaftliche Zusammenhalt" (ebd.).

Im Kontext von Diversitäts-Kompetenz scheinen einige ausgewählte Details besonders erwähnenswert: Je ungefähr ein Drittel der Befragten betrachtet religiöse Vielfalt als Bereicherung, Bedrohung oder hat keine dezidierte Meinung dazu. Im Großen und Ganzen sind wenige Kenntnisse über Religionen und religiöses Leben in Deutschland vorhanden, insbesondere wenn es andere als den eigenen Glauben betrifft. Dabei gaben 60% der Befragten an, viel oder sehr viel über das Christentum in Deutschland zu wissen, aber nur 27% haben Kenntnisse über das muslimische Leben und sogar nur 16% über das Judentum (vgl. ebd.: 11).

Auffallend ist auch, dass zunehmendes Wissen über bestimmte Religionsgemeinschaften nicht automatisch zu einer positiven Einstellung führt. Die Studie ergab, dass mit dem Wissenszuwachs sowohl die Zahl derjenigen, die religiöse Vielfalt als Bereicherung wahrnehmen, als auch derjenigen, die sich dadurch bedroht fühlen, wachsen. Eine relevante Rolle spielt dabei allerdings auch, woher die Menschen ihr Wissen beziehen. Im Religionsmonitor 2023 heißt es dazu:

> Eine wichtige Wissensquelle sind für viele Menschen die (sozialen) Medien. Hier können eine vor allem an Negativschlagzeilen orientierte Berichterstattung oder emotional aufgeladene öffentliche Debatten die Wahrnehmung religiöser Vielfalt als Bedrohung befördern – vor allem wenn als Korrektiv die persönliche Alltagserfahrung fehlt. (Müke et al.: 2023: 11f.)

Mitte der 1950er-Jahre formulierte der US-amerikanische Psychologe Gordon W. Allport (1897–1967) die sogenannte *Kontakthypothese*. Sie besagt, dass Stereotype und Vorurteile gefördert und aufrechterhalten werden, wenn die betroffenen Gruppen räumlich voneinander getrennt sind, also durch Ghettoisierung. Finden hingegen (regelmäßig) Kontakte statt und werden dabei bestimmte Parameter berücksichtigt (Freiwilligkeit, keine Hierarchien oder Abhängigkeiten u.a.), können Abneigungen und Voreingenom-

38 Unter den Musliminnen und Muslimen in Deutschland finden sich hauptsächlich Sunnit/innen (66,5% der Muslim/innen), gefolgt von Alevit/innen (8%) und Schiit/innen (4%).

menheiten reduziert und Vertrauen aufgebaut werden (vgl. Bierhoff, 2006: 381). Ähnliche Ergebnisse zeigten sich auch im Religionsmonitor 2023. Demnach

> haben 41 Prozent der Befragten häufig, 49 Prozent selten und 11 Prozent nie Freizeitkontakte zu Personen anderer Glaubenszugehörigkeit [...] Den mit Abstand intensivsten Freizeitkontakt zu Personen anderer Religionsgruppen haben Muslim:innen (79 Prozent ‚häufig' oder ‚sehr häufig'). Auch wenn sie als Minderheit eine höhere Chance haben, in ihrer Freizeit auf Andersgläubige – etwa Christ:innen – zu treffen, zeigt das, dass Muslim:innen in starkem Maße sozial integriert sind (Müke et al. 2023: 12).

Arbeitsanregung 1: Selbstbeobachtung und Praxisanwendung
Lesen Sie den folgenden Text und beantworten Sie die dazugehörende Frage. Machen Sie dazu kurze Notizen.

A – Stellen Sie sich folgende Situation vor:
Es ist Samstag, früher Abend. Sie sitzen in der Straßenbahn und dösen stumm vor sich hin. An einer Haltestelle steigen drei weibliche Jugendliche ein. Sie tragen Kopftücher und lange, weite Kleider, ganz unten schaut bei allen der Saum einer Hose heraus. Die drei sind auffallend geschminkt und offenbar gut gelaunt. Sie sind ausgelassen und fröhlich, lachen viel und unterhalten sich lautstark in einer Sprache, die Sie für Arabisch halten und nicht verstehen. Was denken und fühlen Sie?

Reflektieren Sie bitte unbedingt zuerst diese Situation, bevor Sie weiterlesen.

Lesen Sie den nächsten Text und beantworten Sie wieder die dazugehörende Frage. Machen Sie auch hierzu kurze Notizen.

B – Stellen Sie sich nun die folgende Situation vor:
Es ist Samstag, früher Abend. Sie sitzen in der Straßenbahn und dösen stumm vor sich hin. An einer Haltestelle steigen drei Frauen in Ihrem Alter ein. Sie tragen fesche Frisuren und figurbetonte, kurze Kleider über engen Jeans. Die drei sind auffallend geschminkt und offenbar gut gelaunt. Sie sind ausgelassen und fröhlich, lachen viel und unterhalten sich lautstark in Ihrer Muttersprache, zwei von ihnen in Ihrem eigenen Dialekt. Sie schnappen das eine oder andere Wort auf. Was denken und fühlen Sie?

Betrachten Sie nun Ihre Notizen zu den beiden Situationen. Welche Unterschiede und Gemeinsamkeiten finden Sie? Welcher Gruppe fühlten Sie sich mehr oder weniger zugehörig? Wie könnte sich das auf Ihre Reaktion ausgewirkt haben? Formulieren Sie Ihre Erkenntnisse und erste persönliche Schlussfolgerungen.
Legen Sie nun einen Zeitraum fest und beobachten Sie sich selbst. Wie reagieren Sie, wenn Sie auf Menschen oder Menschengruppen treffen, die Sie aufgrund von (echten oder vermuteten) religiösen Symbolen einer bestimmten Religionsgemeinschaft zuordnen? Machen Sie Notizen, werten Sie Ihre Ergebnisse am Ende aus und formulieren Sie Konsequenzen für ihr künftiges Handeln.

Arbeitsanregungen 2: Weitere Ideen für Erkundungen

Falls Sie es nicht bereits getan haben, machen Sie doch mal einige der Vorschläge aus der Liste:

- sich in seriösen Quellen ausführlich über die eigene Religion informieren
- herausfinden, was die *Deutsche Islam Konferenz* genau ist und tut (https://www.deutsche-islam-konferenz.de)
- sich über den *Zentralrat der Juden in Deutschland* informieren (https://www.zentralratderjuden.de)
- eine Moschee und eine Synagoge besuchen
- im Koran, der Thora und in der Bibel lesen
- sich über andere große und kleine Religionsgemeinschaften informieren
- mit der Familie, mit Freund/innen und Bekannten über Ihre Erkundungen und verwandte Themen diskutieren

Arbeitsanregung 3 & Tipp: s.o. → Hinweis am Ende von Kapitel 6.1

Zusätzlich: für Informationen

- https://www.antidiskriminierungsstelle.de/SharedDocs/forschungsprojekte/DE/Expertisen_Diskr_aufgr_islam_ReligZugehoerigkeit.html
- https://www.bamf.de/SharedDocs/Anlagen/DE/Forschung/Kurzanalysen/kurzanalyse2-2023-interreligiositaet.pdf?__blob=publicationFile&v=13

Und noch etwas zum Schmunzeln

Khalid bei den Schwiegereltern:
https://www.youtube.com/results?search_query=khalid+bei+den+schwiegereltern

6.7 Dimension *Soziale Herkunft*

Der Aspekt der sozialen Herkunft und des sozialen Status war stets Teil der Proteste und Maßnahmen gegen Benachteiligung bestimmter gesellschaftlicher Gruppen. Auch zahlreiche Studien beschäftigen sich seit Jahrzehnten immer wieder mit diesem Thema. Spätestens seit Veröffentlichung der ersten PISA-Ergebnisse im Jahr 2000 durch die OECD ist allgemein bekannt, dass Bildungschancen in Deutschland in sehr hohem Maße von der sozialen Herkunft abhängen.

> Es war eine der Überraschungen, die keiner zu prognostizieren gewagt hätte, dass in Deutschland die Kopplung von sozialer Herkunft und Kompetenzerwerb so eng war wie in keinem anderen OECD-Staat (Maaz 2020: o.S.), damals insgesamt 31.
>
> Die Ergebnisse […] waren ein Weckruf für Deutschland. […] Die Leistungen der Schülerinnen und Schüler in Deutschland lagen in den Bereichen Lesekompetenz, Mathematik und Naturwissenschaften unter dem OECD-Durchschnitt.
>
> Dies stand nicht nur im Gegensatz zu der positiven Wahrnehmung des Bildungssystems in der Öffentlichkeit, sondern war für eine große Exportwirtschaft wie Deutschland, deren Wettbewerbsvorteil auf Kompetenzen und Wertschöpfung basiert, auch ein ernstes Warnsignal. […]

> Dieser ‚PISA-Schock' sorgte für einen öffentlichen Aufschrei und löste eine bildungspolitische Debatte aus, die die Medien des Landes monatelang beschäftigen sollte und schließlich den Anstoß für grundlegende Reformen gab. (OECD o.J.: o.S.; https://www.oecd.org)

Während die Reformen und Maßnahmen in den Folgejahren allmählich Schritt für Schritt zu fruchten schienen, fielen die zuletzt veröffentlichten Ergebnisse 2023 (Untersuchung von 2022, diesmal in 81 Ländern) wieder erschreckend niedrig aus. Das Bildungsniveau ist laut dieser neuesten PISA-Studie weltweit dramatisch gesunken. In Deutschland wurden in allen drei Kompetenzbereichen mit Abstand die niedrigsten Ergebnisse seit Beginn der PISA-Erhebungen gemessen, in Mathematik und in den Naturwissenschaften lagen sie um ein Vielfaches unter dem Niveau der ersten Ergebnisse aus dem Jahr 2000. Die neuen Befunde decken sich auch mit denen anderer Erhebungen, z.B. „der IGLU-Studie sowie der IQB-Bildungstrends[39] 2021 und 2022" (Bundesministerium für Bildung und Forschung/BMBF 2023: o.S.). Dieser Abfall der Leistungen kann laut OECD nur zum Teil mit der Pandemie begründet werden, denn der Abwärtstrend begann bereits früher (vgl. OECD o.J.: o.S.). Die Ergebnisse zeigen außerdem einmal mehr: „Der Zusammenhang zwischen sozialem Hintergrund und Bildungserfolg ist in Deutschland nach wie vor stark ausgeprägt" (BMBF 2023: o.S.).

Trotz dieser und ähnlicher Umstände wird die Dimension *Soziale Herkunft* im Diversity-Diskurs bisher etwas vernachlässigt und im Diversity Management wenig bis gar nicht berücksichtigt. In den oben zitierten relevanten Paragraphen aus dem Grundgesetz und dem AGG (s. Kap. 3.2) taucht sie überhaupt nicht auf, die Antidiskriminierungsstelle des Bundes führt sie in der Kategorie „Weitere Diskriminierungsmerkmale" (ADS o.J.: o.S.), die Charta der Vielfalt e.V. hat sie nach einer Befragung unter Führungskräften in Deutschland erst 2021 als „7. Dimension [und] neue Vielfaltsdimension" (Charta der Vielfalt e.V. o.J.: o.S.; https://www.charta-der-vielfalt.de) in ihren Kanon (und auch in das Diversity-Rad) aufgenommen. Und auch die einschlägige Fachliteratur beschäftigt sich im Gegensatz zu allen anderen Kern- und weiteren Dimensionen wenig mit der Diskussion der Kategorie *Soziale Herkunft*.

Kritiker/innen könnten hier einwenden, der Aspekt der sozialen Herkunft trete meist kombiniert mit anderen Merkmalen auf und werde deshalb zusammen mit diesen behandelt. Das ist zwar richtig, trifft aber auf fast alle Dimensionen zu (s. auch Kap. 6.8) und trotzdem werden diese ausführlich und intensiv erforscht sowie – nicht nur, aber auch – separat behandelt. Mir scheint die Bedeutung der Benachteiligung aufgrund der sozialen Herkunft so eklatant, dass ich sie hier für sich betrachtet darstellen werde.

6.7.1 Begriffsklärung

Die soziale Herkunft wurde lange über „die berufliche und sozioökonomische Stellung der Eltern definiert, d.h. über deren Position in der gesellschaftlichen Hierarchie, basierend auf den verfügbaren finanziellen Mitteln, Macht oder Prestige" (Maaz & Dumont 2019: 302). Durch die Forschungen von Bourdieu und Coleman der 1980er-Jahre kam man zu der Erkenntnis, dass soziale Herkunft mehr umfasst als vorhandenes Finanzka-

39 IGLU → Internationale Grundschul-Lese-Untersuchung, wird in der vierten Klasse durchgeführt; IQB-Bildungstrends → Nationales Bildungsmonitoring auf Basis der Bildungsstandards der Kultusministerkonferenz/KMK

pital, nämlich „alle kulturellen bzw. sozialen Ressourcen, die die Handlungsmöglichkeiten von Personen erweitern und folglich auch ihre sozioökonomische Stellung positiv beeinflussen können" (ebd.). Kulturelles Kapital hat dabei drei Erscheinungsformen (vgl. ebd.):

- Kompetenzen, Werte und Haltungen, die man verinnerlicht (auch *inkorporiert*) hat
- Besitztum von kulturellen Gütern wie etwa Bücher
- Bildungsabschlüsse und andere institutionalisierte Zustände

Soziales Kapital umfasst „als dauerhaftes Netzwerk mehr oder weniger institutionalisierter sozialer Beziehungen" (ebd.) Bezugsgruppen wie Familie und Verwandtschaft, Freundeskreis, Nachbarschaft oder Vereinsgruppen, religiöse, ethnische oder politische Gruppen, Betriebszugehörigkeiten usw. (vgl. Maaz & Dumont 2019: 302).

6.7.2 Soziale Herkunft und Bildungschancen

Noch immer hält sich in Deutschland der Mythos, jede/r habe es hierzulande selbst in der Hand, ob er/sie eine gute Ausbildung, einen guten Beruf und eine gut bezahlte Stelle bekomme. Man müsse es nur wirklich wollen und leistungsbereit sein, dann stünden jeder und jedem alle Türen offen. Dass dem keinesfalls so ist, zeigen die oben beschriebenen Ergebnisse zahlreicher, immer wiederkehrender Studien im schulischen Bereich.

Die Schieflage ist aber viel größer, sie beginnt bei der frühkindlichen Elementarbildung in Krippe, Kindergarten bzw. Kita, führt über die Schulzeit in die Berufs- oder Hochschulausbildung und bis in den Weiterbildungsbereich während des Erwerbslebens. In all diesen Phasen zeigt sich der Einfluss der sozialen Herkunft. Kinder aus unteren Sozialschichten werden oft schlechter benotet, obwohl sie die gleichen Leistungen zeigen wie ihre sozial besser gestellten Mitschüler/innen, und sie erhalten am Ende der Grundschulzeit seltener eine Gymnasialempfehlung (vgl. Jungkamp & John-Ohnesorg 2016: 5) – mit weitreichenden Konsequenzen für die spätere berufliche Laufbahn.

2021 hatte knapp die Hälfte der Menschen aus Familien mit einem niedrigeren Bildungsniveau eine Berufsausbildung abgeschlossen, je ca. 17 Prozent blieben ohne Ausbildung bzw. absolvierten ein Studium. Von den Kindern aus Akademikerhaushalten studierte mehr als die Hälfte, fast niemand blieb ohne Ausbildung (vgl. Kleinert et al. 2023: 18). Das soll keineswegs bedeuten, dass alle Menschen studieren sollten, im Gegenteil. Fachkräfte in Handwerk- oder Dienstleistungsberufen wurden und werden unbedingt benötigt. Die Zugangsanforderungen an einen Ausbildungsplatz sind aber kontinuierlich gestiegen und in vielen Berufen ist das Abitur von Vorteil, wenn nicht gleich Voraussetzung, während der Hauptschulabschluss oftmals nicht mehr ausreicht.

Hinzu kommt: Soziale Unterschiede werden im Laufe des Bildungswegs „nicht nur weitertransportiert, nein, sie verstärken sich von Bildungsstufe zu Bildungsstufe" (Jungkamp & John-Ohnesorg 2016: 5).

Elementarbereich

Von den Eltern der Kinder in frühpädagogischen Einrichtungen haben doppelt so viele Abitur oder Fachabitur wie keinen oder höchstens einen Hauptschul-Abschluss. Auch Angebote von Sportvereinen, musikalische Früherziehung u.Ä. werden in dieser Altersgruppe deutlich mehr von Familien wahrgenommen, in denen die Eltern einen höheren

Schulabschluss haben (vgl. Maaz 2020: o.S.). Der „Unterschied in der herkunftsbezogenen Bildungsbeteiligung unter 3-Jähriger hat sich bei insgesamt steigender Bildungsbeteiligung in den letzten Jahren sogar noch vergrößert" (ebd.).

Grundschule

Der Besuch der Grundschule ist für alle Kinder in Deutschland verpflichtend. Für diese Bildungsphase stellt sich deshalb nicht die Frage, ob sie in die Grundschule gehen, sondern wie ihre soziale Herkunft den Kompetenzerwerb beeinflusst. Alle hierfür relevanten wissenschaftlichen Befunde belegen, dass „Kinder aus sozial begünstigten Familien [...] am Ende der Grundschulzeit im Durchschnitt höhere Kompetenzen [erreichen] als Kinder aus sozial weniger begünstigten Familien" (ebd.). Bei der Lesekompetenz beispielsweise entspricht der Unterschied abhängig von der sozialen Herkunft der Viertklässler/innen laut der letzten IGLU-Studie von 2023 einem ganzen Schuljahr. Dies sei eine seit Jahren unveränderte Tatsache und besonders auffallend für Deutschland. Schüler/innen in anderen Ländern weisen wesentlich geringere Unterschiede auf, auch Kinder, deren Muttersprache nicht die Unterrichtssprache ist (vgl. Anders 2023: o.S.).

Sekundarstufen I und II

Beim Übergang von der vierten Grundschulklasse in die weiterführende Schule (Sekundarstufe I) zeigt sich seit Jahren ein sehr deutlicher und stagnierender Unterschied ausgehend vom sozioökonomischen Status der Eltern. Je höher dieser ist, desto mehr Kinder gehen aufs Gymnasium, je geringer er ist, desto mehr Kinder wechseln auf die Hauptschule. Entgegen weit verbreiteter gegensätzlicher Meinungen gilt dies sowohl für Jugendliche mit als auch solche ohne Migrationshintergrund (vgl. Maaz 2020: o.S.). Nach einer zum Zeitpunkt der Manuskripterstellung hochaktuellen Studie des ifo Instituts[40] besuchen im Bundesdurchschnitt

> 26,7 % der Kinder mit niedrigerem Hintergrund ein Gymnasium, mit höherem Hintergrund sind es 59,8 %. [...] Die Chance auf einen Gymnasialbesuch bei niedrigerem Hintergrund ist also nicht einmal halb so groß [...] wie bei höherem Hintergrund [...]. Die Ungleichheit der Bildungschancen ist in allen Bundesländern sehr stark ausgeprägt. (https://www.ifo.de/publikationen/2024/aufsatz-zeitschrift/ungleiche-bildungschancen-ein-blick-die-bundeslaender)

In der Studie wird auch darauf hingewiesen, dass es zwischen den Bundesländern signifikante Unterschiede gibt, sodass in manchen Bundesländern die Chance auf einen Gymnasialbesuch noch deutlich geringer ist als im Bundesdurchschnitt. In Berlin, Brandenburg und Rheinland-Pfalz ist die Chance von Kindern aus prekären sozialen Verhältnissen ein Gymnasium zu besuchen am höchsten, in Sachsen und Bayern am niedrigsten (vgl. ebd.).[41]

---

40 ifo Institut – Leibniz-Institut für Wirtschaftsforschung an der Universität München e.V.

41 Interessanterweise sind Berlin und Brandenburg die einzigen Bundesländer, in denen alle Schüler/innen bis zum Ende der sechsten Klasse gemeinsam unterrichtet werden, erst danach findet die Aufteilung in unterschiedliche weiterführende Schulen statt.

Weiterhin ergab eine andere Untersuchung, dass der Kindergartenbesuch sich auch auf die Leistungen in der Sekundarstufe I auswirkt (vgl. Van Ackeren & Klein 2014: o.S.). In der gleichen Untersuchung wurde festgestellt,

> dass Kinder aus Elternhäusern mit einem niedrigeren sozialen Status bei gleichen Leistungen eine bis zu viermal niedrigere Chance gegenüber Kindern aus Elternhäusern mit höherem sozialen Status haben, am Ende der Grundschulzeit eine Empfehlung für das Gymnasium zu erhalten. [...] Lehrkräfte [berücksichtigen offenbar] bei der Übergangsentscheidung nach der Grundschule nicht nur Schulleistungen, sondern auch die soziale Herkunft und das damit verknüpfte (angenommene) unterschiedliche Unterstützungspotenzial. (Ebd.)

Auch beim Übergang in die gymnasiale Oberstufe und beim Schulabschluss Abitur zeigen sich „soziale Herkunftseffekte" (Maaz 2020: o.S.). Unter den Schüler/innen aus sozial schwachen Elternhäusern ist die Zahl der Abiturient/innen signifikant niedriger als unter denjenigen mit einem sozial privilegierten Elternhaus (s.o.). Dies trifft insbesondere Kinder und Jugendliche aus Arbeiter- und Bauernfamilien (vgl. ebd.).

Berufsausbildung

Für berufliche Ausbildungen stehen in Deutschland drei alternative Wege zur Verfügung (vgl. Maaz 2020: o.S.; Protsch & Solga 2019: 566):

- **Duale Berufsausbildung** → abwechselnde Ausbildungsabschnitte an zwei Lernorten, dem Ausbildungsbetrieb und der Berufsschule
- **Schulberufssystem** → Ausbildung, die ausschließlich an dafür vorgesehenen Schulen stattfindet, hauptsächlich an beruflichen Schulen
- **Übergangssystem** oder **Übergangsbereich** → Programme und Maßnahmen für junge Menschen, die entweder keinen Schulabschluss oder (noch) keinen Ausbildungsplatz haben; hier können sie berufliche Orientierung und erste berufliche Qualifizierung erhalten, um damit die Chancen auf einen Ausbildungsplatz zu vergrößern; das Nachholen von Schulabschlüssen ist in diesem Sektor ebenfalls möglich

Vollqualifizierende Berufsabschlüsse können nur in einer dualen Ausbildung oder im Schulberufssystem erworben werden, jedoch nicht im Übergangsbereich. Auch werden Maßnahmen aus dem Übergangsbereich nicht auf spätere Ausbildungen angerechnet. Es ist auch nicht hinreichend bekannt, wie viel die Maßnahmen im Übergangssystem tatsächlich bringen.

> Als erfolgreich haben sich vielmehr Modellversuche erwiesen, die einen intensiven Kontakt zwischen Jugendlichen und Ausbildungsbetrieben herstellen und damit einen direkten Übergang in eine vollwertige Ausbildung unterstützen. Öffentlich finanzierte außerbetriebliche Ausbildungsplätze sind ein weiterer Lösungsansatz. (Protsch & Solga 2019: 566)

Zum Zusammenhang von sozialer Herkunft und Ausbildungsberufen gibt es keine direkten Erhebungen, er kann deshalb nur indirekt über die Angaben zur schulischen Vorbildung der Auszubildenden erschlossen werden. Diese Analyse legt nahe, dass „sich die sozialen Bildungsungleichheiten, die sich im Verlauf der Schulzeit herausgebildet haben, in den Bereich der beruflichen Ausbildung fort[setzen]“ (Maaz 2020: o.S.). Im Einzelnen lassen sich folgende Rückschlüsse ziehen (vgl. ebd.):

- Junge Menschen mit (Fach-)Hochschulreife kommen fast alle im dualen Ausbildungssystem oder im Schulberufssystem unter. Sie kommen mehrheitlich aus privilegierten sozialen Verhältnissen.
- Schulabgänger/innen mit einem mittleren Abschluss finden zu 85 Prozent eine vollqualifizierende Ausbildungsstelle.
- Jugendliche, die einen Hauptschulabschluss (in manchen Bundesländern *Berufs- oder Berufsbildungsreife*) haben, landen zur Hälfte, solche ohne Schulabschluss vollständig im Übergangssystem. Die Jugendlichen beider Gruppen stammen vermehrt aus sozial benachteiligten Familien.

Ein weiterer wichtiger Aspekt ist die Tatsache, dass etwa ein Viertel der Schulabgänger/innen in Deutschland

> bis zum 25. Lebensjahr keinen beruflichen Abschluss [erwirbt]. Diese Gruppe der formal Geringqualifizierten weist ein deutlich erhöhtes Risiko auf, erwerbslos zu sein, ein niedriges Einkommen zu beziehen oder eine prekäre Erwerbstätigkeit auszuüben. (Dietrich et al. 2019: 357)

Dietrich et al. haben deshalb untersucht, welchen Einfluss soziale Herkunft, Lebensverlauf sowie Migration auf die Entscheidung, eine verspätete Berufsausbildung aufzunehmen und zu absolvieren, haben. Dabei zeigte sich, dass die soziale Herkunft auch hier eine entscheidende Rolle spielt. „Formal Geringqualifizierte aus Elternhäusern, in denen mindestens ein Elternteil einen Hochschulabschluss erworben hat, weisen die höchste Wahrscheinlichkeit auf, verspätet eine berufliche Erstausbildung aufzunehmen“ (ebd.: 376).

Negative Erlebnisse im Lebensverlauf, etwa das Wiederholen einer Schulklasse, der Abbruch der Ausbildung oder Langzeitarbeitslosigkeit führen ebenfalls dazu, dass eine spätere Berufsausbildung eher nicht wahrgenommen wird. Auch Menschen, die trotz ihrer geringen Qualifizierung langfristig im Arbeitsmarkt untergekommen sind, verzichten auf eine spätere Nachqualifizierung (vgl. ebd.).

In Bezug auf das Kriterium der Migration sind Menschen, die zum Zeitpunkt des Zuzugs nicht mehr schulpflichtig waren, eher bereit, eine berufliche Ausbildung zu durchlaufen. Möglicherweise erkennen sie erst spät, welchen Wert offizielle Berufsabschlüsse und Zertifikate in Deutschland haben, oder es gibt Schwierigkeiten bei der Anerkennung ihrer ausländischen Berufsabschlüsse (vgl. ebd.).

Studium

Trotz der vielfältigen Veränderungen in der deutschen Hochschullandschaft der letzten Jahrzehnte (mehr Studierende, mehr (private) Hochschulen, mehr und vielfältige Studiengänge) hat sich bezogen auf die Ungleichheiten „beim Zugang zum Hochschulstudium“ (Maaz 2020: o.S.) wenig verändert. Schulabgänger/innen „aus bildungsferneren oder sozial schwächeren Familien sind unter den Studienanfängerinnen und Studienanfängern nur unterdurchschnittlich vertreten“ (Van Ackeren & Klein 2014: o.S.). Gründe hierfür gibt es viele: mangelnde finanzielle Mittel, Bildungsstand der Eltern, fehlende Vorbilder und Unterstützung im Elternhaus, soziales Umfeld, geringes kulturelles Kapital, Habitus, niedriges Selbstbewusstsein und Selbstpräsentation u.v.m. Laut einer Studie des Stifterverbands von 2020 brechen etwa ein Drittel der Studierenden aus Arbeiterfamilien ihr Studium bereits in der Bachelorphase ab. Von der Gesamtheit der Studierenden, die aus finanziellen Gründen ihr Studium abbrechen, kommen mehr als 70% aus nicht-akademischen Haushalten (vgl. Diemand 2020: o.S.). Hingegen absolvieren Kinder, bei denen mindestens ein Elternteil selbst studiert hat, größtenteils ebenfalls ein Studium.

Unterschiede zeigen sich auch bei der Wahl der Studienfächer, des Hochschultyps (Universität oder (Fach-)Hochschule) und des angestrebten Studienabschlusses. Studierende aus weniger privilegierten Elternhäusern können – ebenso wie viele Frauen – ihre Bildungswünsche und -ziele häufig nicht umsetzen (vgl. Leuze & Lörz 2019: 630).

Schließlich beeinflusst die soziale Herkunft auch den Studienerfolg und die Frage, ob beispielsweise eine Promotion oder eine wissenschaftliche Karriere angestrebt wird. Unterschiede gibt es weiterhin in Bezug auf „die Dauer des Studiums, das Abbruchrisiko, die Möglichkeit eines Auslandsaufenthalts [...] [oder den] Übergang in ein Masterstudium je nach den sozialen, finanziellen und kulturellen Ausgangsbedingungen der Studierenden" (ebd.).

6.7.3 Soziale Herkunft und Arbeitschancen

Menschen, die aus schwierigen Verhältnissen kommen, haben es auch auf dem Arbeitsmarkt oft schwer. Sofern sie ein Studium absolvieren, tun sie dies nicht nur, aber häufig erst im Anschluss an eine Berufsausbildung auf dem zweiten Bildungsweg und sind deshalb älter als ihre Mitbewerber/innen. Davon unabhängig haben sie meist keine passenden Netzwerke, die ihnen helfen, im Beruf weiterzukommen. Und sie haben oft auch nicht das nötige Selbstvertrauen und die Selbstverständlichkeit, mit der andere auf Menschen zugehen, die ihnen beruflich weiterhelfen und die Karriere positiv beeinflussen könnten. Das zeigt sich schon bei der Suche nach einer passenden Stelle und noch mehr beim Versuch, beruflich aufzusteigen. Qualifikation und Engagement sind oftmals nicht ausreichend.

> In der Arbeitswelt zählt oft der ‚Stallgeruch' – die versteckten Codes der Eliten. Wer nicht den richtigen Kleidungsstil hat, die falschen Hobbys verfolgt oder durch eine andere Sprechart auffällt, hat keinen Zutritt zu den sogenannten unsichtbaren Aufzügen in die Führungsetagen. (Charta der Vielfalt e. V. 2021: 2)

Für eine Studie in den USA wurden fiktive Bewerbungen an 316 renommierte Rechtsanwaltskanzleien in 14 Städten verschickt. Die Lebensläufe unterschieden sich in nur einem einzigen Punkt: den Hobbys. Von den Bewerber/innen mit elitären Hobbys (z.B. Segeln, Polo, klassische Musik) wurden 16% zu Bewerbungsgesprächen eingeladen, von denen ohne solche Hobbys gerade mal 1% (vgl. Rivera & Tilcsik, 2016, nach Charta der Vielfalt e.V. 2021: 2).

Menschen mit benachteiligter sozialer Herkunft – egal ob mit oder ohne Studium – haben jedoch Qualitäten, von denen Unternehmen und Organisationen profitieren könnten. Da sie im Leben oft mit neuen, ungewohnten Situationen und Widerständen klar kommen mussten und müssen, haben sie oft eine große Durchsetzungskraft und sind sehr anpassungsfähig (vgl. ebd.). Sie sind häufig flexibel, verfügen über eine großes Maß an Resilienz und eine hohe Frustrationstoleranz.

6.7.4 Soziale Herkunft und Gesundheit

Weitere Bereiche, in denen sich die soziale Herkunft auswirkt, sind Gesundheit und Lebenserwartung. Für Kinder beginnt das bereits im Mutterleib. In zahlreichen Studien wurde und wird der Zusammenhang von sozialer Herkunft und Gesundheit untersucht. Hier einige ausgewählte Ergebnisse:

Kinder und Jugendliche

- Finanziell schlechter gestellte Eltern wissen häufig wenig über Gesundheit, Vorsorgeuntersuchungen usw. Als Konsequenz sind ihre Kinder deutlich anfälliger für gesundheitliche Auffälligkeiten und verpassen öfter die Vorsorgeuntersuchungen (vgl. Ärzteblatt 2023: o.S.).
- Kinder aus sozialschwachen Verhältnissen sind schon im Mutterleib gesundheitlich benachteiligt, denn mehr als ein Viertel ihrer Mütter rauchen während der Schwangerschaft. Bei den Schwangeren aus mittleren sozialen Schichten ist der Anteil deutlich geringer (knapp 10%), bei denen aus privilegierten Schichten lediglich 1,6%. (vgl. Robert Koch-Institut/KiGGS[42] 2018: 12).
- Kinder und Jugendliche aus einkommensschwachen Familien haben aufgrund ungesunder Ernährung und Bewegungsmangel ein höheres Risiko für Übergewicht und Adipositas. Diese Altersgruppe bewegt sich (auch weltweit) insgesamt zu wenig, es fällt jedoch auf, dass „Mädchen und Jungen aus sozial benachteiligten Familien weniger körperlich aktiv sind als jene aus Familien mit einem mittleren oder hohen Status (vgl. ebd.: 16).
- Auch andere (chronische) Erkrankungen (z.B. Diabetes) sowie Zahngesundheit gehen oft auf ungesunde Ernährung und mangelnde Vorsorge zurück und kommen in sozialschwachen Familien signifikant öfter vor (ebd.: 18; Medizin-Netz 2013: o.S.).
- Sozial benachteiligte Schulkinder klagen häufiger über körperliche Beschwerden und „haben mindestens einmal pro Woche eine oder mehrere Arten von Schmerzen [z.B. Kopf-, Rücken- und Bauchschmerzen]“ (Bundesministerium für Familie, Senioren, Frauen und Jugend/BMFSFJ 2023: o.S.).
- Auch für emotionale Probleme, Traurigkeit und fehlendes Selbstwertgefühl ist diese Gruppe deutlich anfälliger (ebd.).
- Kinder mit niedrigem Sozialstatus haben wesentlich mehr Schlafprobleme und greifen deshalb gelegentlich auch zu Schlafmitteln (ebd.).
- „Jugendliche aus Familien mit niedrigem Sozialstatus rauchen häufiger, beim Alkohol- und Drogenkonsum sind hingegen keine bedeutsamen statusspezifischen Unterschiede zu beobachten“ (Lampert 2007: 603).

Erwachsene

- Frauen und Männer im Alter von 30–64 Jahren mit niedrigem Sozialstatus leiden dreimal häufiger an Diabetes und weiteren Stoffwechselstörungen, an koronaren Herzkrankheiten, anderen Herz-Kreislauf-Erkrankungen sowie Krebserkrankungen als solche mit einem hohen Sozialstatus (vgl. Lampert et al. 2017: 101).
- Diese Unterschiede bestehen teilweise auch über das 65. Lebensjahr hinaus. Die Ergebnisse für ältere Menschen sind nicht eindeutig bzw. in manchen Bereichen nicht hinreichend erforscht, legen aber die Vermutung nahe, dass sozialstatusabhängige Unterscheide „bis ins höhere Le-

42 KiGGS (Studie zur Gesundheit von Kindern und Jugendlichen in Deutschland) ist eine Langzeitstudie des Robert Koch Instituts, die seit 2003 in mehreren Erhebungszeiträumen durchgeführt wurde, zuletzt von 2014 bis 2017. Alle in diesem Kapitel aufgeführten Ergebnisse der KiGGS-Studie beziehen sich auf die neuesten Ergebnisse.

bensalter überdauern und dort in altersspezifischen Krankheiten und Behinderungen zum Ausdruck kommen“ (ebd.: 104).

- Auch für psychische Erkrankungen sind Menschen, die einer niedrigen Sozialschicht angehören, anfälliger (vgl. Lorant et al. 2003, nach Landesinstitut für Arbeitsgestaltung des Landes Nordrhein-Westfalen 2014: 37).
- Ein höheres Bildungsniveau hat außerdem Einfluss auf die Lebenserwartung von Menschen (vgl. Lampert 2017: 104).

Zusammenfassung

Der Gesundheitszustand ist bei Personen mit niedrigem Einkommen sowie niedriger Bildung und beruflicher Position wesentlich stärker gefährdet als in mittleren und höher gestellten Verhältnissen. Menschen der ersten Gruppe empfinden ihren Gesundheitszustand und ihre gesundheitliche Lebensqualität auch selbst als niedrig oder schlecht. Gründe für die Unterschiede liegen im Gesundheitsverhalten der jeweiligen Gruppe (Tabak- und Alkoholkonsum, Sport, Prävention, Vorsorgeuntersuchungen u.a.). Häufigere gesundheitliche Beeinträchtigungen, Risikofaktoren und Erkrankungen führen zu „einer höheren vorzeitigen Sterblichkeit und geringeren Lebenserwartung der benachteiligten Einkommens-, Bildungs- und Berufsgruppen“ (Böhm 2021: 345). Dabei entwickeln sich Tendenzen der körperlichen ebenso wie der psychischen Gesundheit bereits im Kindes- und Jugendalter und setzen sich im Erwachsenenalter fort. Das Phänomen der gesundheitlichen Ungleichheit ist in den vergangenen 20 Jahren in einigen Bereichen gestiegen und ansonsten weitestgehend unverändert geblieben (vgl. ebd.).

Arbeitsanregung 1 & Tipp: s.o. → Hinweis am Ende von Kapitel 6.1 (außer Antidiskriminierungsstelle des Bundes)

Zusätzlich: für Informationen, Projekte und Maßnahmen

- https://www.netzwerk-chancen.de/
- https://aufsteiger.org/
- https://www.dezim-institut.de/publikationen/publikation-detail/intersektionalitaet-in-deutschland/
- https://www.betterplace.org
- https://arbeiterkind.de/ → Hier kann man auch lokale Gruppen suchen

Arbeitsanregung 2: Erkunden Sie, was Ihre Universität oder Hochschule unternimmt, um junge Menschen aus bildungsfernen Haushalten für ein Studium zu motivieren und sie während des Studiums zu unterstützen. Wenn es Maßnahmen gibt, überlegen Sie einmal, ob und wenn ja, wie Sie dort selbst aktiv werden könnten. Wenn Sie das Angebot für unzureichend halten, machen Sie die Verantwortlichen darauf aufmerksam. Suchen Sie zusätzlich Gleichgesinnte und denken Sie gemeinsam darüber nach, wie Sie möglicherweise im kleinen Kreis innerhalb Ihres Studienfachs aktiv werden könnten.

Recherchieren Sie auch, welche Projekte und Maßnahmen es an Ihrem Wohnort gibt. Diese reichen meistens vom Vorlesen in der Kita oder Grundschule über Hilfe bei den Hausaufgaben oder der Abiturvorbereitung bis zu Begleitung geflüchteter junger Menschen, die sich auf ein Studium vorbereiten oder bereits damit begonnen haben. Werden Sie aktiv.

6.8 Intersektionalität

In den vorangegangen Kapiteln wurden die Kerndimensionen des Diversity Managements aus unterschiedlichen Perspektiven und jeweils isoliert beleuchtet. In der Realität wirken jedoch sehr häufig mehrere Diversitätsfaktoren gleichzeitig. Menschen sind eben nicht nur jung oder alt, arm oder reich, männlich, weiblich oder divers, christlich, muslimisch oder buddhistisch usw., sondern vereinen stets mehrere dieser Merkmale gleichzeitig in ihrer Person – wie beispielsweise der „berühmte", oft erwähnte alte, *weiße* Cisgender-Mann. Dieser steht noch immer viel zu selbstverständlich auf der Seite der bevorzugten Personen. Besonders problematisch ist die Anhäufung von Merkmalen aber immer dann, wenn es sich dabei um solche handelt, die zu Ausgrenzung und Diskriminierung führen. In den nächsten Abschnitten wird das Forschungs- und Handlungsfeld der Intersektionalität sehr kurz vorgestellt.[43]

Intersektionalität wird seit den 1990er-Jahren im Bereich der Gender-Forschung diskutiert und gelangte von dort aus in die allgemeine Diversitäts- sowie die Organisationsforschung. Sie versucht, *mehrdimensionale Diskriminierungserfahrungen* (auch *Mehrfachdiskriminierung*) von Menschen darzustellen und zu erforschen, wie verschiedene Diversitäts-Merkmale wechselseitig wirken, sich „verstärken, abschwächen und auch verändern können" (Eberherr 2012: 62) und zu Benachteiligung betroffener Personen führen. Die konkrete Wirkung der jeweiligen Merkmale ebenso wie die daraus resultierenden Folgen sind kontextabhängig und variieren somit von Situation zu Situation.

Die Diskussion um Intersektionalität begann in den USA Ende der 1980er-Jahre im Kontext von *Black Feminism* und der Erkenntnis, dass die Kategorie *Geschlecht* nicht ausreichte, um bestimmte Diskriminierungsformen zu erklären (vgl. ebd.: 64). Berühmt geworden ist in diesem Zusammenhang die Frage der Schwarzen Frauenrechtsaktivistin Sojourner Truth aus dem Jahre 1851: *Ain't I a woman?* Diese Frage sollte deutlich machen, dass Schwarze Frauen aus dem Kampf um die Emanzipation der Frauen ausgeschlossen wurden. *Weiße* „feministische Theoretikerinnen aus der Mittelschicht [machten] ihre eigenen Lebensbedingungen und Bedürfnisse zum ‚Mainstream' aller Frauen" (Bronner & Paulus 2021: 12). Die Kategorie *Gender* wurde deshalb zunächst um das Merkmal *Race* und später auch um *Class* ergänzt, woraus sich die *Race-Class-Gender*-Debatte entwickelte (vgl. Adusei-Poku 2012: o.S.).

Die US-amerikanische Juristin Kimberlé Williams Crenshaw (*1959) prägte schließlich die Bezeichnung *intersectionality*. Bei ihrer juristischen Arbeit hatte sie mehrere abgewiesene Diskriminierungsklagen von Schwarzen Frauen analysiert und festgestellt, dass die Gerichte die Fälle der Klägerinnen nicht als Diskriminierung anerkannt hatten. Die Gründe hierfür waren: Ihre Erfahrungen unterschieden sich sowohl von denen *weißer* Frauen als auch von denen Schwarzer Männer, waren keiner dieser Kategorien zuzuordnen, sondern bildeten eine eigene komplexere Kategorie (vgl. VM-01).

Zur Verdeutlichung des Problems schuf Crenshaw die folgende Metapher: An einer Straßenkreuzung (engl. *intersection*) symbolisiert jede Fahrbahn eine andere soziale Kategorie. Die Fahrzeuge fahren mal auf ihrer separaten Spur, mal überqueren sie

43 Auf eine ausführliche Darstellung wird hier aus Platzgründen verzichtet. Eine fundierte Einführung in die Thematik finden Sie in: (1) Bronner & Paulus 2021: Intersektionalität. Geschichte, Theorie und Praxis. (s. Literaturverzeichnis) oder (2) Walgenbach 2012: Intersektionalität – eine Einführung. Abrufbar unter http://portal-intersektionalitaet.de

die Kreuzung aus der einen oder der anderen Richtung. Und manchmal fahren auch mehrere gleichzeitig, sodass es in der Mitte zu Unfällen kommen kann. Auf die Race-Class-Gender-Debatte übertragen bedeutet dies, dass ein und dieselbe Person in einer bestimmten Situation diskriminiert werden kann, weil sie weiblich und Schwarz ist und aus einer sozialschwachen Gesellschaftsschicht kommt.

Ein Beispiel aus Deutschland ist das „Kopftuchverbot für Lehrerinnen an öffentlichen Schulen. Hier kommen sowohl Geschlecht, Religion und ethnische Herkunft als auch Faktoren wie soziale Stellung und Position in ihrer Gleichzeitigkeit zum Tragen: Denn erst das Kopftuch der Lehrerinnen wurde zum Störfaktor, wohingegen das Kopftuch des Reinigungspersonals keine Erwähnung im öffentlichen Diskurs fand“ (Baer et al., zitiert nach Adusei-Poku 2012: o.S.).

Wie alle Diskriminierungen basiert auch Mehrfachdiskriminierung fast immer auf Stereotypen und Vorurteilen. Adusei-Poku nennt ein Beispiel aus Deutschland mit sehr dramatischen Folgen: die Ermittlungen der Polizei nach den NSU-Morden an türkisch- und griechisch-stämmigen Menschen in den Jahren 2000 bis 2006. Die Hinterbliebenen der Opfer wurden lange selbst verdächtigt, da sie gleich mehrere Vorurteile bedienten: Sie waren männlich (Geschlecht), hauptsächlich aus dem Arbeiter- oder Kleinunternehmer-Milieu (Soziale Herkunft) sowie Zugewanderte (Ethnische Herkunft) und damit kriminell und gewaltbereit (Vorurteil). Diese Zuordnungen wirkten so massiv, dass rechtsextremistische Motive, insbesondere Rassismus, lange Zeit nicht bedacht wurden – und die NSU ungestört weitermorden konnte. Die Diskriminierung der Opfer wird auch durch die Sprachwahl während der Ermittlungen sichtbar: Man sprach von *Dönermorden* und der *Sonderkommission Bosporus*, womit die vermeintliche Kriminalität der türkischen Betroffenen durch bildliche und geografische Assoziationen veranschaulicht und verstärkt wurde (vgl. Adusei-Poku 2012: o.S.).

Arbeitsanregung: Legen Sie ein A4-Blatt oder Ihr Tablet bereit, am besten quer. Blättern Sie noch einmal durch die Abschnitte von Kapitel 6 sowie durch Ihre Notizen und Arbeitsergebnisse. Notieren Sie drei Aspekte, die Ihnen rückblickend besonders auffallen, in je einem Stichwort verteilt auf der Seite. Erstellen Sie nun eine Concept Map. Dazu beginnen Sie bei einem der drei Stichwörter und schreiben eine spontane Assoziation dazu. Verbinden Sie das Stichwort durch einen Pfeil mit der Assoziation und schreiben Sie auf den Pfeil, in welcher Relation die beiden Elemente zueinander stehen (z.B. A führt zu/erfordert/verhindert/hat/beinhaltet … B). Ergänzen Sie auf diese Weise neue Assoziationen, die Ihnen zu den Wörtern auf dem Blatt (es werden immer mehr) einfallen. Stellen Sie auch Querverbindungen her, wenn sich welche anbieten. Rekapitulieren Sie so diejenigen Aspekte des Kapitels, die Ihnen besonders wichtig sind.

Stimmen von Studierenden

Für mich persönlich ist Altersdiversität etwas sehr Positives, da ich denke, dass es sehr wichtig und bereichernd ist, voneinander zu lernen. Ich denke, dass eine Offenheit von beiden Seiten aus essenziell ist und man sich gegenseitig und das, was der Andere mitbringt, was man selbst nicht hat, wertschätzen sollte.

***

Es ist echt erschreckend, wie viele tatsächlich noch glauben, Homosexualität sei eine Krankheit und deshalb Konversionstherapien durchgeführt werden müssen.

***

Ich habe mir bis jetzt noch nie Gedanken über meine soziale Herkunft gemacht. Daher musste ich erstmal überlegen, ob sie Auswirkungen auf meinen Bildungsweg hatte. Ich denke, ich habe meinen Bildungsweg gewählt, weil ich den Lebensstandard, den mir meine Eltern geboten haben, später erhalten wollte. Daher stellt sich mir die Frage, wie ich gehandelt hätte, wenn ich unter anderen Umständen aufgewachsen wäre. [...] Vielleicht hat diese Problematik größere Auswirkungen auf die Bildungswege von „Arbeiterkindern", als man denkt.

***

Ich hätte nicht gedacht, dass chronisch oder psychisch Kranke offiziell zu Menschen mit Behinderung zählen. Auch, dass soziale Aspekte und ob der Mensch am gesellschaftlichen Leben noch teilnehmen kann, bei der Feststellung einer Behinderung eine Rolle spielen, hat mich überrascht.

Lösungen zum Diversity-Quiz

1. Die durchschnittliche Lebenserwartung von Frauen in der BRD lag 1950 bei 68,5 Jahren. Bei Männern lag sie übrigens 1950 bei 64,6 und 2020 bei 78,5 Jahren.
2. 2022 wurden in der BRD 739.000 Kinder geboren.
3. Laut Definition des Statistischen Bundesamts hat eine Person „einen Migrationshintergrund, wenn sie selbst oder mindestens ein Elternteil nicht mit deutscher Staatsangehörigkeit geboren wurde." (Statistisches Bundesamt, www.destatis.de). Somit gehören (Spät-)Aussiedler/innen und in Deutschland Geborene, die später eingebürgert wurden, in diese Gruppe.
4. Alle drei Bezeichnungen beziehen sich auf die geschlechtliche Identität von Menschen und nicht auf deren sexuelle Orientierung.
5. Am 28.6.1969 wehrten sich Homosexuelle zum ersten Mal massiv und gewaltsam gegen eine Razzia in der Homosexuellen-Bar *Stonewall Inn* durch die Polizei, die hier regelmäßig durchgeführt wurde. Die Proteste setzten eine große Bewegung in Gang und dauerten mehrere Tage. Dieses Ereignis gilt als Beginn der modernen Schwulen- und Lesbenbewegung. Die Bar lag in der Christopher Street im Stadtteil Greenwich Village in New York. Ein Jahr später versammelten sich dort Menschen mit unterschiedlicher Geschlechtsidentität und sexueller Orientierung, um an den Aufstand von 1969 zu erinnern und ihn zu feiern. So entstand der Christopher Street Day.
6. Das Benachteiligungsverbot aufgrund einer Behinderung wurde 1994 ins Grundgesetz der BRD aufgenommen.
7. Man ist von Geburt an jüdisch, wenn man eine jüdische Mutter hat, unabhängig von der sonstigen Religionszugehörigkeit.
8. Der Prophet Mohammed wurde in Mekka geboren, von dort später vertrieben und wanderte mit einer kleinen Gruppe von Anhängern nach Medina. In Jerusalem soll er auf dem Tempelberg seine Himmelfahrt angetreten haben. Allerdings sind sich die Gelehrten darüber nicht einig.

Andere Interpretationen des Korans sagen, er sei von der Kaaba in Mekka in den Himmel aufgestiegen. Seine Grabstätte befindet sich in der Propheten-Moschee in Medina.

9. Alle drei Antwortmöglichkeiten sind richtig. Mehr dazu in Kapitel 6.7.
10. Intersektionalität bezeichnet die Mehrfachdiskriminierung aufgrund unterschiedlicher sozialer Merkmale und nicht Diskriminierungserscheinungen aus unterschiedlichen Lebensabschnitten. Die Bezeichnung ist aus einer Metapher mit einer Straßenkreuzung der US-amerikanischen Juristin Kimberlé Williams Crenshaw entstanden. Mehr dazu in Kapitel 6.8.

7. Diversität im Studienalltag

Zur Einstimmung: Haben Sie schon einmal bewusst darüber nachgedacht und wahrgenommen, wie sich unterschiedliche Ausprägungen der Diversity-Dimensionen ganz konkret in alltäglichen, scheinbar selbstverständlichen Dingen des Studienalltags auswirken? An sich selbst oder bei Ihren Kommiliton/innen? Wenn ja, notieren Sie einige Beispiele. Wenn nein, stellen Sie jetzt Vermutungen dazu an und machen Sie Notizen davon.

Inzwischen haben Sie sich mit vielfältigen Aspekten von Diversität und Mehrfachdiskriminierung befasst. Nun haben Sie Gelegenheit, in einer umfangreichen Aktivität zu erkunden, wie sich diese Aspekte im Studienalltag und in benachbarten Kontexten auswirken können. Außerdem können Sie erleben, welchen Einfluss das alles auf Sie persönlich hat. Nach der Aktivität reflektieren Sie Ihre Erfahrungen und Erkenntnisse.

7.1 Die Rollen-Schritte-Aktivität

Nachfolgend finden Sie Rollenbeschreibungen zu zehn Studierenden, wie sie an Hochschulen und Universitäten in Deutschland vorkommen.[44] Lesen Sie diese genau durch, machen Sie nach jeder Beschreibung eine kurze Pause und versuchen Sie, so gut es geht, sich in die beschriebene Person hineinzuversetzen. Versuchen Sie zu erahnen, in welche Lebenssituation und Rahmenbedingungen ihr Studium integriert ist.

Rollenbeschreibungen

1. Studentin, 25 J. alt, freundlich, fleißig, ehrgeizig, beliebt; ihr Vater ist Facharbeiter in einer Fabrik und arbeitet in wechselnden Schichten; sie lebt deshalb noch bei den Eltern und pflegt die kranke Mutter
2. Austauschstudent aus New York/USA, 22 J. alt; sportlich, homosexuell, etwas scheu; er ist seit zwei Monaten in Deutschland, spricht nur Englisch und bleibt zwei Semester
3. Postdoktorandin, Ende 20, gebürtige Deutsche, ledig; ernährt sich vegan; sitzt im Rollstuhl
4. Masterstudent, 23. J. alt; leicht dunkler Teint, sehr dunkle, lockige Haare; seine Eltern, Arzt und Ärztin, sind vor Jahren aus dem Iran geflohen, haben in Deutschland eine florierende Praxis
5. Doktorandin, 42 J. alt, sehr begabt; dunkelhäutig, Muslima, trägt immer ein Kopftuch; mit ihrem Ehemann und den beiden Kindern im Grundschulalter kam sie für die Dauer der Promotion aus Ghana nach Deutschland

44 Wenn ich diese Aktivität in meinen Seminaren und Workshops durchführe, wird manchmal kritisiert, das seien ja alles Stereotype. Tatsächlich beschreiben die allermeisten der genannten Rollen jedoch Studierende, die mir in meinen Hochschulseminaren persönlich begegnet sind. Manche waren bei meinen Kolleg/innen, bei sehr wenigen habe ich zur schärferen Konturierung lediglich einzelne Details verändert.

6. Flüchtling aus Syrien, 35 J. alt; studierter Elektroingenieur; sein Abschluss wird nicht anerkannt; besucht deshalb einen Masterstudiengang; spricht fließend Englisch und Französisch, aber noch kein Deutsch; Frau und Kind sind noch in Syrien
7. Elektromeister, 45 J. alt, Deutscher ohne Migrationsgeschichte, verheiratet, zwei Kinder (3. und 5. Klasse); er hat spät auf dem zweiten Bildungsweg das Abitur nachgemacht, studiert nun Elektrotechnik im 4. Semester
8. Mathematik-Student, Anfang 20; sehr auf sein Äußeres bedacht; sein Vater ist Vorstandsvorsitzender eines bekannten Unternehmens; die Karriere des Sohnes ist ihm sehr wichtig; nach dem Studium soll er möglichst schnell in die Firma einsteigen
9. Junger Student aus Israel; trägt Kippa, ist sehr religiös und isst nur koscheres Essen; seine Familie lebt schon lange in Deutschland; der Schabbat wird ausnahmslos jede Woche im Kreis der Familie zelebriert, manchmal sind auch Gäste eingeladen
10. Asylbewerber aus Marokko, 26 J. alt, ledig; er nimmt an einem speziellen Hochschul-Programm teil; keine Arbeitserlaubnis; in der Asylunterkunft kümmert er sich um seine beiden jüngeren Brüder, die mit ihm geflohen sind

Legen Sie nun Tabelle 9 bereit (oder führen Sie eine dreidimensionale Variante durch → s. Tipp.) Lesen Sie die erste Frage im Abschnitt „Fragen" und beantworten Sie sie für jede/n der zehn Studierenden mit *Ja* oder *Nein*. „*Jein*", „*Ich weiß nicht*" o.Ä. ist nicht möglich. Wenn Sie die Frage mit *Ja* beantworten, machen Sie ein Kreuz in das erste Kästchen rechts neben der Personen-Nummer. Wenn Sie mit *Nein* antworten, tun Sie nichts. Lesen Sie dann die zweite Frage und gehen Sie vor wie bei Frage 1, wobei Sie bei *Ja* nun ein Kreuz in das Feld rechts neben dem letzten Kreuz machen oder, wenn Sie vorher mit *Nein* geantwortet haben, das erste Kreuz in das erste Kästchen setzen. Bearbeiten Sie so der Reihe nach alle Fragen.

Hinweis 1: Die Zahlen 1–20 in der oberen Zeile stehen **nicht** für die Zahl der Frage, sondern für die maximal möglichen Schritte, die man gehen kann. Egal auf welche Frage Sie also gerade mit *Ja* antworten, machen Sie das neue Kreuz immer direkt rechts neben das letzte in einer Zeile.

Hinweis 2: Wenn Sie möchten, können Sie zwei (oder mehr) eigene Fragen ergänzen (Spalten 21 und 22) und/oder die Fragen auch auf sich selbst bezogen beantworten (letzte Zeile/ich).

Fragen

Können Sie …
1. Ihren Wohnort/Ihre Unterkunft frei wählen?
2. einen Urlaub in Ihrer Heimat verbringen?
3. jeden Tag in der Mensa essen?
4. davon ausgehen, dass Ihrer Lebensweise, Religion und Kultur mit Respekt begegnet werden?
5. aufwändige, zahnärztliche Behandlungen bekommen, wenn Sie sie benötigen?
6. sich nach Einbruch der Dunkelheit auf der Straße sicher fühlen?
7. fünf Jahre im Voraus planen?
8. Ihre Partnerin/Ihren Partner auf der Straße küssen?
9. ohne Probleme in jede Disko/jeden Club gehen?
10. bei der Anzeige eines Diebstahls faire Behandlung von der Polizei erwarten?

11. mit den Kommiliton/innen oft und spontan am Wochenende ausgehen?
12. Ihre Familie und Verwandten besuchen, wenn Sie dazu Lust haben?
13. nach 18 Uhr problemlos Abendveranstaltungen an der Uni besuchen?
14. allein in eine Kneipe gehen?
15. reisen, wohin Sie wollen?
16. Ihre Religion uneingeschränkt leben?
17. bei Unipartys am Freitagabend bis 3 Uhr nachts tanzen, trinken und feiern?
18. sich relativ sicher sein, dass Sie im Zug von Freiburg nach Basel oder umgekehrt nicht von den Grenzbeamt/innen kontrolliert werden?
19. auf die nächste mehrtägige Fachexkursion ins Gebirge mitfahren?
20. bei der nächsten Bundestagswahl wählen?

Tipp: Diese Aktivität wird in Präsenz so durchgeführt, dass jede Person in eine Rolle schlüpft und dann real einen Schritt vorgeht oder stehen bleibt.[45] Das „lebendige", dreidimensionale Ergebnis ist wesentlich eindrucksvoller als Kreuze in einer Tabelle. Als Kompromiss könnten Sie Spielfiguren, Steine oder andere Gegenstände benutzen und diese auf dem Tisch, Fußboden usw. bewegen. Probieren Sie es doch einmal aus.

Tab. 9: Die Rollen-Schritte-Aktivität

Ja-Schritte	**1**	**2**	**3**	**4**	**5**	**6**	**7**	**8**	**9**	**10**	**11**	**12**	**13**	**14**	**15**	**16**	**17**	**18**	**19**	**20**	**21**	**22**
Person																						
1																						
2																						
3																						
4																						
5																						
6																						

45 Die Aktivität geht zurück auf den sogenannten *Privilege Walk*, der durch eine Publikation der US-amerikanischen Feministin, Antirassismus-Trainerin und Aktivistin Peggy McIntosh aus dem Jahre 1989 bekannt wurde. In der Diversity-Sensibilisierungsarbeit gehört er zum Standardrepertoire und ist unter verschiedenen Namen weit verbreitet (*Schritt für Schritt*, *In der Mitte der Gesellschaft*, *Ein Schritt nach vorn* o.a.). In Präsenz-Trainings wird er mit verschiedenen thematischen Schwerpunkten entweder mit je einer vorgegebenen Rolle pro Person durchgeführt oder indem die Fragen auf die eigene Person bezogen werden. Die hier vorliegende Variante hatte ich vor einigen Jahren für asynchrone Aktivitäten in Online-Veranstaltungen entwickelt und benutze sie seitdem regelmäßig, meistens mit deutlich mehr Rollen und Fragen. Zu meiner eigenen Überraschung versetzen sich die meisten Teilnehmenden in alle Rollen, bearbeiten alle Fragen und kommen zu viel umfassenderen Ergebnissen als bei den Präsenz-Versionen.

7																						
8																						
9																						
10																						
Ich																						

7.2 Auswertung und Reflexion

Wenn Sie alle Fragen beantwortet haben, schauen Sie, wo die einzelnen Studierenden – ggf. auch Sie selbst – stehen und lassen Sie das Ergebnis auf sich wirken. Orientieren Sie sich dabei an den folgenden Fragen:

- Wie weit ist der Abstand zwischen den Personen, die ganz links und ganz rechts stehen?
- Wie mögen sie – und auch die anderen – sich auf ihrer jeweiligen Position fühlen?
- Wer findet vermutlich was angenehm oder unangenehm?
- Glauben Sie, dass es Rollen gibt, bei denen grundlegende Menschenrechte missachtet werden?
- Falls Sie die Fragen für sich selbst beantwortet haben, was haben Sie beim Stehenbleiben oder Vorwärtsgehen empfunden? Notieren Sie ein Zwischenfazit in Ihrem Portfolio.

Schauen Sie nun noch einmal auf den gesamten Prozess. Ist es Ihnen leicht oder schwer gefallen, sich in die verschiedenen Rollen hineinzuversetzen? Wie haben Sie sich die jeweilige Person vorgestellt und wie sind Sie zu der jeweiligen Vorstellung gekommen? Woher haben Sie Wissen und Informationen bezogen? Glauben Sie, dass auch Stereotype eine Rolle gespielt haben könnten? Notieren Sie auch hierzu einige Stichpunkte.

Kennen Sie Studierende, auf die eine Variante der Rollenbeschreibungen passt? Wenn ja, haben Sie sich schon einmal Gedanken darüber gemacht, wie deren Lebenssituation sich auf ihr Studierenden-Dasein auswirken könnte? Wenn nein, verändert sich jetzt möglicherweise etwas in Ihrer Wahrnehmung? Notieren Sie Ihre wichtigsten Gedanken.

Arbeitsanregung/CCW: Lesen Sie noch einmal Ihre Notizen aus den drei Schritten der Auswertung und Reflexion. Ermitteln Sie, was Sie über potenzielle Lebensbedingungen anderer Studierender und auch über sich selbst erfahren haben. Welche Konsequenzen ziehen Sie daraus für Ihr künftiges Handeln in Lerngruppen, Projektteams, im Freund/innen-Kreis usw.? Fassen Sie das alles zusammen in einem Brief an Sie selbst.

Stimmen von Studierenden

Obwohl ich es schon ähnlich erwartet hatte, war ich furchtbar erschrocken, dass die höchsten Werte – die ich gleichsetze mit der größten Freiheit – *weiße* Männer erzielt haben. Wenig überraschend ist dann auch, dass die meisten Einschränkungen der junge Asylbewerber ohne Arbeitserlaubnis erlebt.

***

Nur weil man viele Möglichkeiten hat, ist nicht automatisch alles wunderbar. Beispielsweise wird von dem Mathematik-Studenten verlangt, in die Firma des Vaters einzusteigen. Die Gruppe mit wenigen Möglichkeiten ist leider nicht nur wegen ihrer aktuellen Situation in ihrer Position, sondern auch wegen Rassismus.

***

In einem Kurs habe ich mit einem Studenten, der schon Frau und Kind hat, zusammengearbeitet. Seine gesamte Zeitplanung war auf seine Familie ausgelegt. Und ohne Kitaplatz wären das Studium und der nötige Nebenjob nicht möglich gewesen.

***

Ich kenne Personen, die aufgrund ihrer Religion den „üblichen“ Freizeitaktivitäten eines Studenten nicht nachgehen (können), z.B. WG-Partys, Clubs oder spontane Ausflüge mit den Kommilitonen übers Wochenende.

***

Der Mathematikstudent erinnert mich an einen Freund. Er studiert Jura, weil sein Vater unbedingt will, dass er später die Kanzlei übernimmt. Finanziell muss er sich um nichts Sorgen machen. Schöne Wohnung, Auto – sein Vater bezahlt alles im Überfluss. Aber er hat kaum Kontakte, denn das Jurastudium fällt ihm schwer, der Vater übt starken Druck auf ihn aus und er muss sehr viel lernen.

***

Die Rollenübung hat mir dabei geholfen, mich aktiv in die Lage anderer Personen hineinzuversetzen. Hierbei ist mir aufgefallen, dass ich mir die vorgegebenen Fragen noch nie in dieser Form selbst stellen musste. Daraus könnte man nun wieder schlussfolgern, dass man diese Reflexion vielleicht öfters durchführen sollte, damit einem bewusst wird, wie gut man es eigentlich (im Vergleich zu anderen) hat und die Dinge, die für einen selbstverständlich sind, mehr zu schätzen weiß.

***

Bei manchen Rollen fiel es mir nicht leicht, mich in sie hineinzuversetzen oder eine angemessene Antwort auf manche Fragen zu geben. Interpretiere ich das nicht alles aus meiner Sicht? Und sind meine Interpretationen realistisch? Diese Bedenken haben mich dazu angeregt, mich mit Freundinnen darüber auszutauschen. Am Ende ist mir klar geworden: Es kommt nicht so sehr darauf an, ob ich alles genau so beantworte, wie die entsprechende Person es tun würde. Allein der Versuch, mich in sie hineinzuversetzen, hat bereits dazu geführt, dass ich manche Kommilitonen viel aufmerksamer und sensibler beobachte als vorher.

***

Im Nachhinein wurde mir bewusst, dass ich für Studenten, die sich in einer ähnlichen Situation befinden wie ich selbst, sehr viel schneller Empathie empfinden und ihre Lage verstehen konnte. Das hat mich nachdenklich gemacht.

8. Diversität – Gruppen – Teams – Rollen

> **Zur Einstimmung:** Denken Sie an eine konkrete aktuelle Lern-, Projekt- oder Forschungsgruppe, an eine Sportmannschaft, ein Orchester o.a., deren Mitglied Sie sind. Handelt es sich dabei um eine Gruppe oder um ein Team? Was glauben Sie? Warum?

8.1 Gruppen und Teams

Als Student/in, (Nachwuchs-)Wissenschaftler/in oder sonstiges Mitglied einer wissenschaftlichen Einrichtung sind Sie es vermutlich gewohnt, viele Aufgaben in Gruppen durchzuführen: in der MINT-Lerngruppe zur Bearbeitung der wöchentlichen Übungsblätter, in jedem beliebigen Studiengang als Lerngruppe für die Prüfungsvorbereitung, in der Projekt- oder Forschungsgruppe, bei der gemeinsamen Vorbereitung eines Referats oder eines Konferenzbeitrags, zur Bearbeitung einzelner kurzer Aufgaben während einer Lehrveranstaltung. Sehr wahrscheinlich dreht sich der Austausch innerhalb der Gruppe dabei hauptsächlich, vielleicht ausschließlich um den Fachinhalt, eventuell hin und wieder auch um Privates, vermutlich eher weniger um den gemeinsamen Lern- und Arbeitsprozess. Vielleicht stoßen Sie in der einen oder anderen Arbeitsgruppe ab und zu auf Schwierigkeiten bei der Zusammenarbeit. Das kann persönlich zermürbend sein und den Lern- und Arbeitserfolg behindern. Um das besser einordnen und Lösungswege finden zu können, werden Sie sich in den nächsten Abschnitten mit verschiedenen Aspekten von Gruppen- und Teamprozessen befassen, sowohl allgemein als auch in Bezug auf Diversität.

8.1.1 Gruppe oder Team

In der Fachliteratur werden die Bezeichnungen *Gruppe* und *Team* mal voneinander abgegrenzt, mal synonym verwendet. Grundsätzlich gilt: Ein Team ist immer auch eine Gruppe, aber nicht jede Gruppe ist ein Team. Als größte Unterschiede werden angeführt, dass **Gruppen** häufig zufällig aus rein organisatorischen Gründen zusammengewürfelt werden, die einzelnen Mitglieder sich mehr auf sich selbst, als auf eine gemeinsame Sache konzentrieren und mitunter auch nicht vertrauen, eventuell sogar konkurrieren. **Teams** lassen sich hingegen durch folgende Merkmale definieren (vgl. Eckardt o.J.: o.S.):

- Ein Team besteht aus mehreren Menschen, die an einer gemeinsamen Aufgabe (oder an mehreren) arbeiten.
- Alle Teammitglieder verfolgen gemeinsame Ziele.
- Die Teammitglieder ergänzen sich in Bezug auf Stärken und Ressourcen und bringen ihre Fähigkeiten, Erfahrungen und ihr Wissen ein. Von dieser Vielfalt lebt das Team.
- Jedes Teammitglied übernimmt Verantwortung für das gemeinsame Arbeitsergebnis und trägt aktiv zur Lösung der gemeinsamen Aufgaben und zur Erreichung der gemeinsamen Ziele bei.

- Aufgaben und Rollen im Team sind klar verteilt und für alle Mitglieder nachvollziehbar. Sie beziehen sich auf fachliche Inhalte, sollten sich aber auch an organisatorischen Aufgaben orientieren (Zeitwächter/in, Dokumentierer/in, Themenbeachter/in, Ergebnis-Präsentierer/in). Aber auch solche, die auf allgemeinen individuellen Eigenschaften, Vorlieben oder Stärken basieren, können für den Verlauf der Teamarbeit wichtig sein (Macher/in, Perfektionist/in, Beobachter/in, Vermittler/in).
- Teamarbeit ist immer auch ein Prozess. Aus der Aufgabenstellung und den Rahmenbedingungen ergibt sich die Struktur dieses Prozesses. Er muss regelmäßig in Bezug auf zwei Aspekte überprüft werden:
  - → **Organisatorisch und inhaltlich** → Werden die (Teil-)Aufgaben gut bearbeitet und alles Wichtige berücksichtigt?
  - → **Gruppendynamisch** → Funktionieren Kommunikation und Zusammenarbeit im Team und ggf. auch nach außen?

Daraus folgt, dass eine Lerngruppe, deren Mitglieder aus einer meist eher zufällig zusammengesetzten Lehrveranstaltung (Vorlesung, Seminar, Tutorium usw.) kommen, nicht zwangsläufig auch ein Team ist, obwohl alle gemeinsam an einem Thema arbeiten.

> Der Erfolg einer Lerngruppe hängt von einer guten Kommunikation und Kooperation untereinander ab. Jedes einzelne Gruppenmitglied trägt Verantwortung dafür, dass das Gruppenziel erreicht wird, und leistet seinen Beitrag. Insofern kann eine Lerngruppe durchaus auch die Kriterien erfüllen, die im Arbeitsleben für Teamarbeit typisch sind. Eine Lerngruppe wird zu einem Team, wenn die Gruppe eine gemeinsame Aufgabenstellung hat, die Gruppenmitglieder unterschiedliche, sich gegenseitig ergänzende Kompetenzen in die gemeinsame Aufgabe einbringen können, das Arbeitsergebnis von Einzelnen allein nicht leistbar wäre und wenn Hierarchien innerhalb der Gruppe keine Rolle spielen. (Eckhardt o.J.: o.S.)

Eine Projekt- oder Forschungsgruppe hingegen kann nur dann erfolgreich sein, wenn sie die Kriterien von Teams umfänglich erfüllt.

Arbeitsanregung: Lesen Sie noch einmal Ihre Einschätzung zu der Gruppe, die Sie oben ausgewählt haben. Überprüfen Sie die Kriterien zu Gruppe und Team im vorangegangenen Abschnitt. Würden Sie Ihre Einschätzung jetzt ändern? Warum/warum nicht?

8.1.2 Wirkmechanismen in Gruppen und Teams[46]/Gruppendynamik

Arbeitsanregung: Unter welchen Rahmenbedingungen arbeiten Sie besonders gerne und erfolgreich in Gruppen oder Teams? Sammeln Sie 3–5 Minuten lang, was Ihnen dazu einfällt. Notieren Sie die einzelnen Aspekte.

46 Die folgenden Ausführungen beziehen sich allgemein auf Gruppen aller Art, also auch auf Teams. Der Einfachheit halber wird in diesem Kapiel deshalb nur der Begriff *Gruppe* verwendet.

Der Begriff *Gruppendynamik* stammt von dem deutschen Sozialpsychologen Kurt Lewin (1890–1947) und wurde 1939 zum ersten Mal publiziert. Er bezieht sich auf Gruppenphänomene und Faktoren (Gruppenzusammengehörigkeit, Rollenbildung, Gruppenregeln etc.), die sich stets dynamisch entwickeln (vgl. Birker & Birker 2007: 18). „Seit dem Phänomen des Massenverhaltens in Deutschland während des Zweiten Weltkriegs fanden verstärkt Untersuchungen zu dem Thema statt" (https://www.onpulson.de/lexikon/gruppendynamik). In den folgenden Abschnitten werden ausgewählte Gruppenphänomene und Faktoren kurz dargestellt.

- **Gruppenstruktur** → Geflecht an wechselseitigen Positionen, Aufgaben und Rollen in einer Gruppe: Gruppenstrukturen werden nicht nur, aber auch von der Frage beeinflusst, ob es sich um eine formelle oder informelle Gruppe handelt (vgl. Birker & Birker 2007: 17). Hierzu gehören
  - → **Rollenverteilung in Gruppen** → Welche Rollen gibt es? Wie wurden sie verteilt? Ist jede/r zufrieden mit der eigenen Rolle?
  - → **Fähigkeiten und Ressourcen der Gruppenmitglieder** → Sind die einzelnen Gruppenmitglieder ihren Teilaufgaben und der Gesamtaufgabe gewachsen? Sind sie unter-/überfordert?
- **Gruppennorm** → Verhaltensregeln/erwünschtes Verhalten innerhalb einer Gruppe, die/das von der Mehrheit, idealerweise von allen Gruppenmitgliedern, akzeptiert werden. Von den Gruppenmitgliedern wird erwartet, dass sie die Gruppennorm einhalten, andernfalls können Sanktionen folgen (vgl. ebd.). Hierzu gehören
  - → **Vorgehensweisen in der Gruppe** → Sind die vereinbarten Vorgehensweisen allen bekannt? Sind sie effizient, zielführend usw.? Woran erkennen die Gruppenmitglieder, dass sie auf dem richtigen Weg sind?
  - → **Zielvereinbarungen in Gruppen** → Sind die Ziele klar formuliert und allen bekannt? Werden sie von allen getragen? Sind sie angemessen?
- **Gruppenklima** → Bezeichnung für die Befindlichkeit in der Gruppe, die sich im Laufe des Arbeitsprozesses entwickelt. Das Klima kann höflich, entspannt, tolerant, leistungsorientiert, konkurrierend, feindselig usw. sein. Es hat Einfluss auf das Verhalten in der Gruppe und den Umgang miteinander (vgl. ebd.). Hierzu gehören auch
  - → **Beziehungen in Gruppen** → Welche Beziehungen gibt es unter den Mitgliedern, wie verstehen sie sich? Arbeiten alle gut mit allen zusammen? Gibt es Konflikte?
  - → **Der/die Einzelne in der Gruppe** → Fühlen sich die Gruppenmitglieder wohl in der Gruppe? Werden sie als Individuen wahrgenommen und wertgeschätzt?
- **Gruppenidentität** → Identifikation mit der Gruppe, die zu einem Wir-Bewusstsein führt. Gruppenidentität kann sich durch verbale oder nonverbale Symbole äußern (interner Jargon, Kleidung, Verhaltensweisen etc.), außerhalb durch die Abgrenzung von anderen Gruppen (Ingroup versus Outgroup).
- **Gruppenkohäsion** → Zusammenhalt in Gruppen. „Die Gruppenkohäsion hängt wesentlich von der Attraktivität der Gruppe für den einzelnen (sic) ab" (https://wirtschaftslexikon.gabler.de). Je mehr Vorteile in Bezug auf das Erreichen persönlicher Ziele und Bedürfnisse die einzelnen Personen durch die Zugehörigkeit zur Gruppe erwarten, desto höher ist die Gruppenkohäsion. Diese wiederum führt zu einer hohen Gruppenleistung, vorausgesetzt die Leistungs-/Gruppennorm ist ebenfalls hoch (vgl. ebd.).
- **Äußere Rahmenbedingungen** → Auch scheinbar banale äußere Faktoren können die Gruppendynamik beeinflussen, z.B. Zeitdruck, Lärm am Arbeitsplatz, Raumtemperatur (zu warm/zu kalt), Lichtverhältnisse u.v.m.

Ob und wie all diese Faktoren positiv verlaufen, hängt stets von der Zusammensetzung der Gruppe, der daraus resultierenden Diversität und in Konsequenz den „unterschiedliche[n] Herausforderungen für die Kommunikation und Kooperation“ (Linde & Auferkorte-Michaelis 2021: 82) ab. Potenzielle Vorbehalte müssen ab- und Vertrauen aufgebaut, Arbeitsaufträge genau erklärt, Regeln der Zusammenarbeit gemeinsam entwickelt werden usw. (vgl. ebd.). Dies kann erreicht werden,

> indem [...] zu Beginn der gemeinsamen Arbeit [...] bestehende Gemeinsamkeiten und besondere individuelle Fähigkeiten herausgestellt werden [oder] an geteilte Werte und Normen (Fairness, keine Diskriminierung, Berufsethos) oder übergeordnete Ziele (bspw. Modul oder Studienabschluss) erinner[t wird] [...] [Nur] wenn *alle* Meinungen gehört und in der Gruppe miteinander geteilt werden, entstehen vielfältige Lerngelegenheiten, die die Diversität in Teams produktiv wirken lässt (ebd. 86f.).

8.1.3 Wirkmechanismen in Gruppen und das Konzept der Themenzentrierten Interaktion/TZI

Die *Themenzentrierte Interaktion/TZI* ist eines von vielen Konzepten der *Humanistischen Psychologie*. Letztere wurde ab Mitte der 1950er-Jahre von verschiedenen Psycholog/innen entwickelt. Sie geht u.a. davon aus, dass alle Menschen in sozialen Gefügen und zwischenmenschlichen Beziehungen leben und wirken sowie das Potenzial in sich tragen, sich zu entwickeln und zu entfalten (s. auch Kap. 10). Die einzelnen Richtungen der Humanistischen Psychologie legen den Fokus jeweils auf verschiedene Aspekte von wertschätzender zwischenmenschlicher Interaktion.

Als Begründerin der TZI gilt die deutsche Psychoanalytikerin Ruth Cohn (1912–2010), die ebenfalls Mitte der 1950er-Jahre in den USA begann, das Konzept zu entwickeln. Andere Humanistische Psychologen, darunter maßgeblich Yitzchak Zelig Zieman (1920–2007, lettischer Psychoanalytiker in New York) entwickelten es weiter. Die TZI beschäftigt sich mit der Frage, „wie man Arbeits- und Lernsituationen so strukturieren kann, dass die Menschen nicht nur vom Kopf her beteiligt sind, sondern sich auch als ganze Person ernst genommen fühlen“ (Langmaack 2001: 24). Zu den Zielen gehören soziales Lernen (*Wir*), die Förderung persönlicher Entwicklung der einzelnen Gruppenmitglieder (*Ich*) und die Arbeit an einem gemeinsamen Thema (*Es*). Dass Zusammenspiel von *Wir*, *Ich* und *Es* wird im *TZI-Dreieck* dargestellt (Abb. 8). Nur wenn diese drei Faktoren in einem ausgewogenen Verhältnis zueinander stehen, können alle Beteiligten erfolgreich und zufrieden miteinander kooperieren. Ein vierter Faktor sind die äußeren Rahmenbedingungen, die den Prozess umgeben, z.B. Raum, Lärm, Lichtverhältnisse, direkte Umgebung, verfügbare Zeit (*Globe*).

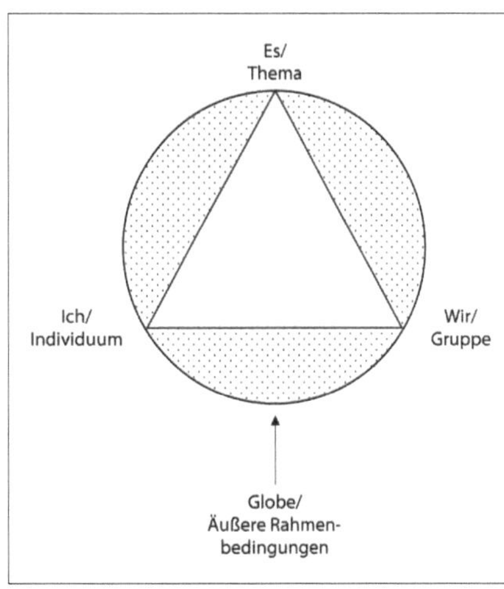

Abb. 8: Das TZI-Dreieck nach Cohn

Arbeitsanregung: Betrachten Sie noch einmal die Faktoren in Kapitel 8.1.2 sowie die Aspekte, die Sie zu Beginn desselben Abschnitts gesammelt haben. Versuchen Sie, sie den vier Bereichen des TZI-Dreiecks zuzuordnen. Überprüfen Sie am Ende, zu welchen Kategorien Sie persönlich die meisten Aspekte notiert haben. Welche Schlüsse in Bezug auf Ihre Wahrnehmung von der Arbeit in Gruppen und Teams ziehen Sie daraus?

8.2 Phasen & Verlauf von Teambildung – Das Team-Phasenmodell nach B. Tuckman

Auch der US-amerikanische Psychologe Bruce Tuckman (1938–2016) ging der Frage nach, was ein Team (im Gegensatz zur Gruppe) genau ausmacht und wie der Prozess der Teamentwicklung verläuft. Als Ergebnis seiner Untersuchungen entwickelte er 1965 ein Phasenmodell der Teambildung bzw. -entwicklung (vgl. Tuckman 1965: 396). Er identifizierte zunächst vier aufeinander folgende Phasen, die nach seinen Erkenntnissen von jedem Team von der ersten Zusammenkunft bis zum Zustand hoher Leistungsfähigkeit durchlaufen werden. Nach weiteren Forschungen ergänzte er sein Modell 1977 um eine fünfte Phase (vgl. Tuckman & Jensen 1977). Die Team-Phasen von Tuckman sind das bekannteste und etablierteste Modell im Kontext von Teambildung (Abb. 9).

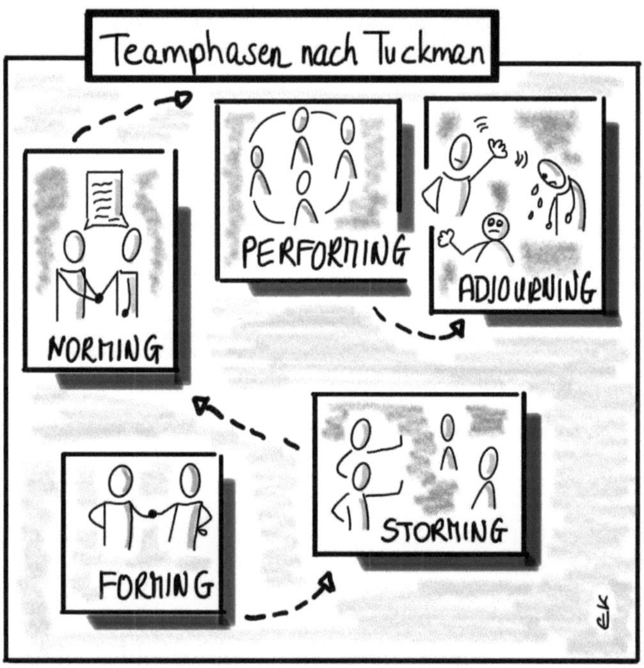

Abb. 9: Teamphasen nach Tuckman

1. **Forming – die Einstiegs- und Findungsphase (Kontakt und Orientierung)**
   In dieser Phase sind die Gruppenmitglieder damit beschäftigt, sich zu orientieren, die anderen kennen zu lernen, Grenzen in Bezug auf zwischenmenschliches und aufgabenbezogenes Verhalten zu identifizieren u.Ä. Es geht auch darum, vorläufige Beziehungen zu und potenzielle Abhängigkeiten von den Gruppenmitgliedern oder zu/von bereits bestehenden Standards zu erfassen. Die Phase *Forming* wird besonders durch Orientierung, Prüfung und positive Aufbruchsstimmung dominiert.
2. **Storming – die Auseinandersetzungs- und Streitphase (Konflikt)**
   Die zweite Phase ist gekennzeichnet durch Konflikte und Polarisierung in Bezug auf zwischenmenschliche Fragen mit emotionalen Reaktionen, auch im Bereich der Aufgaben. Es entstehen Machtkämpfe um die Führungsrolle oder andere Positionen in der Gruppe, Beziehungen sind angespannt und konfliktbeladen; manchmal entstehen regelrechte Feindseligkeiten. Diese Verhaltensweisen dienen als Widerstand gegen Gruppeneinfluss und Aufgabenanforderungen und werden als *Storming* bezeichnet. Das alles kostet viel Energie, die der produktiven Arbeit entzogen wird und verloren geht.
3. **Norming – die Regelungs- und Übereinkommensphase (Zusammenhalt und Kontrakt)**
   Die Widerstände werden in der dritten Phase, *Norming*, überwunden. Gruppengefühl, Zusammenhalt und neue Standards werden entwickelt, diskutiert und gemeinsam beschlossen. Die Gruppenmitglieder haben ihre neuen Rollen und ihren Platz in der Gruppe gefunden und angenommen. Im Aufgabenbereich überwiegen gegenseitige Akzeptanz, Verständnis und Kooperation. Es wird harmonisch und zielgerichtet gearbeitet, die Gruppe ist nun sehr leistungsfähig.
4. **Performing – die Arbeits- und Leistungsphase (Kooperation und Interaktion)**
   Die Gruppe erreicht die vierte Phase, *Performing*; zwischenmenschliche Strukturen und Verbindungen fördern die Aufgabenaktivitäten. Strukturelle Probleme haben sich endgültig gelöst, Rollen können flexibel und funktional zwischen verschiedenen Personen wechseln. Anerkennung, Akzeptanz und Wertschätzung sind nun vorherrschend, auch und gerade in Bezug auf Diversität. Die Gruppe handelt geschlossen, ihre gesamte Energie wird auf die Aufgaben konzentriert.
5. **Adjourning – die Auflösungsphase (Abschied und Loslösung)**
   Diese letzte Phase bezieht sich auf Gruppen, die sich für eine bestimmte Zeit zusammenschließen, an einem gemeinsamen Ziel arbeiten, danach aber getrennte Wege gehen, z.B. Projektteams. Im *Adjourning* lösen sich die Beziehungen zwischen den Teammitgliedern auf, die Leistungen des Teams werden kurz anerkannt. Manche Teammitglieder beunruhigt es, die Operationen abzuschließen, insbesondere wenn sie über lange Zeiträume hinweg zusammengearbeitet haben. Es kommt häufig vor, dass sie dem bevorstehenden Ende ihrer Kooperation traurig entgegensehen und mit Sorge auf die Zeit danach schauen.

Aus seinen Forschungsarbeiten leitete Tuckman eine Reihe von Aspekten und Faktoren ab, die bis heute im Kontext von Teambildung und Teamarbeit gelten:

- Ein Team ist erst dann voll wirksam und leistungsfähig, wenn es die Phase *Performing* erreicht hat.
- Viele Teams akzeptieren das *Storming* als normale Handlungsweise und Zwischenphase.
- Andere Teams kommen möglicherweise nie über das *Forming* hinaus.
- Solange das *Norming* nicht vollständig abgeschlossen ist, können Teams ins *Storming* zurückfallen und dort verharren.
- Die Zeit, die benötigt wird, um den gesamten Prozess zu durchlaufen, kann von Team zu Team erheblich variieren und hängt von vielen Faktoren ab, z.B. Größe des Teams, geographische

Entfernung der Teammitglieder, Häufigkeit und Dauer der Arbeitstreffen, Kombination und Synergie der Teamtypen, Stabilität des Teams insgesamt, externe Einflüsse, Zeitdruck, Umfang und Art der Aktivitäten u.a.

Arbeitsanregung: Denken Sie noch einmal an eine konkrete aktuelle Lern- oder Arbeitsgruppe oder an eine private Gruppe, deren Mitglied Sie sind, allerdings nicht die Familie. Führen Sie die nachstehenden Schritte der Reihe nach durch.

1. Analysieren Sie das Gruppenverhalten nach dem Phasenmodell von Tuckman, indem Sie die folgenden Fragen beantworten:
- In welcher Phase befindet sich die Gruppe gerade? Woran erkennen Sie das?
- Wie sind die vorherigen Phasen verlaufen? Finden Sie Aspekte aus dem Modell wieder?
- Wie ist das *Storming* verlaufen? Welche Probleme sind aufgetreten und wie wurden sie gelöst?

2. Schauen Sie nun Ihre Notizen zur vorangegangenen Analyse an und beantworten Sie auch die nächsten Fragen:
- Handelt es sich bei dem analysierten Zusammenschluss von Menschen nach der Definition um eine Gruppe oder um ein Team?
- Welche allgemeinen Wirkmechanismen wurden in den von Ihnen identifizierten Schritten angemessen/nicht angemessen/gar nicht berücksichtigt? Welchen Einfluss hatte das möglicherweise auf den Prozess?
- Welche Grundannahmen der TZI wurden gut/mittelmäßig/gar nicht umgesetzt? Welchen Einfluss könnte das auf den Prozess gehabt haben?
- Welche Rolle spielten bei all dem vermutlich die Zusammensetzung und Diversität der Gruppe oder des Teams?

3. Leiten Sie abschließend Konsequenzen für Ihr künftiges Handeln in (Lern-)Gruppen daraus ab.

8.3 Diversität in Teams und Gruppenleistung

In Kapitel 3.4 haben Sie sich mit den Vorteilen von Diversität in der Gesellschaft, in Unternehmen, in Teams usw. beschäftigt. Hierfür haben Sie Argumente aus der Fachwelt kritisch bewertet und eigene hinzugefügt. Im vorliegenden Kapitel geht es nun speziell um den Einfluss von Vielfalt auf Arbeitsgruppen und deren Gruppenleistungen. Die Forschung hat hierzu widersprüchliche Ergebnisse hervorgebracht. Mal belegt sie positive Effekte von Diversität, mal negative, mal überhaupt keine erkennbaren Unterschiede zu eher homogenen Teams (vgl. Harrison & Klein 2007; Van Knippenberg et al. 2004). Verschiedene Lösungsansätze und Strategien können aber dabei helfen, Vielfalt bewusst und aktiv für Teamprozesse zu nutzen.

8.3.1 Diversity-Typen nach Harrison & Klein

Harrison & Klein (2007) führen die genannten unzulänglichen Forschungsergebnisse darauf zurück, dass den Untersuchungen zu allgemeine Kriterien zugrunde gelegt würden. Sie schlagen eine differenziertere Betrachtungsweise vor:

> We argue that the construct of diversity requires closer examination. We describe three distinctive types of diversity: separation, variety, and disparity. Failure to recognize the meaning, maximum shape, and assumptions underlying each type has held back theory development and yielded ambiguous research conclusions. (Harrison & Klein 2007: 1199)

Zur Veranschaulichung der drei von ihnen deklarierten Typen von Diversität und deren Einfluss auf die gemeinsame Arbeit beschreiben sie folgende Situation (vgl. ebd.: 1202):

Drei Forschungsteams untersuchen, wie Patient/innen die medizinische Behandlung in Krankenhäusern wahrnehmen. Die Teams bestehen aus je acht Personen, die sich in ihrer Zusammensetzung und ihrer Vorgehensweise unterscheiden:

- **Team *Seperation* (S)** → Die Teammitglieder unterscheiden sich in ihrer Einstellung zu den Forschungsmethoden. Vier von ihnen bevorzugen qualitative, interpretierende Forschung, die anderen vier lehnen sie ab. → *Seperation = Trennung, Spaltung*
- **Team *Variety* (V)** → Die Mitglieder dieses Teams unterscheiden sich hinsichtlich ihrer Fachexpertise. Ihre Arbeitsfelder sind: Psychologie, Ergonomie, Mikroökonomie, Soziologie, Anthropologie, Linguistik, Krankenhausverwaltung sowie Allgemeinmedizin. → *Variety = Vielseitigkeit, Abwechslung*
- **Team *Disparity* (D)** → Die Mitglieder des dritten Teams unterscheiden sich in Bezug auf ihren wissenschaftlichen Rang und ihre Bekanntheit in der Fachcommunity. Von den acht Personen ist einer ein Professor, der für seine bahnbrechenden Theorien zur Interaktion zwischen Patienten und Angehörigen der Gesundheitsberufe bekannt ist. Die sieben anderen Teammitglieder sind noch neu in der verhaltenswissenschaftlichen Forschung und sammeln gerade ihre ersten Erfahrungen auf diesem Gebiet. → *Disparity = Ungleichheit, Missverhältnis*

Diese drei Typen von Diversität sind grundverschieden. In Team S haben die Mitglieder unterschiedliche Meinungen, Werte und Überzeugungen zu einer Sache. Jeweils die Hälfte der Personen befindet sich an den beiden entgegengesetzten Polen eines „horizontalen Kontinuums“ (ebd.: 1203). Die Mitglieder von Team V verfügen aufgrund ihrer Ausbildung oder Erfahrung über sehr vielfältiges Wissen und haben Zugang zu einzigartigen Wissensquellen. Sie verteilen sich gleichwertig über ein breites Spektrum an Variationsmöglichkeiten ohne ein bestimmtes Kontinuum (vgl. ebd.). In Team D steht der Anteil der einzelnen Mitglieder an einem gesellschaftlich geschätzten Gut (hier *Erfahrung und Renommee*) im Mittelpunkt (vgl. ebd.: 1207). Die Positionen sind auf einem vertikalen Kontinuum sehr ungleich verteilt; ein Teammitglied steht an der höchsten, alle anderen an der niedrigsten Stelle (vgl. Harrison & Klein 2007: 1203). Basierend auf verschiedenen Theorien prognostizieren die Autor/innen unterschiedliches Verhalten innerhalb der Teams (vgl. ebd.):

- **Team S** → geringerer Zusammenhalt, mehr zwischenmenschliche Konflikte, Misstrauen, verminderte aufgabenbasierte Leistung; diese Annahmen stützen sich auf die Theorien *Similarity Attraction Paradigm* (Byrne 1971), *Social Categorization Theory* und *Social Identity Theory* (Tajfel & Turner 1979) (s.u., Kap. 8.3.2)
- **Team V** → größere Kreativität, Innovation, höhere Entscheidungsqualität, mehr Aufgabenkonflikte, erhöhte Flexibilität innerhalb des Teams; basierend u.a. auf McGrath et al. 1995 (nach Harrison & Klein 2007: 1204)
- **Team D** → mehr Wettbewerb unter den Teammitgliedern, Ressentiments, reduzierte Beiträge der einzelnen Mitglieder und Rückzug; basierend auf Studien zu vielfältigen sozialen Schichten

(z.B. Grusky 1994 (nach Harrison & Klein 2007: 1206), Status und Hierarchie in Gruppen (z.B. Phillips & Zuckerman 2001, vgl. ebd.) u.a.

Die Autor/innen schlussfolgern, die genannten Umstände und Theorien müssten explizit und detailliert mitberücksichtigt und zueinander in Beziehung gesetzt werden, um differenzierte Untersuchungsergebnisse zu erzielen (vgl. Harrison & Klein 2007: 1207). Hierzu präsentieren sie zehn Richtlinien zur Erforschung des Einflusses von Diversität in Gruppen. Sie alle hier zu erläutern, würde den Rahmen dieser Publikation sprengen. Zwei Richtlinien basieren aber auf einem Phänomen, das in vielfältiger Hinsicht wichtig für die Analyse der Gruppendynamik in diversen Teams ist: die angenommene und tatsächliche Diversität. Dieser Aspekt wird deshalb kurz vorgestellt.

Angenommene versus tatsächliche Diversität in Teams – Perceived Diversity & Similarity

Im Diversity-Diskurs wird unterschieden zwischen der von den Mitgliedern einer Gruppe wahrgenommenen und der real existierenden Diversität (*perceived/actual Diversity* [Harrison & Klein 2007] oder *subjective/objective Diversity* [Van Dick et al. 2008]). Die wahrgenommene Diversität weicht häufig von der Realität ab. Nach Harrison & Klein (2007) kann dies zum einen an fehlendem Wissen zur Beurteilung der Diversität in der Gruppe liegen. Zum anderen ist es sehr wahrscheinlich, dass wahrgenommene Diversität oft von Voreingenommenheiten verzerrt und dadurch über- oder unterschätzt wird (vgl. Harrison & Klein 2007: 1216f.; zu Voreingenommenheit und Verzerrung s.o., Kap. 5.1.4).

Verwandt mit diesen Überlegungen sind die Studien von Zellmer-Bruhn et al. (2008) zur angenommenen Ähnlichkeit (*perceived similarity*) in Teams. Sie untersuchten, inwieweit studentische Mitglieder eines Teams sich selbst als ähnlich (*wenig vielfältig*) wahrnehmen. Ziel war es zu erkunden, wie wahrgenommene Ähnlichkeit entsteht, sich verändert und Teamergebnisse beeinflusst. Die Autor/innen gingen davon aus, dass die Faktoren *soziale Kategorisierung*, *Konflikte* und *Informationsaustausch* die wahrgenommene Ähnlichkeit in unterschiedlichen Phasen des Teamprozesses beeinflussen (vgl. Zellmer-Bruhn et al. 2008: 42). Im Fokus der Untersuchungen standen zwei Typen von wahrgenommener Ähnlichkeit:

> member characteristics associated with taskunrelated, social category diversity [...] and taskrelated, informational diversity [...] [Oder, anders formuliert:] social category similarity [...] which includes nationality and ethnicity, and sex, and work style similarity [...] which refers to communication style and work ethic. (Ebd.: 42f.)

Wie Sie bereits wissen, ergänzen sich die Mitglieder eines Teams (in Abgrenzung zur Gruppe) in Bezug auf ihre Erfahrungen, Kenntnisse, Ressourcen usw. Zellmer-Bruhn et al. weisen darauf hin, dass sich diese bewusst herbeigeführte, aufgabenbezogene Vielfalt (*taskrelated, informational diversity*) nicht immer im erwünschten Maße auf die Arbeitsergebnisse niederschlägt. Eine mögliche Erklärung hierfür sei, dass Unterschiede in nicht-aufgabenbezogenen Merkmalen (*taskunrelated, social category diversity*) die Effektivität und den Erfolg der Teamarbeit beeinträchtigen. Teammitglieder mit vielfältigen, sich ergänzenden Ressourcen könnten auch kulturelle Vielfalt aufweisen, die sich hinderlich auf die Gruppendynamik auswirken könne (vgl. ebd.: 43). Aus ihren Untersuchungen leiteten die Autor/innen u.a. die folgenden Ergebnisse ab (vgl. ebd.: 52–55):

- Einschätzungen und Annahmen bilden sich auf der Grundlage dessen, was Teammitglieder voneinander bemerken. Das Wahrgenommene kann reale Unterschiede, aber auch frühere Erfahrungen widerspiegeln.
- Die Vielfalt sozialer Kategorien beeinflusst nicht nur die anfänglich wahrgenommenen Ähnlichkeiten, sondern auch die Einschätzung des Arbeitsstils der Teammitglieder, während aufgabenbezogene Vielfalt keine Wirkung hat. Dies könnte bedeuten, dass soziale Vielfalt in kurzlebigen Teams einen stärkeren Einfluss hat.
- Es scheint, dass nur die Merkmale *Kultur*, *Ethnie* und *Nationalität* einen Einfluss auf die anfängliche Einschätzung haben, das Merkmal *Geschlecht* hingegen nicht. Das impliziert, dass Studierende keine gravierenden Unterschiede zwischen den Arbeitsweisen von Männern und Frauen erwarten.
- Die Auswirkungen von Unterschieden bezüglich Bildung, Berufserfahrung usw. können nur bei direktem Austausch darüber wahrgenommen werden. Die Autor/innen stellten die Vermutung auf, dass sich diese Auswirkungen (erst) durch die Parameter *Konflikte* und *Informationsaustausch* zeigen würden. Die Untersuchungsergebnisse ergaben, dass ein breites Spektrum an Studienfachrichtungen und Berufserfahrung tatsächlich mit auftretenden Konflikten in Teams korreliert, vielfältige Berufserfahrungen außerdem mit dem Informationsaustausch in Teams.
- Die Teamwahrnehmung kann ein Ergebnis der Informationsverarbeitung sein, da letztere zu einer aktualisierten Einschätzung von Vielfalt führen kann. Informationsverarbeitung kann sich sowohl positiv als auch negativ auf die wahrgenommene Ähnlichkeit auswirken. Das liegt vermutlich an der Art des Informationsaustauschs.
- Angenommene Ähnlichkeit beeinflusst Untergruppenbildung und Teameffektivität. Werden Untergruppen gebildet und wahrgenommen, sinkt die Zufriedenheit der Teammitglieder signifikant und die Effektivität des Teams verringert sich. Untergruppen bilden sich aufgrund von sichtbaren sozialen Kategorien (z.B. Alter, Geschlecht). Die Studie zeigte, dass auch gemeinsame aufgabenbezogene Präferenzen zu Gruppenbildung führen. Solche Präferenzen können sich bei Konflikten oder in Phasen des Informationsaustauschs angleichen und so die Gruppenbildung beeinflussen. Bemerkenswert ist nun, dass sich die wahrgenommene Ähnlichkeit von aufgabenbezogenen Faktoren gleichzeitig positiv auf die Effektivität auswirkt.

Tipp: Haben Sie sich schon einmal bewusst Gedanken über die Art, Intensität und Auswirkung der Diversität in den Gruppen und Teams, deren Mitglied Sie sind, gemacht? Wenn ja, was ist Ihnen dazu aufgefallen? Wenn nein, tun Sie es jetzt und analysieren Sie Ihre Beobachtungen.

8.3.2 Social Identity Theory, Social Categorization Theory und Self-Categorization Theory

Laut Tajfel & Turner (1979) besteht eine soziale Gruppe aus mehreren Individuen, die sich als Teil derselben sozialen Kategorie verstehen und eine emotionale Bindung zueinander haben. Die Gruppe existiert, wenn sie sowohl von ihren Mitgliedern als auch von anderen als solche wahrgenommen wird. Individuen sind typischerweise gleichzeitig Mitglieder mehrerer sozialer Gruppen. Die Summe dieser Zugehörigkeiten ergibt die individuelle *soziale Identität*. Dabei gelten die folgenden Annahmen (vgl. Tajfel & Turner 1979: 40):

- Individuen sind bemüht, ihr Selbstwertgefühl aufrechtzuerhalten oder zu steigern; sie streben ein positives *Selbstkonzept* an
- Die soziale Identität kann positiv oder negativ sein, je nachdem, wie die Gruppen, die zur sozialen Identität des Einzelnen beitragen, bewertet werden
- Die Bewertung der eigenen Gruppe wird durch Vergleiche mit anderen sozialen Gruppen hergestellt. Positiv ausfallende Vergleiche zwischen In- und Outgroup (= positive Bewertung der Ingroup) führen zu hohem, negative zu niedrigem Prestige

Aus diesen Annahmen lassen sich drei Prinzipien ableiten (vgl. ebd.):

- Individuen streben danach, eine positive soziale Identität zu erhalten oder sie zu verbessern
- Positive soziale Identität basiert auf günstig ausfallenden Vergleichen zwischen In- und Outgroup
- Wenn die soziale Identität nicht zufriedenstellend ist, versuchen Individuen, ihre Gruppe zu verlassen und einer anderen beizutreten oder ihre bestehende Gruppe aufzuwerten

Aus diesen Aspekten ergibt sich die zentrale Hypothese der *Social Identity Theory*: Weil Individuen ihre eigene Gruppe positiv bewerten wollen, versuchen Gruppen, sich voneinander abzugrenzen und Unterschiede zu identifizieren. Ein Schwerpunkt der Theorie sind psychologische Prozesse, die zu Annahmen, Vorurteilen und Diskriminierung gegenüber Outgroups führen (können).

Ein Teil der *Social Identity Theory* ist die *Social Categorization Theory*. Diese erklärt den kognitiven Prozess, mit dem Menschen sich selbst und andere Menschen aufgrund von Merkmalen wie Alter, Geschlecht oder Ethnizität in soziale Kategorien einordnen. Dies dient dazu, eigenes und fremdes Verhalten oder die eigene und fremde Haltung zu erklären.

Eine Erweiterung der *Social Identity Theory* ist die *Self-Categorization Theory*. Sie legt den Fokus auf den dynamischen Charakter des Selbstkonzepts und besagt, dass Menschen je nach Kontext zwischen persönlichen und sozialen Identitäten hin und her wechseln können. Daraus resultieren immer wieder neue, unterschiedliche Verhaltensweisen und Wahrnehmungen.

Zusammengefasst bedeutet dies: Die drei Theorien (1) *Social Identity Theory*, (2) *Social Categorization Theory* und (3) *Self-Categorization Theory* sind eng miteinander verwoben. In der ersten geht es vorrangig darum, wie und warum sich Gruppen voneinander abgrenzen, in der zweiten, wie Individuen andere Individuen sozialen Gruppen zuordnen, und in der dritten schließlich, wie Menschen flexibel mit ihren eigenen, unterschiedlichen Identitäten umgehen.

8.3.3 Similarity Attraction Paradigma, Faultline Theory und Information and Decision-making Approach

Zwei weitere Theorien erläutern die Auswirkungen von Vielfalt im Team: das *Similarity Attraction Paradigma* sowie der *Information and Decision-making Approach.*

Das Similarity Attraction Paradigma

Das *Similarity Attraction Paradigma* wurde durch die Arbeiten der US-amerikanischen (Sozial-)Psycholog/innen Ellen S. Berscheid (*1936) und Elaine Hatfield-Walster (*1937) sowie Donn Byrne (1931–2014) bekannt (Berscheid & Walster 1969; Byrne 1971). Es besagt, dass Menschen sich besonders zu Personen hingezogen fühlen, die ihnen ähnlich sind, während sie weniger Interesse an Personen zeigen, die anders sind – getreu dem Motto: *Gleich und gleich gesellt sich gern.* Die Ähnlichkeit kann sich auf äußerliche Merkmale (Alter, Geschlecht, Hautfarbe, Kleidung, Frisur, Auftreten u.v.m.) oder auf innere Kriterien (Werte, Einstellungen, Meinungen, Erfahrungen usw.) beziehen. Je ähnlicher sich Personen wahrnehmen, desto attraktiver finden sie sich und desto stärker ist die Anziehungskraft zwischen ihnen. Ähnlichkeit erzeugt Sympathie und fördert stabile Kontakte, während Verschiedenartigkeit zu Ablehnung führen kann.

Wie schon die *Social Identity Theory* zeigt auch das *Similarity Attraction Paradigma*, dass Menschen den Mitgliedern der Ingroup mehr vertrauen als denjenigen der Outgroup und sie deshalb erstere bevorzugen. Für Arbeitsgruppen und Teams ergibt sich daraus (vgl. Van Knippenberg et al. 2004: 1009): Wir fühlen uns zu Teammitgliedern, die uns ähnlich sind, stärker hingezogen als zu den anderen. Es besteht deshalb die Gefahr der Untergruppenbildung, im Alltag landläufig als *Grüppchenbildung* bezeichnet. Das wiederum kann zu Problemen und Konflikten zwischen den Untergruppen führen, was sich negativ auf die Leistung des Teams auswirkt. Demnach sind Teams umso erfolgreicher, je ähnlicher sich ihre Mitglieder sind.

Die Ansätze von Tajfel & Turner sowie Berscheid & Walster und Byrne haben also eine recht pessimistische Sichtweise auf Gruppen-Diversität, denn sie legen den Fokus auf die Unterschiede und daraus resultierende potenzielle Schwierigkeiten und Probleme.

Die Faultline-Theory

Die Erkenntnisse des *Similarity Attraction Paradigmas* decken sich in den zentralen Punkten mit der sogenannten *Faultline-Theory* (von engl. *fault line* = Bruchlinie oder Riss im Boden). Die Bezeichnung, 1998 von Lau & Murnighan geprägt, ist angelehnt an das geologische Phänomen einer Linie zwischen zwei tektonischen Platten, die zu einem Erdbeben führen kann.

Die Autor/innen beschreiben zwei Eigenschaften des geologischen Phänomens: (1) Risse oder Brüche in der Erdkruste können ohne äußere Kräfte jahrelang ruhen, ohne dass man sie von der Oberfläche aus wahrnehmen und beobachten kann. (2) Plötzliche oder sporadische Bewegungen von Krustenschichten entlang einer solchen Bruchlinie führen zum Erdbeben (vgl. Lau & Murnighan 1998: 328). Faultlines (auch *Verwerfungslinien*) in Gruppen und Bruchlinien in der Erdkruste haben drei Gemeinsamkeiten: (1) Die parallele Existenz vieler demografischer Dimensionen in der Gruppe ist vergleichbar mit mehreren geologischen Schichten. (2) Potenzielle Verwerfungslinien in der Gruppe können unbemerkt existieren, wenn keine äußeren Kräfte auf sie wirken. (3) Starke Verwerfungslinien haben das Potenzial, zum Bruch innerhalb der Gruppe zu führen (vgl. ebd.: 328f.).

Faultlines werden daher beschrieben als „hypothetische Trennungslinien, die eine Gruppe in Untergruppen aufteilen können, basierend auf einem oder mehreren Attributen" (übersetzt nach Lau & Murnighan 1998: 328). Somit können aus zugrundeliegenden Unterschieden entlang solcher Linien Konflikte, Polarisierung und Spaltungen innerhalb eines Teams entstehen, die sich negativ auf die Arbeits- und Leistungsfähigkeit der Teammitglieder auswirken. In Anlehnung an die Eigenschaften der geologischen werden dabei zwei Typen von gruppenbezogenen Bruchlinien berücksichtigt:

- **Potenzielle, ruhende Bruchlinien** beziehen sich auf vorhandene äußere Unterschiede oder innere Werte und Haltungen, die aktuell keinen Einfluss auf das Gruppengeschehen nehmen. Sie sind jedoch latente Quellen für Konflikte, wenn sich bestimmte Rahmenbedingungen ändern oder Auslöser auftreten.
- **Aktive Bruchlinien** sind Spaltungen innerhalb der Gruppe. Sie können sich entlang sozialer Identitätslinien bilden, die Gruppendynamik beeinträchtigen und die Leistungsfähigkeit der Gruppe negativ beeinflussen. Die Gefahr der Subgruppenbildung aufgrund sichtbarer demografischer Kriterien ist besonders in der Anfangsphase eines Teamprozesses, dem Forming, hoch (vgl. Lau & Murnighan 1998).

Zahlreiche spätere Untersuchungen bestätigten und ergänzten diese Theorie (vgl. z.B. Thatcher et al. 2003; Fritzsche et al. 2017). Während sich die meisten Untersuchungen auf Kontexte wie Akademia, Verwaltung, Dienstleistung u.Ä. bezogen, führten Fritsche et al. Studien in der Automobilbranche durch. Hier zeigte sich, dass Faultlines in Arbeitsteams auch zu gesundheitlichen Beeinträchtigungen, erhöhten Fehlzeiten, zu verringertem Wohlbefinden und einer geringeren Identifikation mit dem Team führen können (vgl. Fritzsche et al. 2017: 130–132).

Der Information and Decision-making Approach

Der *Information and Decision-making Approach* kommt zu einem völlig anderen, gegenteiligen Ergebnis und besagt, dass heterogene Teams besser abschneiden als homogene. Die Gründe hierfür sind vielfältig (vgl. Van Knippenberg et al. 2004: 1009). Heterogene Teams verfügen über ein breiteres Spektrum an aufgabenrelevantem Wissen. Sie besitzen unterschiedliche Fähigkeiten und Fertigkeiten, die sich im Optimalfall ergänzen. Sie haben unterschiedliche Meinungen und Sichtweisen auf die jeweiligen Aufgaben.

Das bedeutet: Das Vorhandensein vielfältiger Ressourcen in Teams, sowohl durch die Teammitglieder selbst als auch durch ihre Netzwerke, führt zu einer positiven Arbeitsweise und besseren Ergebnissen. Die Notwendigkeit, widersprüchliche Standpunkte zu vereinbaren, erfordert eine gründliche Verarbeitung der im Team vorhandenen aufgabenrelevanten Informationen. Das verhindert voreilige Entscheidungen für ein bestimmtes Vorgehen. Informationen müssen stattdessen ausführlich verarbeitet und unterschiedliche Vorgehensweisen genau analysiert werden. Die Auseinandersetzung mit neuen Vorschlägen und eventuell überraschenden Perspektiven führt oft zu innovativen und kreativen Ideen. Somit würde Diversität im Team sowohl unter qualitativen als auch quantitativen Gesichtspunkten vorhandenes Wissen, Informationen, Fähigkeiten und Erfahrungen erweitern (vgl. ebd.). Der explizite Austausch vielfältiger Informationen im Team ist entscheidend für diese positive Wirkung (vgl. die Ergebnisse von Zellmer-Bruhn et al.).

8.3.4 Das Categorization-Elaboration Model und Diversity Beliefs

Van Knippenberg et al. (2004) führten die inkonsistenten Ergebnisse auf separate Forschungstraditionen zurück. Es fehle ein umfassender, integrativer theoretischer Rahmen zur Erklärung der Diversitätseffekte auf Gruppenleistung. Sie untersuchten deshalb, welche Prozesse diese Effekte beeinflussen und wie man sie steuern kann (vgl. Knippenberg et al. 2004: 1008). Hierzu entwickelten sie das sogenannte *Categorization-*

Elaboration Model, welches die vielfältigen bekannten Untersuchungsergebnisse zu integrieren versucht (Abb. 10). Das Modell besteht aus acht *Propositionen*.

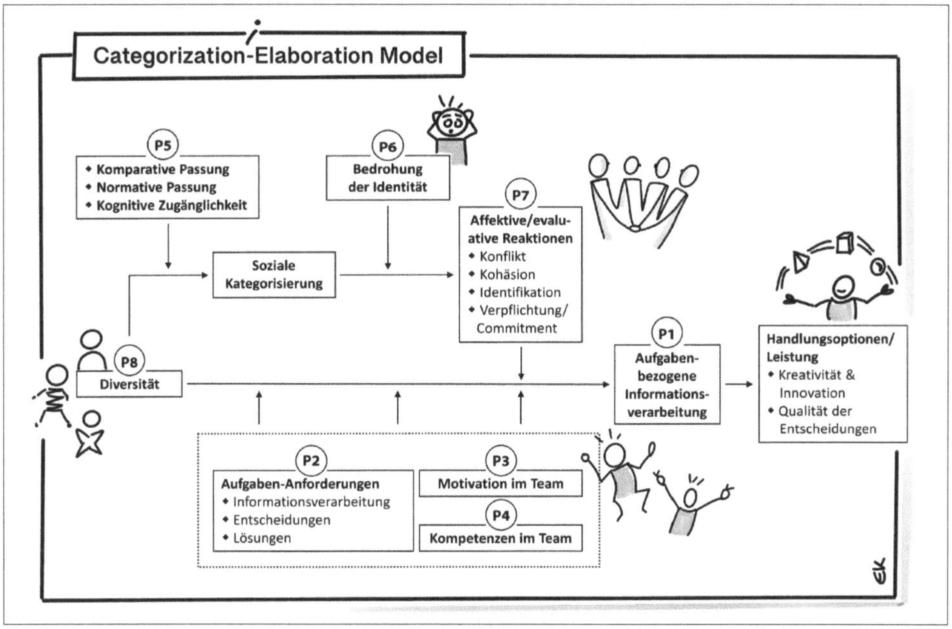

Abb. 10: Das Categorization-Elaboration Model nach Knippenberg et al. 2004: 1010

Ausgangspunkt ist die Proposition (P) 1, wonach der wichtigste Prozess mit positiver Auswirkung von Diversität auf die Gruppenleistung die Verarbeitung aufgabenrelevanter Informationen ist (vgl. ebd.: 1012). Im Idealfall entstehen so innovative und kreative Handlungsoptionen (s.o. *Information and Decision-making Approach*). Dieser Effekt setzt ein, wenn die Aufgabe an sich Informationsverarbeitung, Entscheidungs- und Lösungsfindungen erfordert (P2) (vgl. ebd.). Die Wahrscheinlichkeit, dass dies eintritt, ist sehr viel höher, wenn die Teammitglieder motiviert (P3) und ihre aufgabenbezogenen Kompetenzen hoch sind (P4) (vgl. ebd.). Soziale Kategorisierung (mit Subgruppenbildung als Folge) innerhalb von Teams entsteht, wenn drei Rahmenbedingungen gegeben sind (P5) (vgl. ebd.: 1015):

- **Komparative Passung** → große Ähnlichkeit innerhalb und große Unähnlichkeit außerhalb der Subgruppe
- **Normative Passung** → Verhalten der Subgruppen-Mitglieder passt zu den Erwartungen innerhalb der Gruppe
- Soziale Kategorisierung ist für das Individuum **kognitiv zugänglich** (= wichtig/nützlich)

Subgruppenbildung führt zu Vorurteilen zwischen den Gruppen, wenn sie sich gegenseitig abwerten, nicht anerkennen und als Bedrohung der eigenen Identität wahrnehmen (P6) (vgl. Van Knippenberg et al. 2004: 1015). Die so entstandenen gruppenübergreifenden Verzerrungen stören die Ausarbeitung aufgabenrelevanter Informationen und damit die Leistungsfähigkeit des Teams (P7) (vgl. ebd.: 1017). Alle Dimensionen von Diversität haben grundsätzlich das Potenzial, sich positiv oder negativ auszuwirken (P8) (vgl. ebd.: 1018).

Diversität in Arbeitsgruppen führt somit zu einer gewissen Paradoxie: Die Vorteile von Diversität werden nur genutzt, wenn die Unterschiede geschützt und beibehalten werden, aber diese Unterschiede führen oft zu gegenseitiger Ausgrenzung und Grüppchenbildung und behindern den Erfolg des Teams. Gesucht wurde deshalb ein Weg, dieses Paradoxon aufzulösen (vgl. Van Dick et al. 2008: 1464). Van Dick et al. stellten die Hypothese auf, dass die Wirkung von Diversität in Teams von der Einstellung der einzelnen Teammitglieder dazu abhänge. Sie vermuteten, der Zusammenhang zwischen subjektiver (= angenommener) Vielfalt und Identifikation in kulturell diversen Projektteams falle positiver aus, wenn die Teammitglieder von den Vorteilen dieser Vielfalt überzeugt seien (vgl. ebd.: 1463). Die Identifikation mit der Gruppe wirke sich förderlich auf die Bereitstellung und die Verarbeitung von Informationen (s.o. *Informationsaustausch/-verarbeitung*) und den Wunsch der Teammitglieder, in ihren Gruppen zu bleiben, aus (vgl. ebd.: 1469). Diese Annahmen konnten in zwei Längsschnittstudien bestätigt werden.

Die Wirkung von Diversitätsüberzeugungen wurde auch in weiteren Studien untersucht. Stegmann (2011) fasste die Ergebnisse schließlich in einer Meta-Analyse zusammen. Die Mehrheit der Studien belegte, dass Vielfalt in Teams bessere Ergebnisse nach sich zieht, wenn die Teammitglieder von den Vorteilen dieser Vielfalt überzeugt sind. Weitere Ergebnisse der Meta-Analyse zeigen einen signifikanten Zusammenhang zwischen Wertschätzung von Diversität, vorteilhaften Ergebnissen sowie positiven Effekten für Individuen und Gruppen (z.B. Identifikation mit der Gruppe, Leistung, Zufriedenheit, Konfliktlösung, Fluktuation) (vgl. Van Dick & Stegmann 2016: 11–13). Die Ergebnisse legen insgesamt die Vermutung nahe, dass sich ein positiver Umgang mit und eine positive Einstellung zu Diversität eingebettet in eine wertschätzende Diversity-Kultur und eine selbstkritische Haltung gegenüber den eigenen Voreingenommenheiten förderlich auf Teamprozesse und Teamleistungen auswirken (können) (vgl. ebd.: 14).

Tipp: Legen Sie einen Zeitraum fest und beobachten Sie, wie sich in Ihrem Studien- oder Arbeitsfeld Gruppen und Untergruppen bilden. Finden Sie Aspekte aus den hier beschriebenen Theorien und Phänomenen?

Stimmen von Studierenden

Ich habe eine aktuelle Lerngruppe analysiert und festgestellt, dass wir kein echtes Team sind. Wir sind doch zu sehr auf unseren eigenen Erfolg fokussiert. Das hat mich etwas überrascht. Deshalb habe ich es in der Gruppe angesprochen und festgestellt, dass andere es auch schon so empfunden haben und unglücklich damit waren. Daraufhin haben wir ein gutes Gespräch geführt und einige Dinge verändert. Seitdem sind wir deutlich produktiver.

***

Die Theorie zum Similarity Attraction Paradigma war mir neu, und auch mit anderen sozialen Aspekten in Gruppen oder Teams habe ich mich bisher nicht befasst. Ich habe dann aber ein paar Lerngruppen und meine Sportmannschaft danach analysiert und war ein bisschen erschrocken. Wir haben wirklich lauter Grüppchen gebildet und die sind ziemlich homogen zusammengesetzt.

8.4 Rollen und Teams

Arbeitsanregung 1: Mein Identitätsmolekül

Zeichnen Sie ein sogenanntes *Identitätsmolekül* (Abb. 11) auf ein großes Blatt Papier oder Ihr Tablet. Schreiben Sie hierzu Ihren Namen in die Mitte der Seite und kreisen Sie ihn ein. Sammeln Sie dann sechs bis acht alltägliche Rollen, die nicht mit Ihrem Studium oder Ihrer Arbeit zu tun haben und die zu Ihrer Persönlichkeit gehören (z.B. Bergwanderer/in, Vater/Mutter, Bruder/Schwester, Optimist/in, Tröster/in, Jogger/in, Cellist/in). Sie können den Rollenbezeichnungen auch ein Adjektiv voranstellen (z.B. kleiner Bruder, unerschütterliche Optimistin). Verteilen Sie die Rollen um den mittleren Kreis, kreisen Sie sie ebenfalls ein und verbinden Sie die Rollenkreise mit dem Namenskreis. Schreiben Sie so, dass um die Kreise herum Platz für weitere Informationen vorhanden ist.

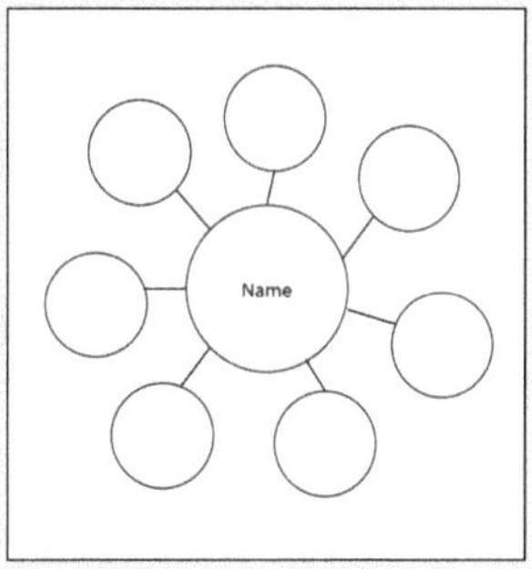

Abb. 11: Identitätsmolekül

Bisher haben Sie sich aus verschiedenen Perspektiven mit Diversität in der Gesellschaft insbesondere in Gruppen, beschäftigt. Eine andere Frage ist: Kann auch eine einzelne Person Diversität in sich tragen? Wenn ja, wie beeinflusst das ihr Verhalten in Gruppen und die Handlungsfähigkeit des gesamten Teams?[47] Um dies zu untersuchen, wird zunächst der Begriff der *sozialen Rolle* erläutert.

(Soziale) Rollen

> Die ganze Welt ist [eine] Bühne,
> und alle Frau'n und Männer bloße Spieler.
> Sie treten auf und gehen wieder ab.
> Sein Leben lang spielt einer manche Rollen ...
> (Shakespeare 1599, nach Abel 2009: 101)

Der Begriff *(soziale) Rolle* stammt aus der Soziologie und Sozialpsychologie und wurde aus dem Theater entlehnt. Der US-amerikanische Kulturanthropologe Ralph Linton (1893–1953) beschrieb „den kulturellen Hintergrund der Persönlichkeit" mit demselben Bild wie Shakespeare, indem er sagte, das System bestehe fort, „während die Individuen, die Plätze in ihm einnehmen, kommen und gehen können" (Linton 1945, nach Abel 2009: 101). Hier begann, zunächst in den USA, die Entwicklung und Diskussion der soziologischen Rollentheorie. Mit seinem Werk *Homo sociologicus* holte Ralf Dahrendorf (1929–2009) die Diskussion Ende der 1950er-Jahre auch in die damalige BRD. Er stellte die Theorie auf, dass Menschen in ihren jeweiligen Rollen so handeln, wie es die Gesellschaft von ihnen erwartet, da andernfalls negative Konsequenzen (= Sanktionen) dro-

---

47 Die innere Diversität des Individuums ist nicht Teil der Diversity-Idee und wird in den meisten Fachpublikationen nicht erwähnt. Sie spielt aber eine wichtige Rolle in der zwischenmenschlichen Interaktion. Sie zu beleuchten, ist deshalb zum festen Bestandteil meines Verständnisses von und meiner Arbeit zu Diversität geworden. Die hier vorgestellte Herangehensweise hat sich in meinen Seminaren und Trainings bewährt.

hen. In Deutschland stieß er damit ebenfalls eine Debatte über das Rollenverständnis an, aus der sich verschiedene Rollentheorien entwickeln. Es existieren unterschiedliche Formen von Rollen, nämlich:

- **Kulturelle Rollen** werden Menschen von der jeweiligen Kultur zugeschrieben → z.B. Bürgermeister, Familienoberhaupt, Ministerin
- **Soziale/sozial differenzierende Rollen** → z.B. Nachbarin, Freund, Grundschullehrer, Vorstandsvorsitzende
- **Situationsbezogene Rollen** → z.B. Besucherin der Theateraufführung X am Tag Y, Zeuge eines Unfalls, Sitznachbarin in der Vorlesung X am Tag Y
- **Biosoziologisch begründete Rollen** → z.B. „die Lange" (= große Frau/großes Mädchen), „der Lockenkopf" (= Mensch mit lockigen Haaren)

Eine Besonderheit sind **Geschlechterrollen**, da sie je nach Perspektive den sozialen oder biosoziologischen Rollen zugeordnet werden können.

Wer in sozialen Gruppen agiert, hat ein Leben lang viele unterschiedliche Rollen inne, meist mehrere gleichzeitig. Die daran geknüpften Erwartungen erlauben dem Individuum mal mehr, mal weniger Spiel- und Handlungsfreiräume. Dahrendorf teilte diese Erwartungen in drei Kategorien ein (vgl. Röhl 1987: 337f.):

- **Muss-Erwartungen** sind oft an Gesetze oder Richtlinien geknüpft. Als Sportler muss man sich an Spielregeln halten, als Autofahrerin an die Verkehrsregeln, Mitarbeitende in einer Großküche dürfen keine Lebensmittel entwenden, Studierende müssen Prüfungsleistungen selbstständig und ohne fremde Hilfe erbringen usw. Verstößt man gegen die Regeln, Richtlinien, Gesetze, wird man (gerichtlich) bestraft.
- **Soll-Erwartungen** sind unwesentlich weniger verbindlich und zwingend als Muss-Erwartungen. Sie üben deshalb ebenfalls großen Druck auf Rolleninhaber/innen aus. Zum Sporttraining oder zur Lehrveranstaltung soll man pünktlich kommen, im Bus oder in der Bibliothek nicht laute Musik hören usw. Verstöße gegen Soll-Erwartungen werden nicht rechtlich, aber sozial sanktioniert.
- **Kann-Erwartungen** sind nicht so eindeutig erkennbar wie Muss- und Soll-Erwartungen. Man wird nicht direkt bestraft, wenn man sie nicht erfüllt, jedoch belohnt, wenn man es doch tut. Man bekommt z.B. Sympathie oder Respekt, wenn man am Arbeitsplatz oder in der Nachbarschaft stets zuverlässig und hilfsbereit ist.

Arbeitsanregung 2: Meine eigenen Rollen

Analysieren Sie die Rollen in Ihrem Identitätsmolekül nach ihrer Form und den daran geknüpften Erwartungen. Schreiben Sie diese und auch Beispiele für die Erwartungen neben die jeweilige Rolle. Machen Sie eine kurze Zwischenauswertung: Fällt etwas besonders auf? Ist z.B. eine Kategorie häufig vertreten, sind an eine Rolle auffallend viele Erwartungen geknüpft o.a.? **Erledigen Sie diesen Schritt, bevor Sie weiterlesen.**

Schauen Sie die Rollen noch einmal an und notieren Sie (am besten in einer anderen Farbe) neben jedem Kreis, welche Kompetenzen Sie durch die jeweilige Rolle haben. Machen Sie sich dann bewusst, welche Vorteile Ihnen das in Bezug auf Ihr Studium bietet und wie Sie diese Ressourcen nutzen können (z.B. Optimistin → positive Haltung → bleibt in stressigen Phasen ruhig und glaubt daran, dass sie das Pensum schafft; Bergwanderer → physische und mentale Kondition, Durchhaltevermögen, gute Orientierung → kann viel Stoff strukturieren, ausdauernd behandeln und sich selbst zum Weitermachen motivieren).

8.5 Rollen – Rollenstärken – Team

In Kapitel 8.1.2 wurde eine klare Rollenverteilung in der Gruppe als Merkmal für Teams beschrieben. Diese Rollenverteilung ist aus vielen Gründen wichtig:

- **Optimale Nutzung der individuellen Kompetenzen** → Idealerweise sind die Rollen passend zu den eigenen Kompetenzen (und Vorlieben) verteilt. Die Arbeit wird dadurch stringent und man erreicht gute Ergebnisse.
- **Motivation** → Alle tun das, was sie am besten können und wollen, und wissen, was von ihnen erwartet wird. Das wirkt sich meist motivierend aus.
- **Klare Verantwortlichkeiten** → Die Teammitglieder wissen, an wen sie sich bei welchem Detail oder Problem wenden sollen.
- **Verteilter Workload** → Jede/r Einzelne wird entlastet, arbeitet effizienter und kommt schneller zum Ziel.
- **Effizienz und Effektivität** → Wenn (a) alle Gruppenmitglieder parallel arbeiten, dabei (b) mehrere Dinge gleichzeitig erledigt werden und (c) jede/r Einzelne besser und schneller ist, ist auch das gesamte Team effizient und effektiv.
- **Konfliktvermeidung** → Eine klare Rollenverteilung verhindert, dass mehrere Personen um dieselbe Position und Zuständigkeit konkurrieren oder dass manche Teilaspekte doppelt oder gar nicht erledigt werden. Dadurch wird auch die Wahrscheinlichkeit für Konflikte minimiert.

In Arbeitsanregung 1 haben Sie Ihr Identitätsmolekül erstellt, in Arbeitsanregung 2 analysiert, welche Stärken Sie aus Ihren ausgewählten Rollen gewinnen und welche Vorteile Ihnen das im Studium bringen kann. Zusätzlich kann diese innere Diversität eine Quelle für weitere Ressourcen sein. Hiermit befasst sich die abschließende Aktivität.

Arbeitsanregung 3: Gehen Sie noch einmal die Rollenkreise Ihres Identitätsmoleküls durch. Notieren Sie diesmal (in einer dritten Farbe) neben jedem Kreis, welche zusätzlichen Vorteile Ihnen die bereits ermittelten Kompetenzen der jeweiligen Rolle für die Arbeit in diversen Teams bieten. Wenn Sie unter dieser Perspektive neue, zusätzliche Kompetenzen erkennen, notieren Sie sie (z.B. Optimistin (Ergänzung zu oben, Arbeitsanregung 2) → sieht die guten Seiten an den Dingen → betrachtet Probleme als Chance, aus denen Neues wachsen kann und ist lösungsorientiert).

Variante oder Ergänzung: Notieren Sie, welche Erwartungen andere an Sie in der jeweiligen Rolle herantragen.

CCW: Ein Start-up aus Ihrem Fachgebiet sucht noch Mitarbeitende. Aus der Stellenausschreibung geht hervor, dass ein/e Teamplayer/in gesucht wird. Erstellen Sie einen Steckbrief und präsentieren Sie Ihre diesbezüglichen Stärken. Kommunizieren Sie dabei das ganze Spektrum Ihrer vielfältigen Einstellungen, Fähigkeiten, Fertigkeiten und Kompetenzen.

Stimmen von Studierenden

Anfangs fiel es mir schwer, meine Rollen zu identifizieren, denn ich hatte nie darüber nachgedacht, in wie viele verschiedene Rollen ich tagtäglich wechsle. Interessant war es zu sehen, welche Kompetenzen damit einhergehen.

***

Mir ist klar geworden, wie mein Verhalten im Team grundsätzlich ist und inwiefern ich mein Verhalten ändern kann. Dazu gehört vorerst die Gewinnung von neuen Kompetenzen aus anderen Rollen.

***

Es war interessant zu sehen, dass man bei längerem Nachdenken in jeder Rolle, die man einnimmt, mehr oder weniger positive Auswirkungen für sich selbst oder sein Umfeld entdecken kann, auch wenn es anfangs nicht der Fall zu sein scheint.

***

Diese Aufgabe hat mir geholfen, meinen Blick zu weiten und zu sehen, dass man selbst durch einfache Rollen einen großen Einfluss auf Mitmenschen sowie den eigenen persönlichen Erfolg haben kann.

***

Ich habe einiges an Selbsterkenntnis gewonnen, da ich mir über meine eigenen Rollen das erste Mal in meinem Leben so richtig Gedanken gemacht habe. Es war allgemein sehr überraschend für mich, dass Diversität in einem Team nicht nur von verschiedenen Personen ausgeht, sondern auch von einem selbst […]. Ich habe verstanden, dass es sich lohnen kann, sich selbst zu analysieren, anstatt nur zu denken: Ich bin, wie ich bin.

9. Kommunikation – Allgemeine Grundlagen

Zur Einstimmung: Woran denken Sie, wenn Sie das Wort *Kommunikation* hören oder lesen? Notieren Sie ein paar Minuten lang in Stichwörtern alles, was Ihnen spontan dazu einfällt.

9.1 Zeichen – Bedeutung – Verstehen

Kommunikation verwendet Sprache und Sprache besteht aus Zeichen. Ein Zeichen kann ein einzelnes Wort sein, ein Laut, ein Bild, eine Geste o.a. Allgemeiner formuliert handelt es sich bei einem Zeichen um einen „Gegenstand, eine visuelle oder akustische Gestalt, ein Etwas, das eine ‚Bedeutung' hat" (Lewandowski 1990: 1274). Hierzu einige Beispiele:

- **Wörter** → Stuhl = „Sitzmöbel für eine Person mit einer Rückenlehne und meist vier Beinen" (DWDS o.J.: o.S.)
- **Laute** → lachen, weinen, schreien; Äußerungen und Ausrufe wie *Hm*, *Ah*, *Oh* mit unterschiedlichen Intonationen, die häufig emotionale Zustände ausdrücken
- **Bilder/Ikonen** → Verkehrsschilder, Piktogramme, Emojis u.Ä.
- **Gesten** → sich melden, nicken, den Kopf schütteln usw.
- **Symptome** → Husten, Ausschlag, Erröten, Zittern u.a.

Nach dem sogenannten ***bilateralen Zeichenmodell*** des Schweizer Sprachwissenschaftlers Ferdinand de Saussure (1857–1913, Begründer der modernen Linguistik) besitzt ein Zeichen (bei ihm vor allem ein Wort) stets eine Ausdrucks- und eine Inhaltsseite. Die Ausdrucksseite (*signifiant, image acoustique*) beschreibt das Lautbild, die Inhaltsseite (*signifié, concept*) die Vorstellung, Bedeutung oder den Begriff (vgl. Volmert 1995: 18). Jede Gesellschaft verfügt über einen „gemeinsame[n] Sprach-Zeichenbesitz" (ebd.). Berühmt geworden ist Saussures Erläuterung am Beispiel *arbre* (= *Baum*) (Abb. 12).

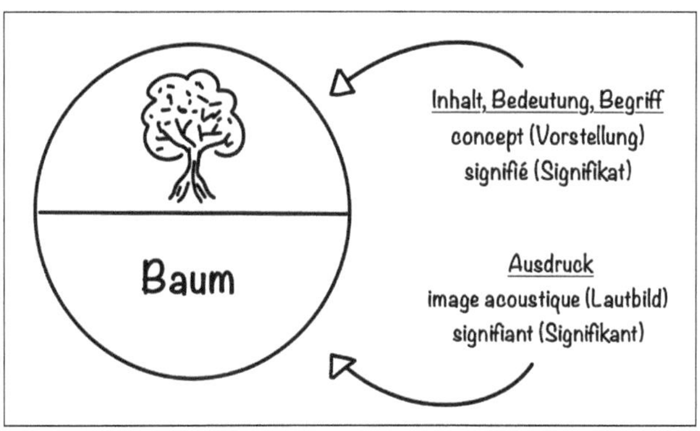

Abb. 12: Bilaterales Zeichenmodell von Saussure

Aus diesem Modell lassen sich einige grundlegende Eigenschaften des sprachlichen Zeichens ableiten, darunter (vgl. Volmert 1995: 18f.):

- **Bilateralität** → Ausdrucks- und Inhaltsseite gehen eine feste Verbindung ein
- **Arbitrarität** → Es gibt keine logischen Gründe für die Zuordnung einer bestimmten Ausdrucks- zu einer Inhaltsseite, die Zuordnungen sind willkürlich
- **Konventionalität** → Zuordnungen beruhen auf gesellschaftlichen Vereinbarungen und funktionieren nur, wenn alle Sprecher/innen einer Sprachgemeinschaft diese Vereinbarungen kennen und akzeptieren
- **Repräsentativität** → Sprachliche Zeichen stehen stellvertretend für etwas anderes

Arbitrarität und gleichzeitige Konventionalität lassen sich gut am Phänomen Insider-Sprache erläutern. Vermutlich gibt es in Ihrem Sprachgebrauch Ausdrücke, die Sie in einer bestimmten Form nur innerhalb fester Gruppen verwenden, z.B. in der Familie oder unter Freund/innen. Das können real existierende Wörter sein, aber auch solche, die es nur in dieser einen Gruppe gibt, z.B. Spitznamen, Verballhornungen, erfundene Begriffe u.a. Benutzen Sie diese Ausdrücke in einem anderen Kontext, werden Sie nicht verstanden.

Insider-Sprache kann versehentlich in unpassenden Kontexten benutzt werden, z.B. aus Gewohnheit, was vermutlich Irritation auslöst. Je nach Situation, Art und Weise der Kommunikation kann es auch ausgrenzen oder diskriminieren. Im Kontext von Diversity-Kompetenz ist es deshalb wichtig, sich der Eigenschaften von Sprache bewusst zu sein.

> **Tipp:** Suchen Sie bei nächster Gelegenheit ein Wort aus, das Sie häufig benutzen, ersetzen Sie es durch ein anderes und verwenden Sie ein paar Stunden lang konsequent das Ersatzwort. Beobachten Sie die Reaktionen der Gesprächspartner/innen und achten Sie auch darauf, wie sich das Ganze für Sie selbst anfühlt.

Wie stark **Konventionen** auch bei nicht-verbalen Zeichen von der jeweiligen Gemeinschaft abhängen, zeigt das Beispiel *den Kopf schütteln*: Bewegt man in Deutschland den Kopf im Gespräch (meist mehrfach) nach links und rechts, bedeutet das *Nein*. In anderen Ländern (z.B. Griechenland oder Türkei) wird der Kopf von der Mitte aus leicht schräg abwärts zu einer Seite und wieder zurück in die Mitte bewegt. Das bedeutet *Ja*, wird aber von Deutschen oft als *Nein* gedeutet. Um *Nein* auszudrücken, wirft man in den besagten Ländern den Kopf nach oben hinten, oft verbunden mit einem hellen kurzen Schnalzen; mit verschiedenen Blicken und Bewegungen der Augenbrauen, kann man die Art der Ablehnung spezifizieren. Ohne Hintergrundwissen ist es für Außenstehende unmöglich, diese Geste zu verstehen.

Zwei weitere Beispiele verdeutlichen die **Repräsentativität** von Zeichen, die den Fokus des Repräsentationsmodells bildet (vgl. Heringer 2014: 28):

- **Sonne** → Woran haben Sie beim Lesen des fettgedruckten Wortes „Sonne" gedacht? An Wärme, Sonnenbrand, einen Cocktail in einer Strandbar? An eine Landschaft, Urlaub, das Sonnensystem? Welches Bild haben Sie im Kopf? Eine naturwissenschaftliche Abbildung, die Kinderzeichnung einer lachenden Sonne, den Sonnenaufgang vor Ihrem Fenster? Oder etwas ganz anderes?

- **Baum** → Wie sieht der Baum aus, an den Sie gerade denken? Ist es ein Laubbaum mit saftig grüner, runder Krone auf einer Sommerwiese? Das feine Geäst eines Baums in einer Winterlandschaft? Ein abgestorbener, kahler Baum mitten im Wald? Eine Kiefer oder Birke, oder vielleicht der geschmückte Weihnachtsbaum aus Kindertagen?

Ein Wort (= Zeichen) ruft stets eine Vorstellung hervor, aber bei jedem Individuum eine andere. Die Vorstellungen mehrerer Personen können sich zwar ähneln, sind aber äußerst selten identisch.

Tipp: Wählen Sie eine beliebige Bezeichnung für etwas Konkretes (z.B. eine Person, einen Gegenstand o.Ä.). Fragen Sie mehrere Kommiliton/innen, Freund/innen oder andere Personen, welches Bild dieses Wort bei Ihnen spontan hervorruft, und bitten Sie sie, dieses Bild zu beschreiben. Vergleichen Sie die Bilder.

Im **funktionalen Zeichenmodell** geht es nicht darum, „wofür ein Zeichen steht, sondern was es zu einem Zeichen macht“ (ebd.: 29). Wie entstehen Zeichen? Warum und wie wirken sie? Wodurch und wie verändern sie sich? Sprache wird im Kontext menschlichen Handelns betrachtet, denn Sprache zu gebrauchen ist menschliches Handeln. Ein Zeichensystem besteht nicht für sich allein, sondern immer in Bezug auf Sprechende in sozialen Gruppen. Indem Menschen Sprache benutzen, können Bedeutungen entstehen, erlernt oder verändert werden (vgl. ebd.). Wie schnell das manchmal geht, zeigt das Zeichen *Husten*: Bekannte Bedeutungen sind *erkältet*, *sich verschluckt haben* oder *ein starker Raucher sein*. Seit 2020 wird es auch mit Covid-19 assoziiert, in der Hochphase der Pandemie war das sogar eine der vorherrschenden spontanen Assoziationen.

Arbeitsanregung: Beobachtungsaufgaben formulieren und anwenden

Nehmen Sie sich für die nächsten Wochen kleine Beobachtungsaufgaben vor (jede Woche eine andere). Beobachten Sie eine Woche lang bewusst einen bestimmten Zeichentyp, z.B. Symptome – sowohl eigene als auch fremde. Achten Sie darauf, wie sie verstanden werden und wie Sie selbst und andere Personen darauf reagieren. Schreiben Sie Ihre Erkenntnisse in Ihr Portfolio und formulieren Sie Schlussfolgerungen für Ihr künftiges Kommunikationsverhalten.

Zeichen haben das Potenzial, „etwas zu verstehen zu geben“ (Heringer 2014: 36). Von denjenigen, die sie beobachten, müssen sie *ge*-deutet und ihre Be-deutung erschlossen werden. Hierzu schöpft man aus dem Bedeutungsschatz einer Sprachgemeinschaft, aus dem eigenen Weltwissen, den Erfahrungen und Erwartungen. Der Begriff ***Verstehen*** kann Unterschiedliches meinen, z.B. (vgl. ebd.: 48):

- Intention erkennen (X *meint/beabsichtigt* Y)
- Sinn eines Textes, Liedes, Artikels ... erfassen (*Es geht um/handelt von ...*)
- einen Satz/ein Wort/einen Ausruf (= seine Bedeutung) verstehen
- eine Geste/eine Mimik (= ihre Bedeutung) verstehen
- eine Sprache verstehen (= die Sprache können)
- eine Handlungsabfolge verstehen (z.B. Aufbau und Ablauf eines Experiments)
- eine abstrakte Theorie verstehen (z.B. Zusammenhänge, Rechenwege u.a.)

- ein bestimmtes Phänomen verstehen (= seine Ursachen kennen)
- eine Person verstehen (= Verständnis für ihre Situation haben)

Zeichen sind also stets an Kontexte, Sprachen, Menschen, Konventionen usw. gekoppelt. Dies gilt nicht nur für Zeichen, die in einer Gemeinschaft A existieren, in einer anderen B aber nicht. Es gibt auch solche, die zwar in mehreren Sprach-Gemeinschaften vorhanden, aber nur teilweise oder gar nicht gleichbedeutend sind. Ein Beispiel ist das deutsche Wort *Freund* im Vergleich zu Englisch *friend*. Es gibt zwar Überschneidungen, aber auch gravierende Unterschiede (vgl. Heringer 2014: 40). Im Deutschen ist damit eine nahestehende Person außerhalb der Familie gemeint. Im Englischen können auch Arbeitskolleg/innen, Nachbar/innen, Mitglieder derselben Sportmannschaft usw. als *friend* bezeichnet werden, auch wenn man keine enge Beziehung zu ihnen hat.

Tipp: Notieren Sie spontan, was das Wort *Familie* für Sie bedeutet und welche Personen dazu zählen. Bitten Sie dann Menschen aus unterschiedlichen ethnischen Kulturen, das Gleiche zu tun. Vergleichen Sie anschließend die Ergebnisse.

9.2 Kommunikationsformen

Kommunikation findet sowohl in gesprochener als auch in geschriebener Form statt und kann aus mindestens zwei Perspektiven betrachtet werden: (1) Man kann den schriftlichen oder mündlichen Äußerungen anderer Personen Informationen entnehmen (Lesen/Hören → **rezipieren**). (2) Man kann selbst schriftlich oder mündlich anderen Personen Informationen vermitteln (Schreiben/Sprechen → **produzieren**).

Weitere Unterscheidungsformen sind: (1.1) **direkt** → mindestens zwei Personen tauschen sich durch abwechselndes Sprechen oder Schreiben aus; (1.2) **indirekt** → Informationen werden einseitig durch Medien wie Radio, Fernsehen, Flugblätter, Publikationen, Webseiten vermittelt; eine Antwort durch die Zuhörenden bzw. Lesenden ist nicht vorgesehen; (1.3) **direkt/indirekt** → eine Sonderstellung haben digitale Medien wie Youtube, (Online-)Zeitungen, Blogbeiträge usw.; zum einen informieren sie indirekt, zum anderen laden Like- und Kommentar-Funktionen oder die Möglichkeit, Leser/innen-Briefe zu schreiben, zum direkten Austausch ein; (2.1) **spontane gesprochene Sprache** → Äußerungen in einem Gespräch als sofortige Aktion und Reaktion; (2.2) **nicht-spontane gesprochene Sprache** → eine vorbereitete Rede, ein Referat, eine Vorlesung usw.

Tauschen zwei Personen A und B Informationen aus, bedeutet das nicht zwangsläufig, dass B die Informationen von A versteht. Das ist nicht mal dann garantiert, wenn Produzent/in und Rezipient/in dieselbe Muttersprache sprechen. Ob Kommunikation gelingt, hängt von wesentlich mehr Faktoren ab. Hierum geht es in den nächsten Abschnitten.

9.3 Kommunikationsmittel

Kommunikation findet immer mithilfe von *Kommunikationsmitteln* statt. Für die mündliche Kommunikation (außer dem Telefonieren) ist die Einteilung in *verbale*, *nonverbale* und *paraverbale* Mittel (auch: *Zeichen* oder *Signale*) weit verbreitet.

Der Begriff ***verbal*** bezeichnet ausschließlich diejenigen Bestandteile der Kommunikation, die **mit Worten** ausgedrückt werden: die Auswahl konkreter Wörter und Redemittel (Allgemeinsprache, Fachsprache, Synonyme, Umschreibungen; höfliche, saloppe, offizielle Anrede u.v.m.), Struktur und Stil von Ausdrücken und Sätzen (kurz/lang, einfach/komplex; Umgangs- oder gehobene Sprache, Ironie, Aussage- oder Fragesätze, Aufforderungen; Ausrufe, mehrteilige Ausdrücke) usw. Verbale Kommunikationsmittel sind diejenigen Bestandteile von Kommunikation, die übrig bleiben, wenn man Aussagen wörtlich protokolliert. Es ist also das, was man ***lesen*** kann.

Dem gegenüber stehen nicht-verbale Bestandteile von Kommunikation. Oftmals werden sie pauschal als nonverbale Mittel bezeichnet, tatsächlich handelt es sich aber um zwei unterschiedliche Gruppen von Zeichen, nämlich:

Nonverbale Kommunikationsmittel umfassen das Übertragen von Informationen ohne Worte, z.B. durch Körpersprache (Mimik, Gesichtsausdruck, Blick, Blickkontakt, Gestik, Körperhaltung/-bewegung/-kontakt, Positionierung im Raum, Abstand zu Gesprächspartner/innen). Auch Symbole, äußere Erscheinung (Kleidung, Frisur) oder vegetative Symptome wie Schwitzen, Erröten, Zittern o.Ä. zählen zu den nonverbalen Zeichen. Es handelt sich um die Kommunikationsanteile, die **mit dem Körper** (ohne Wörter und ohne Stimme) ausgedrückt werden und die man ***sehen*** kann. Die meisten nonverbalen Signale sind kulturell bedingt und werden unbewusst gesendet.

Als ***paraverbal*** werden in der Linguistik diejenigen Kommunikationsmittel bezeichnet, die **mit der Stimme** übertragen werden, also die Art und Weise des Sprechens. Das betrifft Stimmlage (hoch, tief, hell, dunkel, schrill, gedämpft), Tonfall (streng, sanft, liebevoll, vorwurfsvoll, ermunternd, belehrend), Lautstärke, Sprechtempo, Sprechpausen, Satzmelodie u.v.m. Paraverbale Kommunikationsmittel sind zwar meistens an Worte geknüpft, es geht aber nicht um das *Was* der Äußerung, sondern um das *Wie*. Diese Zeichen kann man ***hören***. Auch sie sind stark kulturell bedingt.

Non- und paraverbale Elemente sind für das Gelingen von Kommunikation sehr wichtig. In der Kommunikationsforschung geht man davon aus, dass die verbalen Anteile lediglich etwa ein Drittel der Wirkung in der mündlichen Kommunikation ausmachen. „Verbale Kommunikation ist die [...] Spitze eines Eisbergs von Verständigung; sie ist nur eine Modalität der (erforderlichen) Informations- oder Bedeutungsübertragung" (Fiehler 1993: 347), der Rest ist non- und paraverbal. Sehr wahrscheinlich betragen die verbalen, non- und paraverbalen Anteile der „kommunikativen Gesamtwirkung" i.d.R. jeweils etwa ein Drittel (vgl. Lammerding-Köppel & Griewatz 2019: 73).

Viel wichtiger als der exakte Anteil der drei Typen von Kommunikationsmitteln ist aber etwas anderes: Die non- und paraverbalen Anteile werden immer dann besonders stark wahrgenommen und beachtet, wenn die Kommunikation *inkongruent* ist, z.B. wenn man zwar freundliche Worte benutzt, aber mit unfreundlicher Stimme, Mimik oder Gestik spricht. Oder wenn man einen Inhalt bejaht, dabei aber den Kopf schüttelt oder eine ablehnende Körperhaltung einnimmt. Das liegt immer dann vor, wenn man etwas anderes sagt, als man tatsächlich denkt und meint. In solchen Situationen „gilt die nonverbale [und paraverbale] Aussage oder *Botschaft* als glaubwürdiger" (Lewandowski 1990: 750).

Kommunikationskomponenten nach Bolten

Eine differenziertere Kategorisierung entwickelte der deutsche Kultur- und Kommunikationswissenschaftler Jürgen Bolten (1955–2023). Er fasst die Kategorie *nonverbal* enger und ergänzt *extraverbale Kommunikationskomponenten* (statt *Kommunikationsmittel*), die u.a. das äußere Erscheinungsbild beinhalten. Sein Ansatz bezieht sich außerdem explizit auch auf die schriftliche Kommunikation (Tab. 10).

Tab. 10: Kommunikationskomponenten, Bolten 2007: 23

	Kommunikationskomponenten	
	Mündliche Kommunikation	**Schriftliche Kommunikation**
Verbal	u.a. lexikalische, syntaktische, rhetorisch-stilistische Vertextungsmittel	
Non-verbal	u.a. Mimik, Gestik, Körperhaltung, Blickkontakt	u.a. Bilder, Zeichnungen, Diagramme, Format, Farbe, Layout
Paraverbal	u.a. Lautstärke, Stimmlage, Sprechrhythmus, Lachen, Hüsteln, Pausen, Akzent	u.a. Typographie, Interpunktion, Schreibweise, Zwischenräume, Satzspiegel (Block, Flattersatz o. Ä.)
Extraverbal	u.a. Zeit, Ort, Kleidung; Kontexte; taktile (fühlbare), olfaktorische (riechbare) Aspekte	u.a. Zeit (z.B. Erscheinungsweise), Raum (Ort und Modi der Textübermittlung), Papierqualität, Faltweise

Tipp: Erinnern Sie sich an einige Gespräche (oder Kommunikation per E-Mail-, WhatsApp o.Ä.), die Sie in letzter Zeit mit verschiedenen Leuten geführt haben. Analysieren Sie aus der Erinnerung Ihr verbales, non-, para- und extraverbales Verhalten. Gibt es etwas, das Ihnen auffällt oder das Sie als typisch für Ihr Kommunikationsverhalten bezeichnen würden? Wie reagieren Ihre Kommunikations-Partner/innen darauf? Achten Sie in nächster Zeit darauf, ob Ihre Vermutungen bestätigt werden.

Besonderheiten bestimmter Kommunikations-Situationen

Wie bereits erwähnt, entfallen beim klassischen Telefonieren die nonverbalen Zeichen. Bei Video-Calls sieht man zumindest einen Teil der nonverbalen Sprache (meistens die Mimik, manchmal auch Gestik und einen Teil der Körperhaltung). Aspekte wie Nähe und Distanz zwischen den Kommunizierenden, Position im Raum u.Ä. hingegen entfallen auch hier.

Betrachtet man die von Bolten beschriebenen Beispiele für non-, para- und extraverbale Zeichen in der schriftlichen Kommunikation, so fällt auf, dass sie eine andere Qualität besitzen als die Pendants in der mündlichen Kommunikation und Aspekte wie Emotionen oder Stimmungen nicht so intensiv kommunizieren. Für den privaten oder (halb-) informellen Bereich hat sich deshalb durchgesetzt, Emojis zu verwenden. Sie sollen einen Teil der nonverbalen Kommunikationsmittel ersetzen, Atmosphäre transportieren und Fehlinterpretationen vorbeugen. In der Praxis geschieht oft genau das Gegenteil, denn Emojis sind aus mehreren Gründen hochgradig fehleranfällig:

- Emojis können von Gerät zu Gerät verschieden aussehen. Ein nett gemeintes, grinsendes Smiley auf Gerät A wird auf Gerät B mitunter zum grimmigen Gesicht.
- Die Bedeutung der Emojis ist nicht allen Leuten gleichermaßen bekannt, sie werden deshalb oft unterschiedlich verwendet und interpretiert.
- Auch Emojis sind kulturell bedingt.

9.4 Kommunikationsmodelle

Arbeitsanregung: Dialog analysieren, 1

Herr Prof. Ziegler hat seiner neuen studentischen Hilfskraft, Sebastian Meyer, gerade eine Aufgabe erklärt. Nun findet der nachstehende Dialog (Abb. 13) statt. Lesen Sie die Gedanken (Rechtecke) und Aussagen (Ellipsen) der beiden Personen und beantworten Sie dann die darunter stehenden Fragen.

Abb. 13: Dialog zwischen Professor und Hilfskraft; Gesamtgrafik: eigene Darstellung; Foto: https://www.pexels.com/de-de/foto/manner-schule-student-ausbildung-8197543

Wie beurteilen Sie den Gesprächsverlauf? Welche Schwierigkeiten haben die beiden? Begründen Sie Ihre Einschätzung. Kennen Sie ähnliche Situationen aus Ihrem eigenen Umfeld? Notieren Sie ein besonders auffälliges oder immer wiederkehrendes Beispiel.

Die Art und Weise, wie Kommunikation funktioniert und welche Faktoren auf deren Verlauf wirken, ist vielfach in unterschiedlichen Modellen beschrieben worden.

9.4.1 Das Organon-Modell von Bühler

Der deutsche Psychologe und Sprachtheoretiker Karl Bühler (1879–1963) entwickelte eines der ältesten und bekanntesten Kommunikationsmodelle, das *Organon-Modell* (vgl. Heringer 2014: 15f.) (Abb. 14). Hier werden der Zeichenbegriff einer natürlichen Sprache verdeutlicht und die kommunikative Funktion von Sprache dargestellt. Das Modell basiert auf Platon, der Sprache als *Werkzeug* (griech. *Organon*) betrachtet. Hiermit werden Informationen von einer Person zu einer anderen übermittelt. Im Zentrum des Modells steht das Zeichen, das ein *Schallphänomen* besitzt. Die drei Seiten des Dreiecks symbolisieren die drei Zeichenfunktionen des Schallphänomens, nämlich:

- **Darstellung** → Das Zeichen ist ein Symbol, mit dessen Hilfe Gegenstände oder Sachverhalte *dargestellt*, also Informationen mitgeteilt werden.
- **Ausdruck** → Das Zeichen *drückt aus*, welche Beziehung zwischen Zeichen und Sender/in besteht. Der oder die Sender/in (= Sprecher/in) möchte auch ein Gefühl, eine persönliche Meinung o.Ä. mitteilen.
- **Appell** → Das Zeichen soll bei dem/der Empfänger/in auch etwas auslösen, es *appelliert* daran, etwas Bestimmtes zu denken, zu fühlen, zu tun usw.

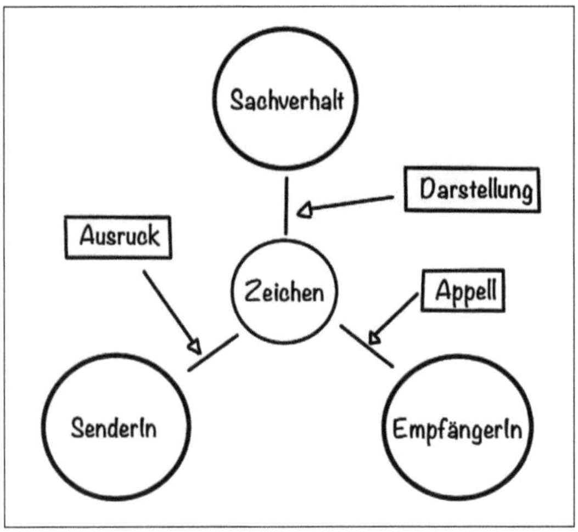

Abb. 14: Das Organon-Modell von Bühler

9.4.2 Das Sender-Empfänger-Modell von Shannon & Weaver

Ein weit verbreitetes, einfaches Kommunikationsmodell ist das *Sender-Empfänger-Modell* von Shannon & Weaver (Abb. 15). In den 1940er-Jahren sollten die beiden Techniker einer US-amerikanischen Telefonfirma Geräte entwickeln, die möglichst störungsfrei Signale von einem Telefon zum anderen übertragen. Sprachliche Inhalte waren nicht Gegenstand der Entwicklungen. Später wurde das Modell von Kommunikationsforscher/innen u.a. auf die menschliche Kommunikation übertragen.

Mindestens zwei Personen senden und empfangen (meist abwechselnd) eine Nachricht (*Sender/in* und *Empfänger/in*). Die sendende Person setzt ihre Gedanken und Gefühle mithilfe bestimmter *Zeichen* in sogenannte *Signale* um. Die *kodierte* Information (Signale) wird über einen *Kanal* an die empfangende Person übermittelt. Diese *dekodiert* ihrerseits die empfangenen Signale und reagiert mit einer neuen kodierten Botschaft.

Sender/in und Empfänger/in greifen dabei auf ihren jeweils eigenen *Zeichenvorrat* zurück. Damit das gelingt, müssen sich ihre Zeichenvorräte überschneiden, sie benötigen einen *gemeinsamen Zeichenvorrat*. Beispiele, in denen dies nicht der Fall ist, sind die in Kapitel 9.1 geschilderten Situationen (*Kopfschütteln, Freund/friend, Insider-Sprache*).

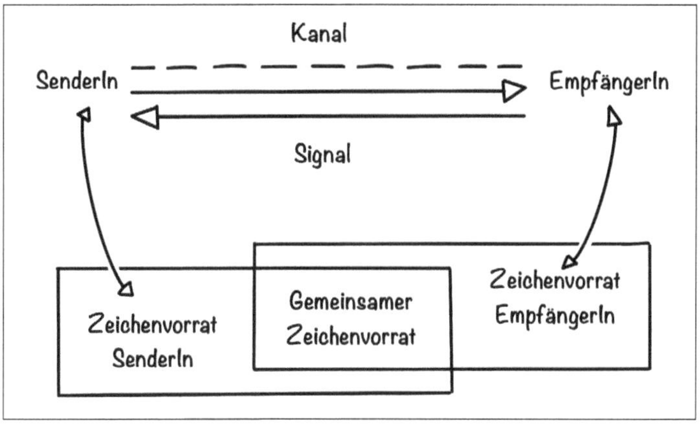

Abb. 15: Das Sender-Empfänger-Modell von Shannon & Weaver

9.4.3 Die fünf Axiome der Kommunikation nach Watzlawick, Beavin und Jackson

Paul Watzlawick (1921–2007, österreichisch-amerikanischer Kommunikationswissenschaftler, Psychotherapeut und Philosoph), Janet H. Beavin (eigentlich Beavin Bavelas; 1950–2022, kanadische Psychologin) und Don D. Jackson (eigentlich Donald deAvila Jackson; 1920–1968, US-amerikanischer Psychiater und Psychotherapeut) formulierten Ende der 1960er-Jahre fünf *Axiome der Kommunikation*. Sie nannten diese *provisorische Formulierungen, die aus sich selbst heraus verstehbar sind*. Diese Axiome (= Vorannahmen) zeigen, wie wichtig die Beziehung zwischen den Kommunizierenden für jede Kommunikation ist, außerdem, dass ein großer Teil von Kommunikation aus selbst konstruierten, „erdachten Wirklichkeiten“ besteht (vgl. Heringer 2014: 18–22).

1. „Man kann nicht nicht kommunizieren.“

Dieses Axiom verdeutlicht, dass jedwedes Verhalten Kommunikation ist. Selbst wenn wir uns weigern, mit jemandem zu sprechen, kommunizieren wir. Das kommt auch im Sprichwort „*Keine Antwort ist auch eine Antwort*“ zum Ausdruck.

2. „Jede Kommunikation hat einen Inhalts- und einen Beziehungsaspekt, derart, dass letzterer den ersteren bestimmt und daher eine Metakommunikation ist.“

Alles, was wir sagen, und die Art, wie wir es sagen, drücken immer auch etwas über die Qualität der Beziehung zum/zur Kommunikationspartner/in aus. Diese spielt in der Kommunikation eine zentrale Rolle und beeinflusst den Inhalt (s. auch *Eisbergmodell*, Kap. 9.4.4).

3. „Die Natur einer Beziehung ist durch die Interpunktion der Kommunikationsabläufe seitens der Partner bedingt."

Nach der Auffassung des Konstruktivismus schafft sich (= konstruiert) jeder Mensch seine eigene, subjektive Wirklichkeit, hält diese aber oft für objektiv. Watzlawick et al. sprechen von der *Interpunktion von Ereignisfolgen* (= subjektiv empfundene Startpunkte innerhalb eines Austausches von Mitteilungen), mit der wir unsere subjektive Wirklichkeit konstruieren. Diese regelt und beeinflusst unser Verhalten. Dabei legen wir in guter Absicht, aber völlig willkürlich besonderen Wert auf bestimmte Ereignisse und betrachten diese als Ursache für neue Ereignisse.

Beispiel: Die Lernenden arbeiten nicht so mit, wie die Lehrperson es erwartet. Sie denkt: „Sie sitzen nur unmotiviert herum und arbeiten nicht mit. Kein Wunder, dass sie nichts verstehen." Die Lernenden denken: „Das ist viel zu kompliziert, wir verstehen es nicht. So verlieren wir jede Motivation."

4. „Menschliche Kommunikation bedient sich digitaler (verbaler) und analoger (nonverbaler, nicht-sprachlicher) Modalitäten (Ausdrucksmittel). Digitale Kommunikationen haben eine komplexe und vielseitige logische Syntax, aber eine auf dem Gebiet der Beziehungen unzulängliche Semantik (Bedeutungslehre). Analoge Kommunikationen hingegen besitzen dieses semantische Potential (sic), ermangeln aber die für eindeutige Kommunikation erforderliche logische Syntax."

In diesem Axiom wird die unterschiedliche Bedeutung von verbalen und nonverbalen Kommunikationselementen deutlich. Letztere werden besonders hervorgehoben, denn sie tragen die Hauptinformation über die Beziehung zwischen den Kommunizierenden. Verbale und nonverbale Elemente sollten sich ergänzen und gegenseitig unterstützen, statt sich zu widersprechen, was sie aber oft tun (s. Kap. 9.3, *inkongruente Kommunikation*).

5. „Zwischenmenschliche Kommunikationsabläufe sind entweder symmetrisch (gleichwertig) oder komplementär (ergänzend), je nachdem ob die Beziehung zwischen den Partnern auf Gleichheit oder Unterschiedlichkeit beruht."

Diese Aussage wurde oft als zu pauschal und wenig differenziert bezeichnet und deshalb u.a. folgendermaßen ergänzt:

- Die soziale Beziehung sagt nicht automatisch etwas über die Position innerhalb einer Kommunikation aus.

Beispiel: In einem hochschuldidaktischen Arbeitskreis soll ein Lehr- und Prüfungsformat, das ursprünglich aus den Geisteswissenschaften stammt, auf MINT-Fächer übertragen werden. Der Referent ist Experte für das Prüfungsformat und die Mitglieder des Arbeitskreises benötigen seine methodisch-didaktische Expertise. Der Referent ist aber inhaltlich von den Teilnehmenden abhängig. Ohne deren Expertenwissen über die jeweiligen Fachkulturen kann das Lehr- und Prüfungsformat nicht an die Anforderungen der jeweiligen MINT-Fächer adaptiert werden.

- Wir alle haben viele verschiedene Rollen und Beziehungen, in denen wir auch die Positionen wechseln.

Beispiel: Eine iranische Teilnehmerin eines Englischkurses bietet allen Interessierten außerhalb der Unterrichtszeit einen kleinen Iranisch-Kochkurs an. Auch die Kursleiterin nimmt daran teil. Sie wechselt hier in die Rolle der Lernerin, während die Sprachkurs-Teilnehmerin nun zur Koch-Lehrerin wird.

9.4.4 Das Eisbergmodell nach Watzlawik

Das *Eisbergmodell der Kommunikation* lenkt den Blick darauf, dass Kommunikation immer eine Sach- und eine Beziehungsebene hat (vgl. Watzlawik et. al. 1967 sowie KB-01). Die Grundidee des Bewussten und Unterbewussten beim Menschen stammt von dem Psychologen Sigmund Freud (1856–1939), der „die menschliche Psyche mit einem Eisberg [verglich]. Die Spitze des Eisbergs, die man sehen kann, stellt das Bewusstsein dar. Das Unbewusste ist die Hauptmasse des Eisbergs, die unter dem Wasserspiegel verborgen bleibt“ (Gerrig & Zimbardo 2008: 517). Dieses Bild wurde von Watzlawick auf die Kommunikation übertragen. Genau genommen handelt es sich um eine Vertiefung des zweiten Axioms.

In der nur kleinen sichtbaren Eisbergspitze (ca. 20%) befindet sich die Sachebene. Sie umfasst die explizit ausgesprochenen Informationen (Zahlen, Daten, Fakten). Unter der Wasseroberfläche befindet sich die weitaus größere Beziehungsebene, zu der Gefühle, Haltungen, Erfahrungen, Ängste usw. gehören. Ist die Beziehungsebene zwischen den Kommunizierenden gestört, dann wirkt sich dies oftmals negativ auf die Sachebene aus. Diese entspricht der verbalen, die Beziehungsebene der non- und paraverbalen Kommunikation.

9.4.5 Das Kommunikationsquadrat von Schulz von Thun

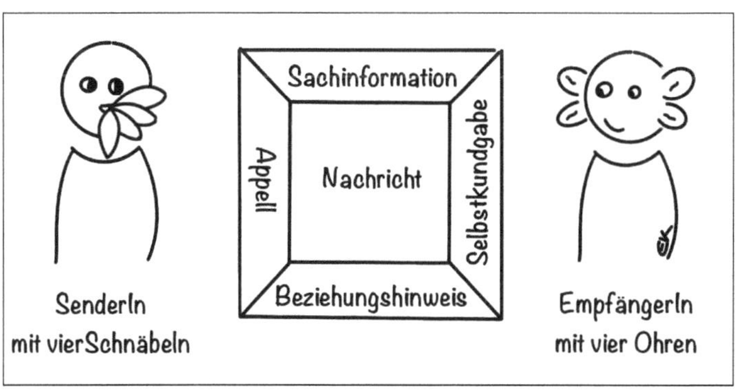

Abb. 16: Das Kommunikationsquadrat von Schulz von Thun; nach Fuchs 2022: 32

Der Kommunikationspsychologe Friedemann Schulz von Thun (*1944) geht davon aus, dass in jeder mündlichen Äußerung gleichzeitig vier Teilbotschaften stecken, die auch verschiedene Beziehungsaspekte ausdrücken. Nachrichten haben demnach immer vier

Seiten, werden mit *vier Schnäbeln* gesprochen und mit *vier Ohren* gehört. Dies wird als *Kommunikationsquadrat* (Abb. 16) dargestellt. Zentrale Aspekte dieses Modells sind: (1) die Gegenüberstellung von Sach- und Beziehungsebene, die bereits von Watzlawick et al. formuliert wurde (*Fünf Axiome der Kommunikation* und *Eisbergmodell*); (2) Appell- und Selbstkundgabe, die aus dem Organon-Modell von Bühler bekannt sind. Die vier Seiten des Kommunikationsquadrats werden nun anhand eines Beispiels erläutert:

Martin (M) und Thomas (T) sind Kommilitonen und in derselben Lerngruppe. Martin sagt: „Ich warte seit vier Tagen auf die Lösung zu Aufgabe 3 auf dem Übungsblatt."

- **Sachinformation** → Information über die Sache; Daten, Fakten und Sachverhalte
  Dein Anteil am Übungsblatt, Aufgabe 3, ist noch nicht da.
- **Selbstkundgabe** → expliziter oder impliziter Hinweis darauf, was in dem/der Sender/in vorgeht
  Wir geraten in Verzug. (Die Lösungen müssen übermorgen eingereicht werden.)
- **Beziehungshinweis** → Hinweis darauf, wie M zu T steht und was M aktuell über Ts Verhalten denkt
  Ich bin enttäuscht/sauer.
- **Appell** → das, was M bei T bewirken will; offene oder verdeckte Wünsche, Appelle, Ratschläge u.a.
  Bitte mach deinen Anteil, damit wir alle ein gutes Ergebnis bekommen.

Aus all dem bisher Gesagten folgt: Kommunikation findet praktisch immer statt, wenn mindestens zwei Menschen zusammentreffen. Botschaften werden pausenlos bewusst oder unbewusst, verbal, non- oder paraverbal kommuniziert.

Arbeitsanregung: Dialog analysieren, 2

Analysieren Sie noch einmal den Dialog zu Beginn von Kapitel 9.4 und/oder Ihr eigenes Beispiel. Versuchen Sie diesmal, die verschiedenen Kommunikationsmodelle anzuwenden. Suchen Sie auch nach neuen oder ergänzenden Erläuterungen zur Qualität des Gesprächsverlaufs. Notieren Sie Ihre wichtigsten Erkenntnisse und ziehen Sie Schlussfolgerungen für Ihr eigenes Kommunikations-Handeln.

Stimmen von Studierenden

Ich habe festgestellt, dass Zeichen auch in meinem Umfeld, je nach Alter, sozialem Umfeld, emotionaler Verfassung und Kultur sehr unterschiedlich gedeutet werden und individuell aufgenommen werden. Außerdem finde ich es sehr interessant, inwieweit Sprache und Zeichen durch Kleinigkeiten verändert und anders wahrgenommen werden können.

***

Ich mache mir immer wieder bewusst, dass Zeichen bei jeder Person etwas anderes hervorrufen und dadurch gleiche Dinge individuell verschieden verstanden werden können.

***

In einer Kommunikation über WhatsApp mit meiner Mutter habe ich mit einem lachenden Smiley mit Lachtränen geantwortet. Daraufhin rief meine Mutter mich an und fragte, ob alles in Ordnung sei und weshalb ich denn weine. [...] Sie hatte die Vorstellung, dass Tränen (Zeichen) immer etwas Negatives bedeuten.

***

Ich habe auch schon häufiger erlebt, dass einige Smileys bei WhatsApp von jedem anders wahrgenommen und interpretiert werden. Dadurch ist es bei mir auch schon oft zu Missverständnissen gekommen.

***

Ich hätte nicht gedacht, dass die non-, para- und extraverbalen Anteile an einer Kommunikation einen so großen Einfluss haben. Ich war zuerst sehr skeptisch, habe aber bereits bemerkt, dass mir diese bei anderen Leuten tatsächlich oft auffallen und dass sie mich in meiner Wahrnehmung beeinflussen.

10. Wertschätzende Kommunikation

Zur Einstimmung: In Abbildung 17 finden Sie einige Grundannahmen aus verschiedenen Ansätzen der Humanistischen Psychologie und Pädagogik (HPP) sowie aus benachbarten Konzepten. Lesen Sie die Aussagen und notieren Sie Ihre spontane Einschätzung in Stichpunkten. Stimmen Sie den Aussagen zu? Warum, warum nicht?

Jeder Mensch ist anders und von Grund auf gut.	Sprich per *Ich* und nicht per *Man*.	Das Handeln von Menschen orientiert sich an ihren Bedürfnissen.	Jeder Mensch trifft stets die für ihn bestmögliche Wahl.	Kommunikation ist die Reaktion, die du erhältst.
Empathie ist die Grundlage für gelingende Kommunikation.	Die Landkarte ist nicht das Gebiet.	Jedes Verhalten ist in irgendeinem Kontext nützlich.	Vorwürfe, Kritik, Urteile, Aggressivität sind tragischer Ausdruck unerfüllter Bedürfnisse.	Menschen tragen gern zum Wohl anderer bei, wenn sie frei wählen können.

Abb. 17: Grundannahmen der HPP und benachbarter Konzepte

Im vorangegangenen Kapitel haben Sie sich mit allgemeinen Aspekten von Kommunikation beschäftigt. Zentrale Fragen waren: Was sind Zeichen, welche Typen gibt es und welchen Einfluss haben sie auf zwischenmenschliche Kommunikation? Wie werden Informationen in Zeichen gefasst, übermittelt und verstanden? Welche Bedeutung hat die Beziehungsebene für Kommunikation und Verständigung?

In diesem Kapitel geht es um die Frage, wie Kommunikation wertschätzend gestaltet werden kann. Dies ist aus mehreren Gründen keineswegs nur, aber gerade im Kontext von Diversity-Kompetenz relevant, denn wertschätzende Kommunikation ...

- fördert ein positives soziales Klima, in dem Menschen sich respektiert und gehört fühlen
- leistet einen wichtigen Beitrag zu Konfliktprävention und Konfliktlösung und bewirkt so ein harmonischeres Miteinander
- stärkt Vertrauen und Beziehungen zwischen Menschen und fördert Kooperationen
- steigert unsere positive Selbstwahrnehmung und unser Selbstwertgefühl, was wiederum dazu führt, dass unser Wohlbefinden und unsere Zufriedenheit wachsen
- trägt zu einem inklusiven Umfeld bei, in dem sich Menschen unabhängig von ihren kulturellen, sozialen und sonstigen persönlichen Hintergründen respektiert fühlen

Wertschätzende Kommunikation setzt ein besonderes Menschenbild und eine positive Haltung voraus, die in Konzepten der *Humanistischen Psychologie und Pädagogik* (HPP) sowie in der *Gewaltfreien Kommunikation* (GfK) nach Rosenberg (s. Kap. 10.5) vertreten werden. Aus diesem Grund werden die zentralen Aspekte der HPP kurz skizziert.[48]

48 Die Gewaltfreie Kommunikation hat ohnehin einen eigenen Abschnitt in diesem Kapitel und wird an entsprechender Stelle ausführlich behandelt.

10.1 Exkurs: Die Humanistische Psychologie und Pädagogik

Wie bereits in Kapitel 8.1.3 kurz beschrieben legt die Humanistische Psychologie[49] den Fokus auf verschiedene Aspekte der wertschätzenden zwischenmenschlichen Interaktion. Insofern bildet sie auch den Rahmen für eine wertschätzende Kommunikation, die wiederum dazu beitragen kann, respektvoll mit Diversität in der Gesellschaft umzugehen (s.o.). Bugental, „der erste Präsident der Association for Humanistic Psychology" (Hutterer 1998: 19) formulierte 1964 die sogenannte

> ideelle Basisorientierung und Grundpostulate der Humanistischen Psychologie[. Sie werden] in einer Reihe von Merkmalen beschrieben, die sich teilweise auf ein Menschenbild und teilweise auf eine wissenschaftliche und methodische Orientierung beziehen (vgl. Bugental 1964, nach Hutterer 1998: 19).

Diese Postulate gelten in der Humanistischen Psychologie noch heute. Diejenigen, die sich auf das Menschenbild beziehen, sind (ebd.):

- Das menschliche Wesen ist mehr als die Summe seiner Teile. [...] die Einzigartigkeit des Menschen als Ganzheit und Organismus [hat] Vorrang.
- Menschliches Existieren vollzieht sich in zwischenmenschlichen Beziehungen.
- Der Mensch lebt bewusst. [...] bewusste[s] Erleben ist Grundlage und Voraussetzung dafür, menschliche Erfahrungen (eigene oder fremde) überhaupt verstehen zu können.
- Der Mensch ist in der Lage zu wählen und zu entscheiden. [...] Dadurch kann der Mensch sein aktuelles So-Sein, den aktuellen Zustand überschreiten und sich wandeln.
- Der Mensch lebt intentional (zielgerichtet und zielorientiert). [...] ausgerichtet auf Ziele und Werte [...].

Bugental betont „die Ganzheitlichkeit und die zwischenmenschliche Existenz des Menschen" (Bugental 1964, nach Hutterer 1998: 21), außerdem seine Freiheit zu wählen sowie autonom, bewusst und zielgerichtet zu leben. Zielgerichtetheit kombiniert mit Motiven und Werten sind zentrale Aspekte der menschlichen Identität (vgl. ebd.).

Aus den in der Arbeitsanregung zu Beginn des Kapitels zitierten Grundannahmen geht außerdem eine unvoreingenommene, wertschätzende und respektvolle Haltung hervor. Das wird in meinen Seminaren und Trainings meist recht kontrovers diskutiert. Tatsächlich stehen sie jedoch sowohl in der HPP als auch in der GfK gar nicht zur Diskussion, sondern werden als gegeben vorausgesetzt. Und genau das hat weitreichende Konsequenzen für zwischenmenschliche Kommunikationssituationen. Ich erläutere dies an einem Beispiel.

49 Die Humanistische Psychologie entwickelte sich zunächst als Variante innerhalb der psychologischen Richtungen. Die zentralen Inhalte wurden aber bald auch von den Erziehungswissenschaften übernommen und fanden Einklang in pädagogische Konzepte. Aus diesem Grund spricht man oft auch von der *Humanistischen Psychologie und Pädagogik*.

Beispiel: Stellen Sie sich eine Situation vor, in der Sie sich durch das Verhalten einer anderen Person (P) gestört oder gar verletzt fühlen. Vermutlich haben Sie berechtigten Grund, sich zu ärgern, wütend, traurig oder enttäuscht zu sein. Sie haben nun zwei grundverschiedene Möglichkeiten, auf Ps Verhalten zu reagieren:

1. Sie unterstellen P böse Absicht. Das führt mit sehr großer Wahrscheinlichkeit dazu, dass Sie mit negativen, destruktiven Gefühlen auf Konfrontation gehen. P reagiert darauf vermutlich abweisend, ebenfalls mit negativen Gefühlen und vorwurfsvoll. Verständlich, oder? Wie würden Sie an Ps Stelle reagieren? Mit einer vorwurfsvollen, schuldzuweisenden Reaktion schlagen Sie die Tür zu einer Verständigung zu, bevor der Versuch einer Lösungsfindung überhaupt begonnen hat.
2. Sie denken: „Ich finde Ps Verhalten sehr ärgerlich und bin total wütend. Aber auch P ist ein guter Mensch, hat eigene Bedürfnisse und will mir nichts Böses tun. Es gibt hier und jetzt einen Grund für sein/ihr Verhalten. Welcher könnte das sein?" Ihre Haltung, Ihre daraus resultierenden Gefühle und Ihr Verhalten, Ihre ganze Sicht auf das Problem verändern sich grundsätzlich. Mit dieser Einstellung öffnen Sie eine Tür und bieten P an, gemeinsam mit Ihnen hindurchzugehen und nach einer Lösung zu suchen (vgl. Karagiannakis 2022c: 100).

Für alle in den folgenden Abschnitten vorgestellten Strategien der wertschätzenden Kommunikation gilt: Je intensiver Sie die Haltung und das Menschenbild der HPP berücksichtigen, desto besser werden Sie die Strategien nachvollziehen, sodass sie ihre volle Wirkung entfalten können.

10.2 Killerphrasen

10.2.1 Begriffsklärung

Die Bezeichnung *Killerphrase* geht zurück auf den US-amerikanischen Management-Theoretiker Charles Clark (1920–2009), der sie Ende der 1950er-Jahre erstmals nutzte. In Deutschland ist sie seit den 1980er-Jahren verbreitet. Andere Bezeichnungen für Killerphrasen sind *Killer-*, *Totschlag-* oder *Knock-out-Argument.*

Killerphrasen …

- sind inhaltsleer und haben keinen echten Bezug zum vorher Gesagten
- greifen den/die Empfänger/in an, provozieren, stellen ihn/sie bloß oder machen ihn/sie lächerlich, gehen also auf Konfrontation
- „zielen auf die Gefühls-, nicht auf die Sachebene, um den anderen an einem wunden Punkt zu treffen, ihn zu verletzen und zum Schweigen zu bringen" (Müller 2018: 9)
- behindern die Kommunikation (auch in Gruppen, da sich auch andere Anwesende verärgert und/oder gehemmt fühlen) und können Konflikte verursachen
- „blockieren kreatives Denken und wirken demotivierend" (Kreyenberg 2004: 18), abwertend oder eben verletzend

Zu den Killerphrasen gehören Wörter und Ausdrücke wie *schon wieder, immer, ständig* usw. Meist handelt es sich um ganze Sätze wie in den folgenden Beispiele (vgl. Müller 2018: 15–17):

- *Das haben wir schon immer/noch nie so gemacht. – Das machen wir schon ewig so. – Das ist halt so.* (Beharrungsversuche)
- *Was hier gemacht wird und was nicht, bestimme immer noch ich. – Solange du die Füße unter meinen Tisch stellst, sage ich, wo's lang geht.* (Autoritätsfloskeln)
- *So wie du das angehst, klappt das sowieso nicht. Das habe ich ja letztes Mal schon gesagt. – Das weiß doch jeder.* (Besserwisser-Sprüche)
- *Wenn das so toll ist, wieso haben das nicht schon längst andere gemacht? – Das klappt bei uns sowieso nicht. – Da kommt doch eh nichts bei 'rum.* (Bedenkenträger-Einerlei)
- *Darüber muss ich erst mal in Ruhe nachdenken. – Lassen Sie uns das lieber beim nächsten Meeting besprechen.* (Vertagungstricks)
- *Das ist jetzt mal wieder typisch für dich! – Typisch Frau! – Jetzt schalte doch ausnahmsweise mal deinen Grips ein.* (Persönliche Angriffe)

Der erste Schritt zur wertschätzenden Kommunikation ist, Killerphrasen als solche wahrzunehmen und zu erkennen, und zwar nicht nur die von anderen Personen geäußerten, sondern vor allem auch die eigenen.

10.2.2 Auf Killerphrasen reagieren

Es gibt verschiedene Möglichkeiten auf Killerphrasen zu reagieren und zu antworten. Berücksichtigen Sie dabei die folgenden Grundsätze:

- Einen kühlen Kopf bewahren, ruhig bleiben, nicht aggressiv werden
- Nicht in eine Rechtfertigungs- oder Verteidigungsposition verfallen
- Den Einwand aufgreifen, statt ihn unbeantwortet zu lassen
- Gegenargumente ernst nehmen und selbst sachlich argumentieren

In Tabelle 11 finden Sie eine Reihe von konkreten Strategien zur Umsetzung dieser Grundsätze (vgl. Müller 2018: 20–33; KB-02; KB-03):

Tab. 11: Strategien zur Reaktion auf Killerphrasen

Strategie und Beispiel für Killerphrase	Beispiele zur Anwendung der Strategie
Rückfragen stellen *Das klappt bei uns sowieso nicht.*	*Warum zweifeln Sie? – Welche Gründe sprechen dagegen? – Was genau könnte nicht klappen und warum? – Was wäre deiner Meinung nach passender?*
Kompetenz beweisen, etwa indem man Zusammenhänge aufzeigt *Da kommt doch eh nichts bei 'rum.*	*Wenn wir diese Strategie anwenden, kommen am Ende zwei Tage Zeitersparnis und eine sehr genaue Planung heraus.*
Best Case präsentieren *Das machen wir schon ewig so. Warum sollten wir etwas ändern?*	*Die Abteilung X hat das zuerst auch so gesehen. Dann haben sie dort aber doch Y ausprobiert und konnten dadurch ihren Erfolg immens steigern. Sie haben schon zum dritten Mal in Folge die besten Bewertungen.*

Strategie und Beispiel für Killerphrase	Beispiele zur Anwendung der Strategie
Zunächst **„falsch" interpretieren**, den Einwand dann aber widerlegen *Das klappt bei uns sowieso nicht.*	*Da haben Sie Recht, so klappt das auch nicht. Ich habe mir deshalb bereits eine Alternative überlegt, nämlich ...*
Einwand durch Humor entschärfen *Jetzt schalte doch ausnahmsweise mal deinen Grips ein.*	*Das habe ich doch schon längst gemacht. Siehst du nicht, wie es hier oben die ganze Zeit qualmt?*
Killerphrase als solche entlarven *Typisch Frau!*	*Was hat die Sache mit dem Geschlecht zu tun? Ich denke, wir lassen jetzt mal die Killer-Argumente und widmen uns wieder sachlich dem Thema.*

Tipp: Benutzen Sie selbst (oft) Killerphrasen? Wenn ja, wann, warum und welche besonders häufig? Notieren Sie Ihre Antworten in Ihrem Portfolio.

Legen Sie nun einen Zeitraum fest (beim nächsten Projekttreffen, in den nächsten drei Tagen) und achten Sie darauf, ob und wenn ja, wann, warum und welche Killerphrasen Sie benutzen. Stimmen die Ergebnisse Ihrer Selbstbeobachtung mit Ihrer Einschätzung überein? Falls nicht, welche Schlussfolgerungen ziehen Sie daraus?

Die beste Strategie ist natürlich, Killerphrasen gar nicht erst zu benutzen, sondern sie generell zu vermeiden. Wie das gelingen kann, wird in den nächsten Abschnitten vorgestellt.

10.3 Ich-Botschaften

> Ich-Botschaften lassen dem anderen die Chance, sich kooperativ zu zeigen. Da er nicht beschimpft oder angegriffen wird, kann er offener sein für sein Gegenüber und dessen Problem. Sie drücken eine wertschätzende Haltung aus: Respekt und Achtung für den Gesprächspartner. (Leupold 1995: 70)

10.3.1 Begriffsklärung

Ich-Botschaften sind Äußerungen, mit denen wir unsere eigene Meinung, Wahrnehmung, die eigenen Gedanken und Gefühle benennen. Sie legen den Fokus darauf, dass zunächst einmal der Sprecher oder die Sprecherin ein Problem hat – und nicht der oder die Angesprochene. Sie helfen Konflikte zu vermeiden und zu deeskalieren, indem sie dem Gegenüber das Einlenken erleichtern und die Möglichkeit bieten, ebenfalls Ich-Botschaften zu formulieren.

Im Gegensatz hierzu beziehen Äußerungen mit *man*, *du/ihr* oder *wir* andere Personen ohne deren Zustimmung ein. Mit solchen Botschaften verstecken wir uns hinter Allgemeinplätzen und produzieren bei den Gesprächspartner/innen Blockaden und Ablehnung.

Nachfolgend finden Sie je ein Beispiel für eine Du-/Ihr- und eine Man-Botschaft. In Tabelle 12 sind mögliche passende Ich-Botschaften mit ihrer jeweiligen Funktion und potenziellen Wirkung aufgeführt.[50]

Du-/Ihr-Botschaft: Ihr überlastet mich mit euren ständigen Sonderaufgaben.
Man-Botschaft: *Das kann man doch so nicht machen!*

Tab. 12: Funktion und Wirkung von Ich-Botschaften

Funktion und Wirkung der Ich-Botschaft	→	Beispiele für Ich-Botschaft
Ich-Botschaften drücken aus, wie es dem Sprecher/der Sprecherin geht.	→	Ich bin so ausgepowert, dass ich mich nicht mehr auf unsere Arbeit konzentrieren kann. *Ich bin verwirrt über diese Vorgehensweise.*
Sie bieten die Möglichkeit, Bedürfnisse auszudrücken.	→	Ich brauche eine Pause, bitte. *Ich benötige hierzu mehr Erläuterungen. Könnten wir das bitte etwas genauer besprechen?*
Mit einer Ich-Botschaft kann man auch kommunizieren, welche Konsequenz ein bestimmtes Verhalten hätte.	→	Wenn ich jetzt einfach weitermache, mache ich nur Fehler und halte die ganze Gruppe auf. *Ich verstehe das nicht und weiß dann gar nicht, wie genau ich mich verhalten soll und warum.*

Vorsicht: Nicht jeder Satz, der mit *Ich* beginnt, ist auch eine Ich-Botschaft. Oftmals werden damit nur Du-Botschaften kaschiert. Beispiel: „Ich denke, du kannst nicht immer von uns erwarten, dass wir hier solange arbeiten, wie du das willst."

Arbeitsanregung: Ich-Botschaften formulieren

Im Folgenden finden Sie je drei Du- bzw. Man-Botschaften[51]. Formulieren Sie daraus echte Ich-Botschaften. Achten Sie darauf, dass die Sätze nicht mit *Ich* beginnen, aber eigentlich *Du* oder *Man* meinen.[52]

Du-Botschaften

1. Du sprichst so undeutlich.
2. Sie haben da einen schwerwiegenden Fehler gemacht.
3. Du bist nicht genügend bei der Sache.

50 Du-/Ihr-Botschaft und dazu gehörende Ich-Botschaften = Normalsatz; *Man-Botschaft und dazu gehörende Ich-Botschaften = Kursivsatz*

51 Beispiele aus: Drescher 2016: o.S.

52 Lösungsvorschläge finden Sie am Ende von Kapitel 10.

Man-Botschaften
4. Man hat doch neben der Kinderbetreuung kaum noch Zeit!
5. Wie kann man nur so spät noch laute Musik machen?!
6. Man muss Ihnen offensichtlich alles zweimal erklären!

Tipp: Ich-Botschaften zu formulieren, ist nicht ganz einfach und sollte deshalb geübt werden. Gewöhnen Sie sich am besten an, im Alltag darauf zu achten, und trainieren Sie es im vertrauten Kreis.

Hinweis: Das gilt auch für alle anderen Konzepte und Strategien der wertschätzenden Kommunikation.

10.3.2 Ich-Botschaften in Konfliktsituationen

In Konfliktsituationen sollten Ich-Botschaften einen Tatsachen- und einen Gefühlsanteil enthalten. Das ist anfangs ungewohnt, besonders in der deutschen Kultur, die oft Kontrolle über Gefühle verlangt. Genau diese machen uns aber ehrlich und glaubwürdig und helfen bei der Versöhnung. Man muss ja nicht gleich in Tränen ausbrechen oder wild toben, es geht auch moderater. Eine Ich-Botschaft im Konfliktlösungs-Gespräch sollte wie folgt aufgebaut sein (Tab. 13):

Tab. 13: Aufbau einer Ich-Botschaft in Konfliktsituationen

Beispiel für Du-Botschaft	Aufbau der Ich-Botschaft	Beispiele für Ich-Botschaft
Ständig kommst du zu spät!	Das Verhalten der anderen Person, das bei mir Irritation, Ärger o.Ä. auslöst, kurz und sachlich beschreiben	*Ich warte seit 15 Minuten, obwohl ich zur vereinbarten Zeit gekommen bin. (Das war gestern auch so.)*
Du nimmst mich überhaupt nicht ernst.	Die durch dieses Verhalten bei mir ausgelösten Gefühle benennen	*Ich bin sauer und traurig.* *Ich bin ratlos.*
Du willst dich anscheinend nicht mehr mit mir treffen.	Die Wirkung des Verhaltens auf mich darstellen	*Ich habe nicht mehr so viel Lust, mich mit dir zu treffen.*

Vorsicht: Eine Äußerung verbal als Ich-Botschaft zu formulieren, reicht nicht aus. Wenn die Botschaft auf der non- oder paraverbalen Ebene einen Vorwurf, Angriff, Ironie o.Ä. vermittelt, ist sie inkongruent und verfehlt ihre Wirkung (s. Kap. 9.3).

Arbeitsanregung: Die Wirkung von Ich-Botschaften erproben

Führen Sie den nachstehenden Anwendungsvorschlag am besten zu zweit durch. Denken Sie zunächst (beide) für sich allein an eine Situation, in der es zum Streit zwischen Ihnen und einer weiteren Person kam und in der Du- oder Man-Botschaften geäußert wurden. Schreiben Sie zwei bis drei dieser Du-/Man-Botschaften auf und formulieren Sie dann Ich-Botschaften wie oben beschrieben.

Arbeiten Sie danach zu zweit und führen Sie die folgenden Schritte durch:

1. Person A (Zuhörer/in, Empfänger/in) und B (Sprecher/in, Sender/in) setzen sich gegenüber und schauen sich an.
2. A hört zu, B äußert zuerst die ursprüngliche Du- oder Man-Botschaft und unterstreicht die Aussage durch non- und paraverbale Zeichen.
3. Halten Sie einen Moment inne.
4. Dann äußert B die neue Ich-Botschaft.
5. Wiederholen Sie dies mit ca. drei Beispielen, also Du-/Man-Botschaften, die erst im Original und dann als umgewandelte Ich-Botschaft geäußert werden.
6. Werten Sie die Übung anschließend in dieser Reihenfolge aus:
   - A berichtet zuerst, wie es war, die ursprüngliche Äußerung gesagt zu bekommen, und was sich bei der neuen Version verändert hat.
   - Danach beschreibt B, wie es ihr/ihm ergangen ist.

Wechseln Sie die Rollen und führen Sie die Schritte mit neuen Botschaften durch.

10.4 Aktives Zuhören

10.4.1 Die Grundidee

> Das sog. [sic!] ‚aktive Zuhören' ist ein Zuhören, bei dem man ganz beim Erzähler ist und als Zuhörer dennoch eine aktive Rolle einnimmt. Gewissermaßen schenkt man dem anderen seine ungeteilte Aufmerksamkeit, in der die andere Person authentisch sein darf, und versucht, sich empathisch in sie einzufühlen. (Plate 2012: 53)

Aktives Zuhören …

- meint eine affektive, gefühlsbetonte Reaktion der zuhörenden Person (Empfänger/in) auf die Botschaft des Sprechers/der Sprecherin (Sender/in)
- hat das Ziel zu verstehen, wie der/die Sprecher/in eine bestimmte Situation erlebt
- setzt ein echtes Interesse an dem/der Gesprächspartner/in voraus

Als Zuhörer/in müssen wir uns in die sprechende Person einfühlen und aus ihrer Perspektive heraus verstehen, was sie uns mitteilt (vgl. Rogers & Farson 1987: 4). Wir müssen sowohl den Inhalt als auch die Emotionen oder Einstellungen beachten, die der Nachricht zugrunde liegen. Dafür ist es wichtig, sowohl die verbalen als auch die nonverbalen Zeichen einer Nachricht zu berücksichtigen.

Nach dem Erfinder des aktiven Zuhörens Carl Rogers (1902–1987, US-amerikanischer Psychologe und Psychotherapeut) hat dieses die folgenden vier Grundpfeiler (vgl. Levine, nach Azarchi 2020: 205):

1. offene Fragen stellen
2. die Gefühle der anderen Person widerspiegeln (Verständnis hierfür zeigen)
3. das Gehörte klären (= sicherstellen, dass man es richtig verstanden hat)
4. das Gehörte zusammenfassen

10.4.2 Die praktische Umsetzung – Dos and Don'ts des aktiven Zuhörens

Die Grundpfeiler des aktiven Zuhörens können und sollten durch die folgenden Strategien (Dos) umgesetzt werden (Tab. 14):

Tab. 14: Strategien/Dos des aktiven Zuhörens

Strategie/Dos	Merkmale/Ziele/Wirkung	Beispiele
Paraphrasieren	Die Aussage des Senders/der Senderin mit eigenen Worten wiederholen	*Habe ich dich richtig verstanden? Du meinst …* *Du meinst also …?*
Zusammenfassen	Das Gehörte mit eigenen Worten kurz zusammenfassen und damit eine Art kurzes Fazit formulieren	*Du hast z.Zt. sehr viel zu tun und bist erschöpft, oder?*
Regelmäßig, auch nonverbal, Aufmerksamkeit und Wertschätzung signalisieren	Blickkontakt halten; Nicken; ab und zu zustimmende Laute äußern (Hm, ja usw.); entspannt, zugewandt und mit offener Körperhaltung sitzen oder stehen; sich so positionieren, dass man im wörtlichen Sinne auf Augenhöhe sitzt oder steht	
Dem Sprecher/der Sprecherin Zeit lassen	Schweigen aushalten und abwarten; nicht einfach losreden, wenn die sprechende Person still ist	
Verbalisieren	Die Gefühle des Sprechers/der Sprecherin verbal spiegeln, aber stets als „Angebot" und nicht als unwiderrufliche Tatsache äußern	*Es verletzt dich, dass X keine Rücksicht auf deine Situation nimmt, richtig?* *Ich habe den Eindruck, dass dich X verletzt. Stimmt das?*
Nachfragen	Details, Wünsche o.Ä. erfragen	*Wie hat X reagiert, als du ihm von deiner Situation berichtet hast?* *Was hättest du dir von X gewünscht?*
Unklarheiten beseitigen	Nach fehlenden (Teil-)Informationen fragen	*Meinst du die Gruppe, die den letzten Auftrag übernommen hat?*
Weiterführen	Das Gespräch am Laufen halten und Impulse setzen, um es fortzuführen	*Was würdest du nun gern hierzu unternehmen?*
Abwägen	Herausfinden, was dem Sprecher/der Sprecherin wichtig ist	*Willst du die Sache ansprechen und klären oder lieber nichts sagen und dich mit der Situation arrangieren?*

Für diese Schritte sind *Zwischenstopps* nötig. Wichtig ist, (a) diese Zwischenstopps unbedingt zu erbitten, besonders bei langen oder komplexen Erzählungen, aber gleichzeitig (b) die Erzählung nicht abrupt zu unterbrechen. Für alle Schritte gilt: Keine Killerphrasen verwenden!

Eine Reihe von Dingen sollte man unbedingt vermeiden, denn sie signalisieren: Ich höre dir nicht aufmerksam und empathisch zu, sondern denke an mich selbst (Tab. 15):

Tab. 15: Don'ts des aktiven Zuhörens

Don'ts	Beispiele oder Hinweise
Ungefragt Ratschläge erteilen oder vermeintlich passende Lösungen anbieten	*Versuch doch mal X.* *Ich an deiner Stelle würde Y tun.*
Eigene Gedanken, Erfahrungen, Gefühle usw. hinzufügen	*Das erinnert mich an X.* *Ja genau, so was hab' ich neulich auch erlebt.* *Ach ja, das kenne ich.*
Spekulieren, interpretieren und/oder psychologische Schlussfolgerungen ziehen	*Ja klar, da bist du natürlich wütend und hast überhaupt keine Lust mehr, mit ihm zu arbeiten.*
Den Sprecher/die Sprecherin und/oder das Gehörte abwerten	*Wieso machst du denn sowas? Das finde ich nicht gut/echt total blöd.*
Etwas sagen, ohne Bezug auf das Gehörte zu nehmen	passiert nicht, wenn man sich an die Dos hält und sie korrekt anwendet
Anderen Beschäftigungen nachgehen	auf die Uhr schauen, auf dem Handy herumspielen, WhatsApp-Nachrichten lesen, im Buch blättern, im Rucksack kramen usw.
Den Sprecher/die Sprecherin nicht anschauen, keinen Blickkontakt halten	wie Anderen Beschäftigungen nachgehen; außerdem: während des Zuhörens auf den Boden/aus dem Fenster, an dem/der Sprecher/in vorbei schauen o.Ä.
Den Sprecher/die Sprecherin unterbrechen und von sich selbst sprechen oder das Thema wechseln	passiert besonders schnell, wenn man ungefragt Ratschläge erteilt oder eigene Gedanken und Erfahrungen hinzufügt (s.o.)

Vorsicht: In meinen Seminaren und Workshops stößt der Punkt „ungefragt Ratschläge erteilen und […] Lösungen anbieten" oft auf Unverständnis und Widerstand. Warum man keinen Rat anbieten soll, das sei doch hilfreich, lautet die Kritik. Die Betonung liegt auf „ungefragt". Wenn Ihr/e Gesprächspartner/in Sie um Ihre Meinung bittet, können Sie diese selbstverständlich – vorsichtig und als Vorschlag oder Angebot – formulieren. Meistens passiert aber Folgendes: Der/die Sprecher/in (S) schweigt gerade und in diesem Moment der Stille ergreift der/die Zuhörer/in (Z) das Wort. Oder Z unterbricht schon vorher. Die Aufmerksamkeit wandert sofort weg von S und hin zu Z.

Unterbrechen Sie S nicht und halten Sie Stille aus. Wahrscheinlich ist S gerade in Gedanken und Gefühle vertieft und wird gleich weitersprechen. Und selbst wenn nicht, Ihre Aufgabe ist Zuhören. Lesen Sie hierzu auch die *Stimmen von Studierenden* zu diesem Kapitel.

Arbeitsanregung: Aktives Zuhören erproben

Suchen Sie zwei Kolleg/innen, Kommiliton/innen oder Bekannte, mit denen Sie das aktive Zuhören mit verteilten Rollen praktisch ausprobieren. Verteilen Sie hierzu die Rollen **S**precher/in, **Z**uhörer/in und **B**eobachter/in und gehen Sie folgendermaßen vor:

1. **S** erzählt ca. 5 Minuten lang etwas, das ihm/ihr passiert ist, das er/sie erlebt hat und das ihn/sie beschäftigt hat oder noch beschäftigt. **Hinweis:** Das muss keine konfliktbeladene Situation sein, es sollte aber ein Erlebnis sein, das S intensiv beschäftigt und emotional berührt hat.
2. **Z** hört aktiv zu und versucht dabei, die Techniken/Dos des aktiven Zuhörens so gut wie möglich umzusetzen.
3. **B** beobachtet die Situation – insbesondere **Z** – und achtet darauf, welche Aspekte des aktiven Zuhörens wie umgesetzt werden und welche nicht.
4. Werten Sie die Übung anschließend in dieser Reihenfolge aus:
   - Zunächst berichtet **Z**, wie es ihm/ihr ergangen ist und wie er/sie das eigene Verhalten einschätzt.
   - Danach berichtet **S**, wie es ihm/ihr ergangen ist.
   - Schließlich gibt **B** ein Feedback an **Z**.

Wechseln Sie danach die Rollen und üben Sie das aktive Zuhören an einem anderen Beispiel. Idealerweise führen Sie drei Runden durch und wechseln die Rollen so, dass alle einmal in allen Positionen agieren konnten.

10.5 Gewaltfreie Kommunikation

10.5.1 Die Grundidee

Die Gewaltfreie Kommunikation (kurz GfK) ist ein Konzept, das in den frühen 1960er-Jahren von dem Psychologen Marshall B. Rosenberg (1934–2015) in den USA entwickelt wurde. Es geht darum, respektvoll miteinander umzugehen.

Gewaltfreie Kommunikation ...

- schafft Rahmenbedingungen, unter denen Zufriedenheit, Vertrauen, Kooperation und gute Beziehungen entstehen können
- bedient sich einer Sprache, die verbindet; Gesprächspartner/innen bauen eine Verbindung zueinander auf, in der sie sich auf Augenhöhe begegnen
- geht davon aus, dass alle Gesprächspartner/innen in Ordnung sind, egal was sie tun
- bewertet andere Personen grundsätzlich nicht und verwendet stattdessen neutrale, beobachtende Sprache; eine solche Sprache ist wertschätzend und respektvoll

In der Äußerung „*Ich fühle mich provoziert*“, steckt die Bewertung „*Du hast etwas getan, das mich provoziert.*“ Weitere bewertende Ausdrücke sind: *allein gelassen, unter Druck gesetzt, verärgert*, aber auch *beglückt, behütet* usw. Sagt man hingegen: „*Ich bin sauer, einsam, angespannt, glücklich*“, dann ist dies eine Aussage über das eigene Befinden und nicht über die andere Person: „*Ich teile dir mit, wie ich mich fühle, du bist aber nicht schuld an meinem Gefühl.*“

> **Tipp:** Sagen Sie *„Ich bin …"* statt *„Ich fühle mich …"*. So besteht deutlich weniger die Gefahr, unbewusst eine Bewertung oder einen Vorwurf zu formulieren, andere Personen damit vor den Kopf zu stoßen und Abwehr hervorzurufen.

10.5.2 Giraffen- und Wolfssprache

Begriffsklärung

Die GfK spricht von der sogenannten *Giraffen-* und der *Wolfssprache*.

Die **Giraffe** hat einen langen Hals und behält damit den Überblick über die Situation. Sie hat ein großes Herz (das größte der Landtiere), das in der GfK für Liebe, Mitgefühl, Verständnis usw. steht. Giraffensprache verbindet und schafft Empathie. In der Natur sind verschiedene Raubkatzen zwar Feinde der Giraffen, an ein erwachsenes Tier trauen sie sich aber selten heran, denn Giraffen schlagen bei Gefahr mit den Hufen um sich. Die Jungen halten sich deshalb stets in der schützenden Nähe der Mutter auf. Giraffensprache wird mit friedvollem Zuhören und Verstehen verbunden.

Der **Wolf** hingegen ist ein Raubtier und hat viele Feinde. Fühlt er sich bedroht oder ist auf Beutejagd, greift er selbst an und kann mit seinen spitzen Zähnen heftig zubeißen. In der GfK steht die Wolfssprache deshalb für Angst und Beschuldigungen. Der Wolf spricht von denen, die etwas falsch gemacht haben. Das sind meistens die anderen, kann sich aber auch gegen sich selbst richten (s. auch Kap. 10.5.3, *Vier-Ohren-Modell der GfK*). Wolfssprache ist verletzend, bewertend und/oder schuldzuweisend. Das kann sich in folgenden Varianten äußern (Tab. 16):

Tab. 16: Varianten der Wolfssprache

Variante	Beispiele
Kritik (positiv oder negativ), Komplimente, Lob, Tadel, Belohnung	*Du hast X gut/schlecht gemacht* *Du bist gut/cool/schlecht/doof ...*
Bewertungen und Interpretationen	*Das ist gut/schlecht/…* *Das sagst/tust du, weil …*
Verallgemeinerungen und Generalisierungen	*Du bist immer/mal wieder/ständig … unkonzentriert*
Belehrende Analysen	*Wenn du besser aufgepasst hättest, dann …*
Ungebetene Ratschläge, Manipulation und Erzählungen von sich selbst	*Am besten machst du mal …* *Es wäre sicher richtig gut, wenn du …* *Bei mir funktioniert X.*
Unter Druck setzen	*Entweder …, oder…* *Wenn du noch einmal …* *Mach jetzt endlich …*
Oberflächlich und mit Floskeln bemitleiden oder trösten	*Du Armer.* *Keine Sorge, das geht wieder weg.* *Alles wird gut.*

Wann ist Sprache bewertend?

In der nächsten Tabelle (17) finden Sie vier Aussagen, die den Kategorien Beobachtung und Bewertung zugeordnet sind, außerdem die Begründungen für diese Zuordnung. Überrascht Sie etwas? Hätten Sie genau so entschieden?

Tab. 17: Beobachtende und bewertende Sprache

Aussage	Beobachtung	Bewertung	Begründung
Dein Zimmer sieht total chaotisch aus.		x	*Total* und *chaotisch* sind subjektiv. Was ich chaotisch finde, kann für andere in Ordnung sein.
Dein Zimmer ist ja wirklich super ordentlich!		x	*Wirklich, super* und *ordentlich* sind ebenfalls subjektiv (s.o.). *Ja* betont diese Bewertungen zusätzlich.
Auf dem Tisch stehen lauter Tassen und viele Gläser.		x	*Lauter* und *viele* sind subjektive Einschätzungen und relativ.
Auf der Fensterbank liegen Gegenstände und Zettel.	x		Eine objektive Tatsache, die jede/r sehen kann.

Arbeitsanregung 1: Giraffe oder Wolf?

A: Lesen Sie die Aussagen und entscheiden Sie, ob es sich dabei um Giraffen- oder Wolfssprache handelt. Markieren Sie in der Wolfssprache die bewertenden Ausdrücke.[53]

1. Du machst einfach nie deinen Anteil an den Teamaufgaben.
2. Es ist super, wie nett Matthias sich immer um unsere Gruppe kümmert.
3. Bei den letzten beiden Teamaufgaben hast du deinen Anteil nicht gemacht.
4. Mareike redet immer so fruchtbar leise.
5. Matthias bringt jedes Mal Kekse zu unseren Gruppentreffen mit.
6. Ich kann Mareike nicht hören. Das war gestern auch so.

B: Lesen Sie die Aussagen, markieren Sie die bewertenden Ausdrücke und formulieren Sie dann mindestens drei Sätze so um, dass Beobachtungen daraus werden.

7. Na klar! Tom kommt wie immer zu spät zur Teambesprechung.
8. Elias ist so nett zu allen. Er strahlt immer übers ganze Gesicht.
9. In unserer Pausen-Küche stapelt sich mal wieder das Geschirr. Ich flippe gleich aus.
10. Nie willst du die Geräte reinigen!
11. Unser neues Team ist echt produktiv!

53 Lösungsvorschläge finden Sie am Ende von Kapitel 10.

Arbeitsanregung 2: Ein konkretes Problem und gemeinsame Lösungsvorschläge, 1

Suchen Sie sich auch für diese Aktivität am besten einen Arbeitspartner/eine Arbeitspartnerin und gehen Sie dann die einzelnen Schritte der Reihe nach durch.

1. Erinnern Sie sich an ein schwieriges Gespräch aus der jüngsten Zeit, in dem es zu Ärger, Streit oder sonstigen Konflikten gekommen ist. Geben Sie das Gespräch so gut wie möglich wieder und formulieren Sie dabei möglichst genau die jeweiligen Äußerungen. Ermitteln Sie gemeinsam den Abschnitt und die Äußerungen des Gesprächs, in dem der Ärger entstanden ist.
2. Sprechen Sie diesen problematischen Teil des Dialogs mit verteilten Rollen und im Originalwortlaut nach, wechseln Sie die Rollen und sprechen Sie ihn unverändert noch einmal.
3. Analysieren Sie gemeinsam, was genau vermutlich den Ärger/Streit/Konflikt ausgelöst hat. Untersuchen Sie die verbalen Ausdrücke daraufhin, ob es sich um Giraffen- oder Wolfssprache gehandelt hat.
   - Wenn Sie zu dem Schluss kommen, dass es Giraffensprache war, wodurch könnte der Konflikt entstanden sein? Berücksichtigen Sie hierfür auch die non- und paraverbalen Anteile des Gesprächs.
   - Handelte es sich um Wolfssprache? Formulieren Sie die Aussagen in Giraffensprache um. Sprechen Sie sich die neuen Ausrücke gegenseitig vor und beurteilen Sie deren Wirkung im Vergleich zu den Originalen. Was verändert sich im Gesamteindruck an der Stimmung, an Ihrer Wahrnehmung, Ihrem Gefühl usw.?

     Tipp: Der Unterschied wird möglicherweise deutlicher, wenn Sie erst den „alten" und direkt im Anschluss den neuen Satz aussprechen.

Last, but not least: Welche Sprache benutzen Sie selbst (manchmal/oft/...)? Tauschen Sie sich aus.

10.5.3 Das Vier-Ohren-Modell der gewaltfreien Kommunikation

Auch in der GfK gibt es ein Vier-Ohren-Modell, das aber nichts mit dem Modell nach Schulz von Thun zu tun hat. Im Modell der GfK gibt es **zwei grundsätzliche Typen** von Ohren:

- **Wolfs- oder Schuldohren**, die Wut, Scham usw. hervorrufen
- **Giraffen- oder Verständnisohren**, die für Gefühle oder Bedürfnisse stehen

Diese können in **zwei Richtungen** weisen, es gibt also je **zwei Untertypen**:

- **Nach innen**, also auf sich selbst bezogen
- **Nach außen**, also auf die Andere/den Anderen bezogen

Diese vier Arten von Ohren beschreiben die Art und Weise, wie man eine Äußerung auffasst und darauf reagiert. Sie werden anhand des nachstehenden Beispiels erläutert.

Beispiel: *In einem Arbeitsteam schaut Christine (A) mehrfach aufs Handy und beantwortet WhatsApp-Nachrichten. Martin (B) sagt: „Du guckst die ganze Zeit nur in dein blödes Handy und bist überhaupt nicht bei der Sache. Ist dir unsere Arbeitsgruppe zu doof?"*

Die Aussage kann unterschiedlich aufgefasst werden und entsprechend verschiedene Reaktionen auslösen, nämlich (Tab. 18):

Tab. 18: Vier Ohren der Gewaltfreien Kommunikation

Ohren-Typ	Merkmale/Ziele/Wirkung	Mögliche Antwort
Wolfsohren außen	A ist überzeugt davon, dass sie selbst das Richtige tut und B im Unrecht ist	*Du schreibst doch selbst die ganze Zeit nebenher E-Mails. Das ist ja wohl kein bisschen besser.*
Wolfsohren innen	A stimmt der Aussage innerlich zu und bekommt ein schlechtes Gewissen	*Du hast Recht. Das ist wirklich ziemlich unverschämt von mir.*
Giraffenohren außen	Aus dem Vorwurf von B leitet A dessen Gefühle und Bedürfnisse ab und spiegelt diese	*Bist du enttäuscht, weil du gern möchtest, dass ich aufmerksam zuhöre und mehr mitmache?* *Bist du vielleicht sauer, dass es nicht schnell vorangeht? Hättest du gern mehr Unterstützung?*
Giraffenohren innen	A überprüft, wie die Äußerung auf das eigene Wohlbefinden wirkt und was er/sie in diesem Moment braucht	*Ich bin genervt und enttäuscht. Das war eine ganz wichtige Sache und ich will gern selbst entscheiden, wann ich die beantworte. Ich fände es schön, wenn wir uns gegenseitig vertrauen würden.*

Zusammenfassend lässt sich festhalten:

Wolfs-/Schuldohren führen zu Distanz zwischen den Gesprächspartner/innen, zu Ärger und Konflikten. Giraffen-/Verständnisohren hingegen fördern Verbindung, Verständnis und Vertrauen.

10.5.4 Das Vier-Schritte-System der Gewaltfreien Kommunikation

In der Gewaltfreien Kommunikation nach Rosenberg gibt es eine Art Fahrplan, ein Vier-Schritte-System, mit dem man wertschätzend kommunizieren und in angespannten Situationen Konflikte vermeiden oder deeskalieren kann. Die meisten Konzepte der respektvollen Kommunikation oder der Konfliktlösung orientieren sich heute daran. Diese vier Schritte sind in Tabelle 19 erläutert. Ausgangslage für die Beispiele ist folgende Situation:

Beispiel: *Mittwochnachmittag, 15.15 Uhr, am Eingang zu einem Park. Jeden Mittwoch treffen Sie sich hier mit einem Freund und gehen gemeinsam joggen. Die vereinbarte Uhrzeit ist 15.00 Uhr, der Freund kommt aber meistens fünf Minuten später, manchmal auch mehr. Sie stehen hingegen spätestens um 15.00 Uhr startklar am Treffpunkt. Heute waren Sie schon fünf Minuten vorher hier, Sie warten also seit 20 Minuten. Der Freund kommt, grüßt kurz und sagt: „Laufen wir los?"*

Tab. 19: Das Vier-Schritte-System der Gewaltfreien Kommunikation

Schritt	Merkmale/Ziele/ Wirkung	Gelungenes Beispiel → Verantwortung liegt bei dem/der Sprecher/in	Ungelungenes Beispiel → Verantwortung wird der anderen Person zugeschoben
1. Beobachtung (A)	Beschreiben Sie sachlich, freundlich, ruhig das, was objektiv geschehen ist. Bewerten Sie dabei nicht. Achten Sie auch auf Ihre non- und paraverbale Sprache.	• *Ich bin seit fünf vor drei hier und warte auf dich. Wir hatten uns für drei Uhr verabredet.*	• *Du bist (mal wieder) zu spät!*
2. Gefühl (B)	Nehmen Sie bewusst wahr, welches Gefühl diese Tatsache bei Ihnen auslöst. Teilen Sie der anderen Person dieses Gefühl mit.	• *Ich bin traurig, weil ich gehofft hatte, wir könnten nach dem Termin noch einen Kaffee zusammen trinken. Das schaffen wir nun nicht mehr.* • *Ich bin sauer, weil mir kalt ist.*	• *Ich fühle mich nicht ernst genommen.* • *Ich fühle mich missachtet.* • *Ich habe das Gefühl, du magst mich nicht.*
3. Bedürfnis (C)	Gefühlen liegt immer ein unerfülltes Bedürfnis zugrunde. Nun geht es darum, dieses Bedürfnis zu identifizieren und zu akzeptieren. Warum sind Sie traurig/sauer? Teilen Sie dieses Bedürfnis klar formuliert dem/der Gesprächspartner/in im dritten Schritt mit.	• *Verlässlichkeit ist mir wichtig.* • *Es ist mir wichtig, meine Zeit sinnvoll zu nutzen.* • *Ich bin heute so gestresst. Ich hätte mir gern mit dir zusammen ein Päuschen gegönnt.*	• *Ich möchte gern, dass ich mich auf dich verlassen kann.* • *Ich mag es nicht, wenn ich meine Zeit deinetwegen vergeude.* • *Ich brauche eine Pause, die ich mir jetzt aber nicht nehmen kann, weil du zu spät gekommen bist.*
4. Bitte (D)	Im vierten und letzten Schritt formulieren Sie schließlich eine Bitte (statt etwas zu fordern). Welches Verhalten wünschen Sie sich von der anderen Person, damit Ihr Bedürfnis erfüllt wird? Das gelingt am besten, wenn die Bitte drei Kriterien erfüllt: (1) positiv formuliert, (2) konkret, (3) messbar	• *Bitte komm nächstes Mal zur verabredeten Zeit. (positiv formuliert)* • *Gib mir bitte Bescheid, falls nächstes Mal etwas dazwischenkommt und du später als verabredet kommst. (konkret)* • *Bitte sei spätestens um fünf nach drei hier. (messbar)*	• *Bitte komm nicht wieder/immer zu spät. (negativ formuliert)* • *Bitte gib dir Mühe und komm nächstes Mal pünktlich. (nicht konkret)* • *Versprich mir, dass du nächstes Mal rechtzeitig hier bist. (nicht messbar)*

Dieser Vier-Schritte-Fahrplan lässt sich in folgender Formel zusammenfassen:

Wenn ich sehe, dass A passiert (Beobachtung), dann fühle ich B (Gefühl), weil ich C benötige (Bedürfnis). Deshalb möchte ich nun gerne D (Bitte).

Arbeitsanregung: Ein konkretes Problem und gemeinsame Lösungsvorschläge, 2

Nehmen Sie noch einmal das Gespräch aus der Arbeitsanregung in Kapitel 10.5.2. Arbeiten Sie weiterhin zu zweit und sprechen Sie es mit verteilten Rollen. Versuchen Sie nun gemeinsam, das Gespräch, an der Stelle zu „stoppen", an welcher der erste Ärger aufkommt. Analysieren Sie die Stelle anhand der ersten drei Schritte des Vier-Schritte-Systems, also:

1. Was beobachten Sie aus der Rolle des Empfängers/der Empfängerin?
2. Welches Gefühl löst das bei Ihnen als Empfänger/in aus?
3. Welches Bedürfnis steht hinter diesem Gefühl?

Leiten Sie dann aus den Antworten zu 1. bis 3. eine Bitte ab und formulieren Sie diese. Probieren Sie am besten gleich mehrere Varianten aus. Sprechen Sie sie mit wechselnden Rollen, sodass wieder beide Personen mal Sender/in und mal Empfänger/in sind. Beobachten Sie, was sich im Vergleich zum ursprünglichen Dialog an der Stimmung, an Ihrer Wahrnehmung, Ihrem Gefühl usw. verändert.

Hinweis: Es ist recht wahrscheinlich, dass sich Ihre verschiedenen, nach den genannten Kriterien formulierten Aussagen zunächst etwas holprig anhören – oder auch so anfühlen. Das ist völlig normal, lassen Sie sich davon nicht irritieren. Je öfter Sie die Strategie ausprobieren und anwenden, desto leichter werden Sie natürliche, authentische und geschmeidige Formulierungen finden.

10.6 Transaktionsanalyse – Ich bin okay, du bist okay

10.6.1 Die Grundidee

Die Transaktionsanalyse (TA) wurde von dem US-amerikanischen Psychotherapeuten Eric Berne (1910–1970) ab Mitte des 20. Jahrhunderts entwickelt und von verschiedenen Personen weiterentwickelt. Mit dem Begriff *Transaktion* bezeichnet er eine *Kommunikationseinheit*, die aus einer verbalen, non- und/oder paraverbalen Äußerung (= Stimulus) und einer dadurch hervorgerufenen ebensolchen Reaktion besteht. Diese Reaktion kann der Stimulus für eine neue Reaktion sein (vgl. Schlegel 2002: 323). Eine Unterhaltung besteht somit „aus ineinander verketteten Transaktionen" (ebd.).

Bernes Ziel war es, ein Verhältnis zwischen Patient/in (Klient/in) und Therapeut/in (Berater/in) zu etablieren, in dem sich beide auf Augenhöhe begegnen. Dieser völlig neue Ansatz stützt sich auf die Grundannahme, dass jeder Mensch in Ordnung ist, selbst denken, entscheiden, sich weiterentwickeln und Verantwortung übernehmen kann.

10.6.2 Ich-Zustände

Die TA geht davon aus, dass Menschen drei verschiedene Ich-Zustände in sich tragen: das Eltern-Ich, das Erwachsenen-Ich und das Kind-Ich. Berne definiert einen Ich-Zustand als „die ganze Art, wie jemand erlebt und sich zu einem gegebenen Zeitpunkt verhält" (Berne 1961, zitiert nach Schlegel 2002: 125) sowie „als eine Befindlichkeit, die entsprechende Verhaltensweisen motiviert" (ebd.). Zustände setzen sich aus *Denken*, *Fühlen* und *Verhalten* zusammen und zeigen sich besonders deutlich in der Art und Weise, wie wir verbal, non- und paraverbal kommunizieren.

Die Theorie der Ich-Zustände (auch *Strukturanalyse*) bildet das Kernmodell der TA (Abb. 18).

EL	**Eltern-Ich (EL)**, in den Varianten • **kritisch** → gewissenhaft, prinzipientreu, streng, anspruchsvoll, fordernd, moralisierend, dominant, korrigierend, bevormundend, abwertend, überkritisch, entmutigend … • **fürsorglich** → tröstend, ermunternd, lobend, wohlwollend, verständnisvoll, empathisch, zugewandt, nachsichtig, bemutternd, Ratschläge erteilend, (über)besorgt, erdrückend, einengend …
ER	**Erwachsenen-Ich (ER)** → sachlich, konstruktiv, gegenwartsbezogen, analysierend, überlegt, logisch, konzentriert, (selbst)reflektiert, wertschätzend, respektvoll …
K	**Kind-Ich (K)**, in den Varianten • **angepasst** → höflich, bescheiden, genügsam, unsicher, schüchtern, unterwürfig, fügsam, abhängig, sich schuldig fühlend, reaktiv … • **rebellisch** → mutig, trotzig, stur, rachsüchtig, aufmüpfig, störrisch, engstirnig, mürrisch, schmollend, aufbrausend … • **frei** → unbefangen, unternehmungslustig, natürlich, selbstbewusst, kreativ, zufrieden, lustig, gefühlvoll, erfinderisch, fantasievoll, spontan, impulsiv, ungeduldig …

Abb. 18: Die Ich-Zustände der Transaktionsanalyse nach Berne

In den meisten Kommunikationssituationen ist das Erwachsenen-Ich erstrebenswert. Äußerungen aus diesem Zustand sind klar, neutral, angemessen und beziehen sich auf die aktuelle Situation. Hierdurch übernehmen wir Verantwortung für unser Denken, Fühlen und Handeln.

Das Eltern-Ich ist gekennzeichnet von Normen, Urteilen und Bewertungen und geprägt von Einstellungen und Verhaltensweisen, die wir von Eltern und anderen Autoritätspersonen übernehmen. Sie sind nicht per se negativ. Konstruktive Kritik kann zur Lösung eines Problems oder zu einer erfolgreichen Arbeit führen. Das Eltern-Ich neigt aber zu überkritischen oder überfürsorglichen Aussagen, die übergriffig und bevormundend sind. Der anderen Person wird etwas vorgeworfen, sie wird zu etwas aufgefordert oder man streitet ihr die Kompetenz ab, selbst zu entscheiden und angemessen zu handeln.

Demgegenüber steht das Kind-Ich. Es basiert auf Kindheitserfahrungen und Verhaltensmustern, die sich daraus entwickelt haben. Auch neue Erfahrungen, die an frühere erinnern, können Auslöser für Verhalten des Kind-Ichs sein. Die drei Varianten des Kind-Ichs haben grundsätzlich ebenfalls eine positive Seite: beim angepassten Kind etwa ein sinnvolles Sozialverhalten, beim rebellischen Mut und Selbstvertrauen, beim freien Kind einfühlsames und beschwingtes Verhalten. Die negativen Ausprägungen dagegen sind ebenfalls übergriffig und destruktiv.

Im Idealfall können Menschen frei wählen, aus welchem Ich-Zustand sie handeln. Die Zustände können im Gesprächsverlauf wechseln. Die TA zielt darauf ab, dass die verschiedenen Ich-Zustände optimal kooperieren, ihre jeweiligen Bedürfnisse erfüllt werden, ohne sich gegenseitig zu behindern (vgl. Schlegel 2002: 329). Das Erwachsenen-Ich fungiert dabei als Mediator zwischen Eltern-Ich und Kind-Ich.

In der Realität sieht es allerdings oft anders aus: Wir wählen keineswegs jederzeit bewusst und frei den Ich-Zustand aus, sondern neigen – besonders in angespannten Situationen – dazu, aufgrund von eingeschliffenen, unbewussten Verhaltensmustern in destruktive Varianten des Eltern- oder Kind-Zustands zu verfallen.

10.6.3 Formen von Transaktionen und Kommunikationsregeln

Berne hat drei Varianten von Transaktionen beschrieben, die jeweils mit einer anderen Kommunikationsregel einhergehen (Tab. 20). Diese sind (vgl. Schlegel 2002: 174; Kreyenberg 2004: 41; https://transaktionsanalyse.online/transaktionen-kommunikation):

Tab. 20: Transaktionsformen und Kommunikationsregeln nach Berne

Parallele Transaktionen Die Transaktion ist stimmig (= gleicher Ich-Zustand) oder komplementär (= gegensätzliche Ich-Zustände). Es gibt keinerlei Probleme, die Kommunikation kann ungehindert fortlaufen.	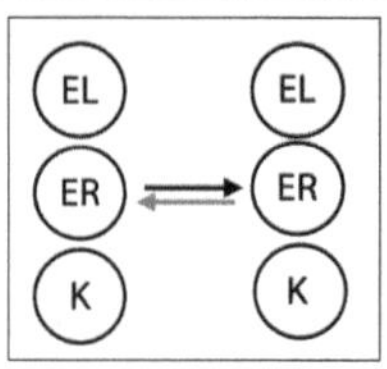 Wie spät ist es? *Viertel nach drei.*	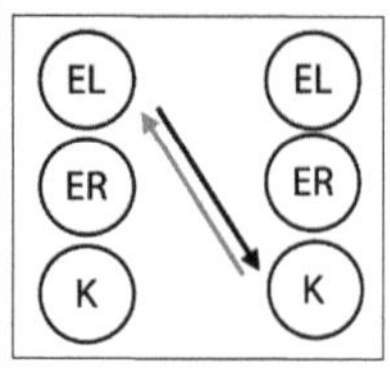 Du bist schon wieder zu spät! *Sorry. Kommt nicht wieder vor.*
Gekreuzte Transaktionen Die am Gespräch beteiligten Personen kommunizieren aus unterschiedlichen Ich-Zuständen heraus, die sich kreuzen. Die Transaktion ist unstimmig/disparat, die Kommunikation wird vorübergehend unterbrochen und gestört.	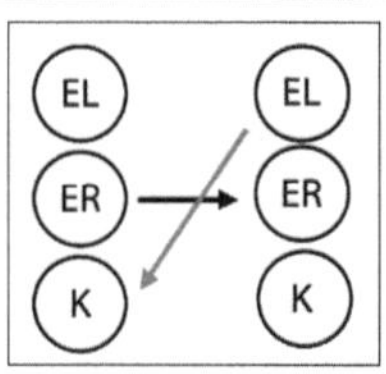 Ist das Protokoll fertig? *Nerv mich nicht ständig mit deinem Protokoll!*	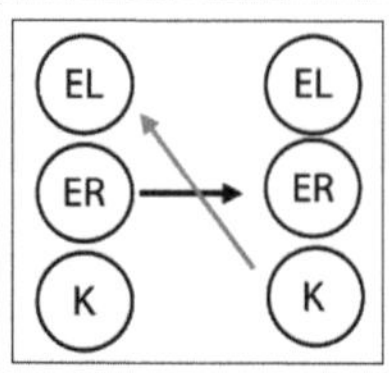 Ich würde morgen gern mit dir ins Kino gehen. *Immer soll ich machen, was du willst!*

Verdeckte oder doppelbödige Transaktion Der Stimulus beinhaltet eine zusätzliche, unterschwellige Botschaft. Die Reaktion wird von dieser verdeckten Ebene bestimmt.	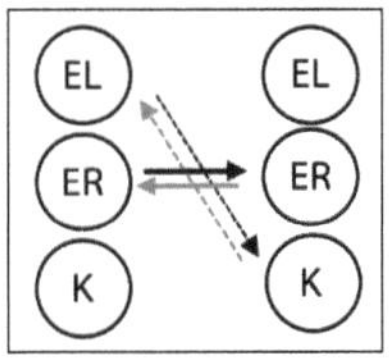 Was hast du mit dem Geschenkpapier gemacht? (Du verschwendest Ressourcen!) *Hab' ich weggeschmissen. (Du immer mit deinem Geschenkpapier-Aufheben!)*	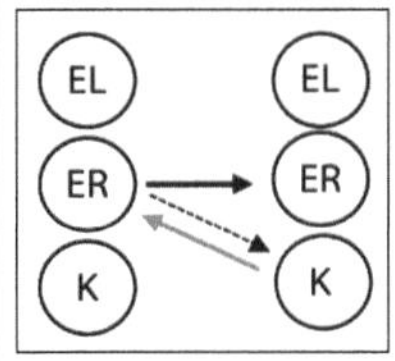 Es gibt noch eine Zusatzaufgabe, für die ihr Extrapunkte bekommt. Die ist aber ganz schön anspruchsvoll. (Die schaffst du sowieso nicht.) *Die mache ich auf jeden Fall!*

Arbeitsanregung: Reflexion und Selbstbeobachtung

Rekapitulieren und reflektieren Sie ausgewählte Interaktionen der letzten zwei bis drei Tage, in denen Sie in den Ich-Zuständen *Eltern, Erwachsener* und *Kind* gehandelt haben. Wie haben die anderen reagiert? Was haben Sie selbst gedacht und gefühlt? Was wäre anders verlaufen, wenn Sie aus einem anderen Ich-Zustand heraus kommuniziert hätten?

Denken Sie nun an Interaktionen, in denen andere aus verschiedenen Ich-Zuständen mit Ihnen kommuniziert haben. Bewerten Sie Ihre eigenen Reaktionen auf diese Situationen: Was war angenehm, was unangenehm?

Ziehen Sie daraus Schlussfolgerungen für Ihre eigene Kommunikation, legen Sie einen Zeitraum fest und probieren Sie sie aus.

Tipp: Schauen Sie noch einmal das gesamte Kapitel zur wertschätzenden Kommunikation sowie Ihre Notizen und Arbeitsergebnisse an. Fassen Sie die wichtigsten Aspekte aus den verschiedenen Ansätzen als graphische Darstellung zusammen, sodass Sie die Punkte schnell erfassen können. Deponieren Sie die Grafik an einer Stelle, auf die Ihr Blick im Alltag oft fällt.

Stimmen von Studierenden

In der Transferaufgabe habe ich das aktive Zuhören ausprobiert. Es war für mich eine Herausforderung, meine eigene Meinung für mich zu behalten und auch keine Ratschläge zu erteilen. Nach dem Gespräch hat mein Freund mir gesagt, es hätte ihm richtig gut getan, so tief und ruhig nachdenken und sprechen zu können, ohne dass ihn jemand unterbricht.

***

Mit meinem Opa gerate ich oft aneinander, was ich sehr schade finde, denn ich mag ihn eigentlich sehr. Deshalb habe ich das aktive Zuhören kombiniert mit Ich-Botschaften mehrfach ausprobiert. Nach und nach sind unsere Gespräche ruhiger geworden, das ist auch meinem Opa aufgefallen. Ich hätte nicht gedacht, dass ein so kleiner Wechsel in der Art miteinander zu reden eine so große Wirkung haben kann.

***

> Bei einer Freundin, mit der ich mich seit einiger Zeit öfter streite, habe ich mehrfach das Vier-Schritte-System angewandt. Sie hat sofort gemerkt, dass ich anders bin als sonst, und wollte, dass ich ihr die Strategie erkläre. Seitdem bemühen wir uns beide, wertschätzend und ohne Vorwürfe miteinander zu reden. Es ist sehr herausfordernd, sich an diese Dinge zu halten. Wir finden aber beide, dass es sich lohnt, das zu üben. Wir streiten uns nur noch selten, und wenn doch, findet eine von beiden meist einen Punkt, an dem sie „Stopp" sagt. Danach können wir i.d.R. über den Konflikt reden und ihn lösen.

Lösungsvorschläge

Für alle nachstehenden Lösungsvorschläge gilt: Es ist jeweils nur eine Option von vielen möglichen. Vergessen Sie nicht, dass nicht nur die Wortwahl, sondern immer auch die Tonlage und die Körpersprache darüber entscheiden, ob eine Aussage wertschätzend ist.

Zur Arbeitsanregung in Kapitel 10.3.1[54]

Du-Botschaften

1. Du sprichst so undeutlich. → Ich kann dich gerade akustisch nicht verstehen.
2. Sie haben da einen schwerwiegenden Fehler gemacht. → Wenn ich richtig liege, ist Ihnen hier ein Fehler unterlaufen.
3. Du bist nicht genügend bei der Sache. → Ich habe den Eindruck, dass du gerade abgelenkt bist, liege ich da richtig?

Man-Botschaften

4. Man hat doch neben der Kinderbetreuung kaum noch Zeit! → Ich habe neben meiner Kinderbetreuung kaum noch Zeit.
5. Wie kann man nur so spät noch laute Musik machen?! → Mich stört es sehr, wenn ich so spät noch Musik aus deinem Zimmer höre.
6. Man muss Ihnen offensichtlich alles zweimal erklären! → Ich habe den Eindruck, dass meine Erklärung nicht klar genug war.*

Zu Arbeitsanregung 1 in Kapitel 10.4.2

Teil A (Giraffe oder Wolf?, bewertende Ausdrücke markieren)

1. Du machst <u>einfach</u> <u>nie</u> deinen Anteil an den Teamaufgaben. → Wolf
2. Es ist <u>super,</u> wie <u>nett</u> Matthias sich <u>immer</u> um unsere Gruppe kümmert. → Wolf
3. Bei den letzten beiden Teamaufgaben hast du deinen Anteil nicht gemacht. → Giraffe
4. Mareike redet <u>immer</u> <u>so</u> <u>fruchtbar</u> <u>leise</u>. → Wolf
5. Matthias bringt jedes Mal Kekse zu unseren Gruppentreffen mit. → Giraffe (wenn das bisher immer der Fall war)
6. Ich kann Mareike nicht hören. Das war gestern auch so. → Giraffe

54 Drescher 2016: o. S.; die mit * markierte Lösung wurde von E. Karagiannakis geändert

Teil B (bewertende Ausdrücke markieren und Beobachtungen formulieren)

7. Na klar! Tom kommt wie immer zu spät zur Teambesprechung. → Mir ist aufgefallen, dass Tom bisher zu jeder Teambesprechung kam, nachdem sie bereits begonnen hatte.
8. Elias ist so nett zu allen. Er strahlt immer übers ganze Gesicht. → Elias lächelt/lacht alle Gruppenmitglieder an.
9. In unserer Pausen-Küche stapelt sich mal wieder das Geschirr. Ich flippe gleich aus. → In unserer Pausen-Küche standen in den letzten zwei Wochen siebenmal Geschirrstapel. Ich bin wütend.
10. Nie willst du die Geräte reinigen! → Die letzten dreimal, als du laut Plan an der Reihe warst, hast du die Geräte nicht gereinigt.
11. Unser neues Team ist echt produktiv! → In unserem Team kommen wir voran und erledigen bei jedem Treffen alle Aufgaben. Ich finde, wir sind ein produktives[H]/erfolgreiches[H] Team.

[H]**Hinweis:** Die Adjektive sind an sich bewertend. Die vorangestellte Beobachtung könnte jedoch als Definition betrachtet werden. Der/die Sprecher/in definiert die Adjektive (produktiv/erfolgreich = vorankommen/alle Aufgaben erledigen) und kommt nach der genannten Beobachtung zu dem Schluss („Ich finde"), dass die Kriterien erfüllt sind.

11. Inter- und transkulturelle Kommunikation und Kompetenz

Zur Einstimmung: Besuch auf der Insel Albatros,1[55]

Sie haben sich auf ein Projekt beworben und einen Platz bekommen. Ein Unternehmen der Insel Albatros entwickelt seit einiger Zeit ein innovatives Produkt für Menschen, die gern reisen, und lädt potenzielle Kund/innen zu einer Probeanwendung ein.

Schritt 1

Lesen Sie den nachfolgenden Text und versuchen Sie, sich so gut wie möglich in die Szene hineinzuversetzen. Machen Sie dazu Pausen und lassen Sie innere Bilder entstehen. Markieren Sie Ausdrücke, die positive oder negative Gefühle hervorrufen oder Fragen aufwerfen. Notieren Sie, was Ihnen sonst noch durch den Kopf geht.

Ankunft auf der Insel Albatros

Ich bin super neugierig und ganz gespannt. Heute soll es losgehen. Nette Leute hier. Wir sind erst vor ein paar Stunden angekommen und wurden in diesen schönen Raum geführt. In einem großen U sitzen wir auf unseren Stühlen und schauen auf den leeren Platz vorne. Wieso eigentlich nur einer? Ich dachte da kommen zwei Leute aus dem Unternehmen. Und warum steht eine Schale unterm Stuhl?

Da öffnet sich die Tür. Ah, es kommen doch zwei Personen. Ein Mann und eine Frau, offenbar beide Albatrossianer/innen. Sie gehen langsam und leise summend vor uns allen entlang. Er geht vorne, sie mit einem deutlichen Abstand hinter ihm. Sie läuft barfuß und mit gesenktem Blick. Hat jemand die Beine übereinandergeschlagen, bleiben sie stehen und lächeln die Person freundlich an. Vorsichtig nehmen sie das obenliegende Bein und stellen es fest auf den Boden. Er macht das bei den Männern, sie bei den Frauen.

Als sie an uns allen vorbeigezogen sind, gehen sie nach vorn. Sie läuft immer noch hinter ihm. Ohne sich umzuschauen, setzt er sich sofort auf den Stuhl. Sie kniet sich neben ihn auf den Boden, greift unter den Stuhl und nimmt die Schale in die Hand. Sofort nimmt der Mann sie ihr ab und greift hinein. Jetzt sehe ich's, da sind Erdnüsse drin. Der Mann nimmt eine Nuss nach der anderen, kaut und schmatzt und isst genüsslich vor sich hin. Die Frau kniet stumm auf dem Boden. Nach einer Weile gibt der Mann ihr die Schale. Sie isst ein paar Erdnüsse und stellt die Schale wieder unter seinen Stuhl.

Nun nickt sie ihm zu und schaut dann mit leicht nach vorne gebeugtem Kopf auf den Boden. Was macht er denn jetzt? Plötzlich legt er seine Hand in ihren Nacken und drückt sie so tief hinunter, dass ihre Stirn den Boden berührt. Dort hält er sie einen Moment, bis er seinen Arm langsam wieder nach oben führt. Seine Hand lässt er dabei in ihrem Nacken liegen. Das Ganze wiederholt sich dreimal, dann lässt er sie los. Sie nickt ihm wieder zu.

Er steht zuerst auf, danach sie. Die beiden verlassen nun summend den Raum. Er geht vorne, sie mit einem deutlichen Abstand hinter ihm. Sie läuft barfuß und mit gesenktem Blick.

---

55 Diese Aufgabe basiert auf einer Übung, die normalerweise in Präsenztrainings durchgeführt und dort szenisch vorgespielt wird (vgl. Ulrich et. al 2001: 125–127). Die vorliegende Form habe ich für meine Online-Trainings sowie für Publikationen entwickelt (vgl. z. B. Karagiannakis 2022b: 13f.). Ich variiere sie immer wieder leicht und passend zur jeweiligen Zielgruppe.

Schritt 2

Lesen Sie noch einmal die markierten Stellen und rekapitulieren Sie die Gedanken und Gefühle, die sie bei Ihnen ausgelöst haben. Notieren Sie diese nun in kurzen Stichwörtern in Ihrem Portfolio.

Schritt 3

Was glauben Sie, welche Werte, Haltungen und Verhaltensregeln sind typisch für die Kultur auf Albatros? Wie ist das Verhältnis zwischen Männern und Frauen? Schreiben Sie Ihre Schlussfolgerungen ebenfalls in Ihr Portfolio.

Der Begriff *Kultur* wird meistens auf Ethnien, Nationen oder Länderkulturen bezogen, umfasst aber sehr viel mehr. Ob Arbeits- oder Projektgruppe, Kollegium oder Freundeskreis – jede Gruppe von Menschen, die gemeinsame Überzeugungen und Wertvorstellungen teilen, hat ihre eigene Kultur. Sie wird durch Faktoren wie Alter, Geschlecht, sexuelle Orientierung, soziale oder ethnische Herkunft, Familienstand, gemeinsame Interessen, Gewohnheiten und Erfahrungen u.v.m. beeinflusst. Kultur betrifft also alle Themenfelder, die in diesem Band berücksichtigt werden. Aus mehreren Gründen lege ich den Fokus hier dennoch auf Kultur im Sinne von *ethnischer Kultur*.

Die Diversity-Dimension *Ethnische Herkunft* ist sowohl im Berufsleben als auch im privaten Alltag allgegenwärtig. Es gibt kaum einen Lebensbereich, der nicht durch ethnisch-kulturelle Vielfalt geprägt ist. Im vorliegenden Kapitel geht es darum zu analysieren und zu verstehen, was Kulturen ausmacht und welche Rolle sie in der Kommunikation spielen. Warum kommt es so häufig zu Irritationen und Missverständnissen in kulturellen Überschneidungssituationen, also Situationen, in denen zwei oder mehr Menschen mit kulturell bedingten, unterschiedlichen Sichtweisen aufeinandertreffen (vgl. Thomas 2003: 46). Ziel ist es, den Ursachen und Hintergründen solcher Missverständnisse ein Stück näher zu kommen. Hierzu werden Sie sich Wissen über kulturelle Systeme aneignen und ein Gespür dafür entwickeln, wo Stolpersteine lauern.

11.1 Kulturbegriff, Definitionen, Modelle

11.1.1 Begriffe und Definitionen

Der Begriff Kultur *im Allgemeinen*

Das deutsche Wort *Kultur* wurde von dem lateinischen Substantiv *cultūra* (von. lat. *colere = bebauen, (be)wohnen, pflegen, (religiös) verehren*) abgeleitet. Damit waren zunächst landwirtschaftliche Tätigkeiten mit Bedeutungen wie *Pflege, Bestellung des Ackers, Anbau* u.Ä. gemeint. Jedoch wurde das Bedeutungsfeld bereits im alten Rom auch auf Kontexte wie *geistige Pflege, Ausbildung intellektueller Fähigkeiten* oder *allgemeine und religiöse Verehrung* ausgeweitet (vgl. DWDS). Im Laufe der Jahrzehnte hat sich die Auffassung von *Kultur* mehrfach geändert. Nach Bolten ist das Verständnis von Kultur stets „abhängig von dem historischen und sozialen Kontext" (Bolten 2013: 4), in dem Kultur wahrgenommen und beschrieben wird. Es gebe deshalb auch „keine ‚richtigen' oder ‚falschen', sondern nur mehr oder minder angemessene Kulturbegriffe" (ebd.). Innerhalb der kaum überschaubaren Vielzahl von unterschiedlichen Definitionen entwickelten sich zunächst zwei zentrale Vorstellungen zum Kulturbegriff:

Der ältere **traditionelle Kulturbegriff** umfasst ausschließlich Bereiche der *Hochkultur* (Kunst, Musik, Literatur, Theater, Architektur, Tanz usw.). Wer sich hier auskennt, in der Lage ist, Hochkultur zu rezipieren und zu verstehen oder gar zu produzieren sowie relevante Zahlen, Daten und Fakten darüber kennt, gilt als kulturell gebildet. Bolten beschreibt dieses Verständnis etwas überspitzt als einen „engen, auf ewige Werte des Schönen, Wahren und Guten bezogenen Kulturbegriff" (ebd.).

Der **erweiterte Kulturbegriff** setzte sich spätestens im Laufe der 1970er-Jahre durch. Von Anthropolog/innen und Sozialwissenschaftler/innen befördert, wurde der Ansatz auch in der Politik international diskutiert (z.B. im Europarat). Im Rahmen einer Debatte zur auswärtigen Kulturpolitik 1971 sagte der damalige Außenminister und spätere Bundespräsident der BRD Walter Scheel:

> Wir fassen den Kulturbegriff weiter, als es bisher üblich war. Wir müssen den gültigen ästhetisch-akademischen Rahmen sprengen und die Kulturarbeit auf alle Gebiete internationaler und gesellschaftlicher Zusammenarbeit erstrecken. Kultur ist kein Privileg mehr für wenige, sondern ein Angebot für alle; wir dürfen nicht in Ehrfurcht vor Bach, Dürer und Beethoven sitzen bleiben; wir müssen Interesse aufbringen für brennende Fragen der Gegenwart, darunter Erwachsenenbildung, Bildungshilfe, Schulreformen, Umweltprobleme. (Glaser & Röbke 1993: 12)

Der Ansatz beinhaltet das gesamte Denken und Handeln von Menschen eines Sprach- und Kulturraums, also auch die *Alltagskultur*. Dieses Verständnis umfasst deshalb menschliche Denk- und Handlungsmuster zu allen erdenklichen Themen, Kontexten und Situationen, mit denen wir in verschiedenen Lebensbereichen konfrontiert werden.

Schon von Beginn an gab es **ein geschlossenes und ein offenes**, eher dynamisches **Verständnis** vom erweiterten Kulturbegriff. In der Praxis war jedoch lange Zeit das geschlossene populärer. Das Repertoire dessen, was die beiden Kulturbegriffe *traditionell* und *erweitert* jeweils umfassen, ist deshalb zwar sehr verschieden, in beiden Definitionen werden die jeweiligen Eigenarten aber als feste Struktur-Bestandteile der jeweiligen Kultur verstanden. Dieser Strukturorientierung steht erst seit ca. 30 Jahren eine prozessorientierte Auffassung von Kultur gegenüber, die kulturelle Veränderungen aufgrund von Globalisierungsprozessen zu berücksichtigen versucht. Das betrifft

> den aktuellen Wandel [...], in dessen Rahmen in Deutschland vor allem seit den 1990er Jahren Akzentverschiebungen von einem primär geschlossenen, kohärenzorientierten zu einem eher offenen, netzwerkorientierten Kulturverständnis zu beobachten sind. [...] [Dabei] handelt es sich um einen Wechsel der Perspektive, bei dem die Vielfalt der einzelnen Akteure eines Handlungsfelds und ihre Beziehungen stärker in den Fokus rücken als die Frage nach der Identität eines abstrakten Allgemeinen. (Bolten 2013: 4)

Der Begriff Kultur *interkulturell betrachtet*

Auch die interkulturelle Kommunikation als Wissenschaft und Forschungsgegenstand beschreibt Kultur sehr unterschiedlich. „Schon 1952 haben Kroeber und Kluckhohn 175 verschiedene Definitionen von ‚Kultur' (bzw. vom englischen Wort ‚culture') genannt, und die Zahl hat sich seitdem noch erheblich erhöht“ (Nünning 2009: o.S.). Die Definitionen und Aussagen A–G verdeutlichen dies.

A: “[…] culture is transmitted, it constitutes a heritage or a social tradition; […] it is learned, it is not a manifestation, in particular content, of man’s genetic constitution; and […] it is shared. Culture […] is on the one hand the product of, on the other hand a determinant of, systems of human social interaction.” (Parsons 1991 [1951]: 9)

B: „Culture […] is a mold in which we are all cast, and it controls our daily lives in many unsuspected ways. […] [It is] that part of human behaviour which we take for granted – the part we don’t think about, since we assume it is universal or regard it as idiosyncratic.” (Edward T. Hall 1990 [1959]: 29)

C: „Culture hides more than it reveals, and strangely enough it hides, it hides most effectively from its own participants.” (ebd.)

D: “[…] culture is the way in which a group of people solves problems and reconciles dilemmas.“ (Fons Trompenaars & Charles Hampden-Turner 2002 [1993]: 6)

E: Kultur „ist die kollektive Programmierung des Geistes, die die Mitglieder einer Gruppe oder Kategorie von Menschen einer anderen unterscheidet.“ (Hofstede & Hofstede 2011: 4)

F: „Kultur bildet ein unsichtbares Orientierungssystem für unser Handeln, das zum großen Teil aus quasi automatisierten Routinen besteht.“ (Roth 2011: 11)

G: „Kultur manifestiert sich in Geschichte, Politik, Wirtschaft, Kunst, Architektur, Lebensform, Werten, Religion, Brauchtum, Sprache eines Landes.“ (Berninghausen & Hecht-El Minshawi 2015: 26)

Arbeitsanregung: Lesen Sie die Aussagen A–G noch einmal und vergleichen Sie sie miteinander. Achten Sie auf die folgenden Aspekte:
- Welche Gemeinsamkeiten und Unterschiede gibt es?
- Worauf wird jeweils der Fokus gelegt?
- Liegt ihnen der traditionelle oder der erweiterte Kulturbegriff zugrunde?
- Basieren sie auf einem struktur- oder einem prozessorientierten Verständnis von Kultur?
- Welche zusätzlichen Auffassungen kommen eventuell vor?
- Stimmen Sie mit den Aussagen überein? Begründen Sie Ihre Meinung.

Vieles von dem, was Kultur ausmacht, ist für Externe, also Mitglieder anderer Kulturen, sichtbar (z.B. Architektur, Kleidung, Essen, Parks, Straßen usw.), anderes nur den Angehörigen einer kulturellen Gruppe bekannt (z.B. Traditionen, Werte und Normen). Zu den unsichtbaren Teilen einer Kultur gehört aber auch die Bedeutung vieler sichtbarer Dinge. Einige Beispiele finden Sie in Tabelle 21.

Tab. 21: Sichtbare und unsichtbare Teile von Kultur

Gegenstand/ Sache	Sichtbar	Unsichtbar
Architektur	Form, Größe, Farbe …	Gebetshaus, Schule, Supermarkt …
Kleidung	Schnitt, Farbe, Material, Muster …	Hochzeitskleid, „Bollenhut" für (un)verheiratete Frauen in einer bestimmten Region im Schwarzwald, Schuluniform …
Essen	einzelne Lebensmittel, bestimmte Kombinationen …	traditionelles Neujahrsgebäck, Geburtstagskuchen, Shabbat-Gericht …

Die Bezeichnungen multi-, inter- *und* transkulturell

In der öffentlichen Diskussion sind Bezeichnungen wie *multikulturelle Gesellschaft*, *interkulturelle Kommunikation*, *transkulturelle Kompetenz* und weitere verwandte Begriffe weit verbreitet. Was bedeuten sie genau und wodurch unterscheiden sie sich?

- **Multikulturalität** bedeutet, dass verschiedene kulturelle Gruppen in einer Gesellschaft nebeneinander leben, ohne dass sich ihre Kulturen vermischen. Homogene Gruppen tolerieren sich, beeinflussen sich eventuell, lassen sich aber auch deutlich voneinander abgrenzen. Eine multikulturelle Gesellschaft ist wie ein Mosaik, in dem die kunterbunten Steine nebeneinander existieren. Kritiker sagen, diese Vorstellung sei naiv, romantisch und unrealistisch (vgl. Roth 2011: 7).
- **Interkulturalität** meint, dass verschiedene Kulturen miteinander interagieren und sich bewusst austauschen, um einander besser zu verstehen. Durch Dialog und Interaktion werden gemeinsam Lösungen gefunden. Daraus kann eine neue „dritte Kultur" (Thomas 2003: 44) entstehen, in der alle Beteiligten ihr Denken und Verhalten verändern. Kritiker bemängeln, dass die Kulturen weiterhin als geschlossene Blasen[56] betrachtet werden. Sowohl dem multi- als auch dem interkulturellen Verständnis liegt eine Strukturorientierung zugrunde.
- **Transkulturelle** Kompetenz ist die Fähigkeit, das Spezifische jeder Kultur zu erkennen und als gleichwertig anzuerkennen. Sie umfasst Empathie, Dialog und Integration. Kulturen werden nicht als isolierte Blasen betrachtet, sondern als Teil eines großen (globalisierten) Netzwerks gesehen. Menschen verschiedener Kulturen interagieren respektvoll miteinander und übernehmen dabei bewusst Eigenarten fremder Kulturen. Dieser prozessorientierte Ansatz erfordert Offenheit gegenüber Neuem und Veränderungen. Obwohl er sich kontinuierlich verbreitet, gibt es doch sehr viele Menschen, die lieber an Gewohntem festhalten.

Inter- und transkulturelle Kommunikation und Kompetenz setzen die bewusste Auseinandersetzung mit kulturellen Fragestellungen, das aktive Aneignen von fundiertem Wissen und viel Erfahrung voraus.

---

56 Die Vorstellung von Kulturen als geschlossene Systeme wurde Ende des 18. Jahrhunderts vor allem durch den deutschen Dichter und Philosophen Johann Gottfried Herder (1744–1803) geprägt. Er betrachtete Kulturen als eigenständige, abgrenzbare Systeme, die nebeneinander existieren wie schwebende Kugeln und sich voneinander abstoßen (vgl. Welsch 2017: 10).

11.1.2 Kulturmodelle und Metaphern

Das bekannteste und älteste Kulturmodell ist das **Eisberg-Modell** (Abb. 19) von Edward T. Hall (1914–2009; US-amerikanischer Anthropologe und Ethnologe; Begründer der interkulturellen Kommunikation als Wissenschaft). Ob er tatsächlich jemals dieses Bild verwendet hat, ist nicht sicher. Er war aber der Erste, der Mitte der 1960er-Jahre von den *verborgenen Dimensionen der Kultur* gesprochen hat. Der zentrale Punkt seiner Aussagen ist die Unterscheidung zwischen sichtbaren und unsichtbaren Bestandteilen von Kultur. Wie beim Eisberg sind die sichtbaren Teile nur die kleine Spitze des sehr großen Gesamtrepertoires. Hierzu gehören Materielles, konkrete Erzeugnisse und beobachtbare Verhaltensweisen. Die unsichtbaren Anteile werden in zwei Gruppen unterteilt: Ganz tief verborgen befinden sich diejenigen Aspekte, die empirisch nicht wahrnehmbar sind (Werte, Normen, Grundannahmen, Gesetze, Traditionen, Religion, Erziehung u.v.m.). Im mittleren Streifen des Eisbergs liegen wahrnehmbare Handlungen, deren tiefere Bedeutungen jedoch unsichtbar sind (Rituale, Verhalten bei bestimmten Anlässen und Festivitäten wie Begrüßung, Hochzeit, Geburtstag usw.) (s.o., Tab. 21).

Auch das **Zwiebel-Modell** von Geert Hofstede (1928–2020; niederländischer Kulturwissenschaftler und Sozialpsychologe) ist alt und sehr bekannt. Kultur besteht aus mehreren (hier: vier) Schichten (Abb. 20). Von innen nach außen betrachtet sind dies: (1) Werte – wie die untere Schicht des Eisbergs; (2) Rituale – automatisierte Handlungsabläufe; vergleichbar mit der mittleren Schicht des Eisbergs; (3) Helden – reale oder fiktive Vorbilder; die Großmutter, Freundin, eine prominente Person, Roman-/Comic-Figur o.a. (bei Hall nicht vorhanden); (4) Symbole – vergleichbar mit der Eisbergspitze. Nach Hofstede sind aus allen vier Schichten immer nur die daraus resultierenden Praktiken und das Materielle sichtbar.

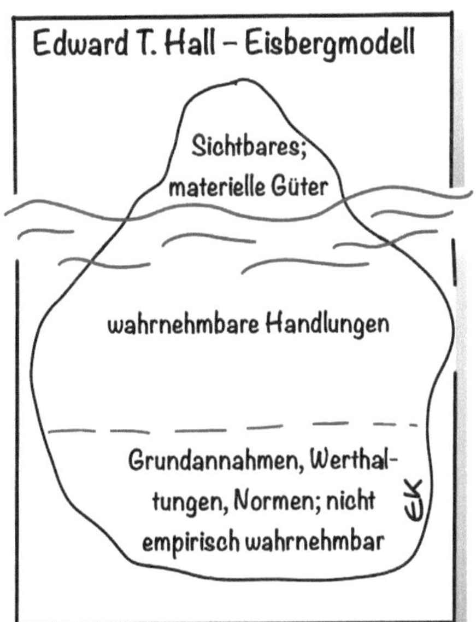

Abb. 19: Das Eisberg-Modell nach E.T. Hall

Abb. 20: Das Zwiebel-Modell nach G. Hofstede

Tipp: Suchen Sie Gegenstände oder Verhaltensweisen, die typisch sind für Ihre eigene Kultur oder für eine Subkultur, der Sie angehören. Analysieren Sie, was daran sichtbar ist und was nicht.

Zwei Metaphern (ebenfalls von Hall) offenbaren weitere wichtige Aspekte von Kultur: Die Metapher der *kulturellen Brille* legt den Fokus auf die Tatsache, dass wir Dinge um uns herum gefiltert wahrnehmen, nämlich so wie wir es aus unserer Kultur (er-)kennen und erwarten. Die *Gefängnis-Metapher* betont, dass wir von unserer jeweiligen Kultur sehr stark geprägt werden und darin geradezu gefangen sind: „Culture is in fact a prison unless you know that there is a key to open it" (Hall 1959/1990: 182).

Diese Modelle und Metaphern basieren auf der Tatsache, dass Menschen stets in eine Kultur hineingeboren werden und vom ersten Augenblick Teil derselben sind. Sie wird ihnen von Anfang an vorgelebt, alles wird unbewusst aufgenommen, gelernt und verinnerlicht. Jedes Denken und Handeln wird dadurch gesteuert, meist unbewusst. Man spricht hier von der *Enkulturation* und geht davon aus, dass sie im Alter von etwa sechs Jahren weitestgehend abgeschlossen ist. Diesen Kultur-Lernprozess vergleiche ich persönlich gern mit dem Erlernen der Erstsprache (= Muttersprache). Auch diese umgibt uns vom ersten Tag an, wir lernen sie über mehrere Jahre, ohne uns bewusst damit auseinanderzusetzen. Und ebenfalls im Alter von ca. sechs Jahren haben wir ihre Regeln im Großen und Ganzen verinnerlicht, wenden sie automatisch an, können sie aber oft nicht erklären.

Über den Ablauf von Enkulturation sind sich Expert/innen weitgehend einig. An den genannten Modellen und Metaphern wird dennoch kritisiert, dass sie zu statisch sind und Kultur als etwas Starres, Unveränderliches darstellen (vgl. *Strukturorientierung*). Menschen sind diesem starren Gebilde demnach ausgeliefert, ohne bewusst und aktiv auf andere Einflüsse eingehen zu können. Kulturen sind aber dynamisch, sie verändern sich selbst und bewirken dadurch Veränderungen bei den Menschen (vgl. *Prozessorientierung*). Neuere Modelle versuchen genau diese Beweglichkeit darzustellen (Abb. 21).

- Kultur als **Rucksack** nach Juliana Roth (Kulturwissenschaftlerin in Deutschland) → Menschen haben einen Rucksack, der während der Enkulturation von anderen Personen befüllt wird. Kommen sie mit neuen Kulturen in Kontakt und setzen sie sich aktiv und kritisch mit der eigenen und den fremden Kulturen auseinander, können sie sich bewusst entscheiden, zusätzliche, neue Elemente in den Rucksack aufzunehmen und sie bei Bedarf zu benutzen (vgl. Roth 2011: 20).
- Kultur als **Einkaufswagen** nach Joane P. Nagel (*1944; US-amerikanische Soziologin) → Menschen erhalten einen zunächst leeren Einkaufswagen, den sie selbst aktiv mit Elementen ethnischer Kultur(en) befüllen: Kunst, Musik, Kleidung, Normen, Religionen, Traditionen, Mythen, Symbole u.v.m. Dabei können sie aus den Regalen der Vergangenheit und der Gegenwart auswählen (vgl. Nagel 1994: 162).
- Kultur als Fluxus (lat. *Fluss*) in einer **Flusslandschaft** nach Ulf Hannerz (*1942; schwedischer Sozialanthropologe) → Kulturen sind wie Flüsse in einem globalen, weltweiten Flusssystem („global cultural flow chart", Hannerz 1992: 221), in dem es auch sich kreuzende Ströme sowie Gegenströme gibt („crisscrossing flows, and [...] counterflows", Hannerz 1997: 6). Ein gravierender Unterschied zwischen Flüssen im geologischen und solchen im kulturellen Sinne, ist:

> One fundamental fact about flows must be that they have directions. In the case of cultural flows, it is true, what is gained in one place need not be lost at the source. But there is a reorganization of culture in space (Hannerz 1997: 5).

Dieses Bild der Kultur-Flusslandschaften präzisiert Fuchs wie folgt: Die Flüsse werden von sichtbaren ebenso wie unsichtbaren Quellen, Gletschern oder Wolken gespeist, haben oft eine ruhige Wasseroberfläche, unter der jedoch Strömungen aus unterschiedlichen Richtungen aktiv sind. Sie fließen zusammen, verzweigen sich neu, sind ständig in Bewegung, treten auch mal über die Ufer und bahnen sich neue Wege. Dabei fließen sie durch immer wieder andere Landschaften und Umgebungen, die sie verändern und prägen (vgl. Fuchs 2022: 26).

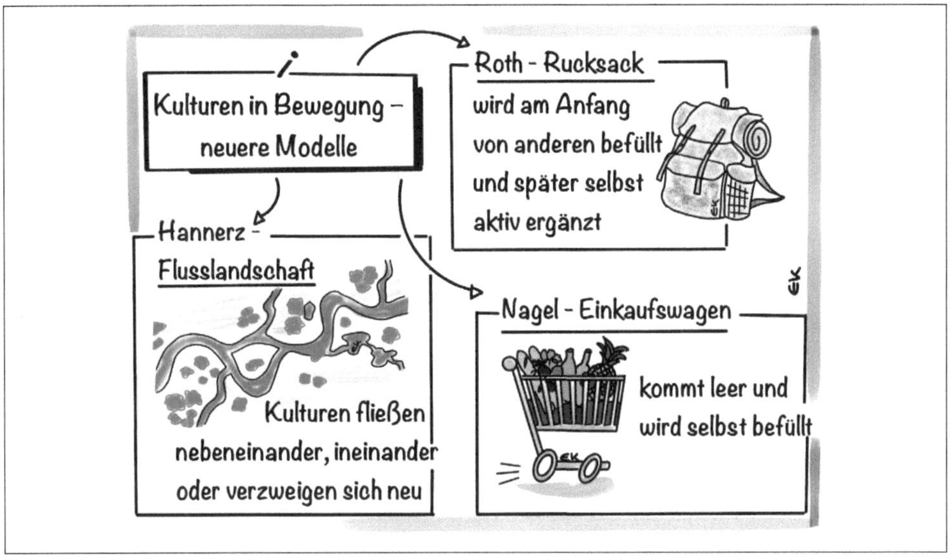

Abb. 21: Kulturen in Bewegung; alternative Modell nach Hannerz, Nagel und Roth

11.2 Eigenschaften kultureller Systeme

So unterschiedlich konkrete kulturelle Gepflogenheiten auch sind, das System Kultur an sich hat einige grundlegende Eigenschaften, die sich überall finden.

Erlernt – Weitergegeben – Instinktersatz

Maletzke bezeichnet den Menschen als Mängelwesen, dem im Vergleich zu Tieren Instinkte fehlen, also angeborene Mechanismen, die durch bestimmte Reize ein passendes Verhalten auslösen (vgl. Maletzke 1996: 20). Kulturelle Regeln werden weitergegeben und gelernt und fungieren als eine Art Ersatz für die fehlenden Instinkte. Wie sehr das zutrifft, sieht man, wenn jemand diese Regeln durchbricht: In Deutschland begrüßt man sich in offiziellen Situationen per Handschlag und hält dabei Blickkontakt. Obwohl bekannt ist, dass in manchen anderen Kulturen das eine oder andere (oder beides) tabu ist, kommt es trotzdem zu Irritationen, wenn sich zwei Personen mit so gegensätzlichen

Gepflogenheiten zum ersten Mal begegnen. Vergleichbar ist die Begrüßung zu Beginn und gegen Ende der Covid-19-Pandemie: Darf man sich noch/inzwischen wieder die Hand geben? Ist es nicht unkultiviert, sich ohne Händeschütteln zu begrüßen? Obwohl alle Beteiligten dieselben alten und neuen Verhaltensregeln kannten, entstanden Unsicherheit und Verwirrung.

Arbeitsanregung 1: Versuchen Sie ein paar Tage lang im Alltag gewohnte Verhaltensregeln zu durchbrechen. Schauen Sie an Ihren Gesprächspartner/innen konsequent vorbei, schauen Sie in der Straßenbahn fremden Leuten lange und direkt in die Augen o.Ä. Oder drängeln Sie sich doch einmal in der Warteschlange vor. Beobachten Sie dabei die Reaktionen der anderen und auch Ihre eigenen Gefühle.

Arbeitsanregung 2:

Schritt 1

Wählen Sie ein traditionelles Fest, das es in vielen Kulturen gibt. Bestimmen Sie dann zunächst die Regeln aus Ihrer eigenen Kultur und notieren Sie diese.

Beispiel Hochzeit: *Wie viele werden eingeladen? Wer? Was gibt es zu essen? Bringt man ein Geschenk mit? Wenn ja, was (nicht)? Gibt es vorgeschriebene/übliche Programmpunkte? Geht man in die Kirche? Kommen die Brautleute zusammen oder getrennt an? usw.*

Wählen Sie dann jeweils mehrere Menschen aus zwei anderen Kulturen, von denen Sie annehmen, dass sie sich stark von Ihrer eigenen Kultur unterscheiden. Fragen Sie, wie das Fest in ihren Kulturen verläuft. Vergleichen Sie die Gepflogenheiten. Was ist gleich/ähnlich, was ist anders? Stellen Sie vorsichtige Vermutungen darüber an, was möglicherweise kulturell bedingt sein könnte.

Schritt 2

Analysieren Sie auf die gleiche Weise ausgewählte Gepflogenheiten, die für Ihr Studium oder Ihren Beruf relevant sind. Wählen Sie hierzu konkrete Situationstypen (z.B. Teambesprechung).

Geteilt – Gruppenphänomen – Identität

„Alle Mitglieder einer Kultur sehen die Welt in ähnlicher Weise und alle wissen im Großen und Ganzen, was von jedem Einzelnen in der Gesellschaft erwartet wird“ (Bose 2014: 54). Voraussetzung für Kultur ist also immer eine Gruppe von Menschen, die denselben kulturellen Regeln folgen, dieselben Werte vertreten, Ansichten teilen usw. Wegen dieser Gemeinsamkeiten ist Kultur auch identitätsstiftend, man identifiziert sich über die Zugehörigkeit zu einer oder mehreren Gruppe(n). Das heißt natürlich nicht, dass alle Mitglieder einer kulturellen Gruppe in einer bestimmten Situation immer genau gleich reagieren. Jede/r Einzelne handelt stets individuell. Dennoch lässt sich beobachten, dass Individuen i.d.R. aus einem Repertoire an potenziellen, kulturell geprägten Regeln auswählen. In diesem Kontext fällt auf, dass „Mitglieder individualistischer Kulturen [also auch Deutschland] regelmäßig die Bedeutung der persönlichen Handlungsentscheidungen überschätzen und sich – oft sogar gegen besseres Wissen – dagegen wehren, als Teile eines ‚Kulturstroms' identifiziert zu werden" (Roth 2011: 15). In kollektivistisch geprägten Kulturen ist letzteres meist kein Problem (vgl. ebd.).

Beständigkeit – Dyamik – Veränderung

Die Gründe für kulturelle Veränderungen können innerhalb oder außerhalb der eigenen Gesellschaft liegen. Innere Gründe sind z.B. Entdeckungen und Erfindungen, die neue Verhaltensweisen oder Einstellungen hervorbringen (Buchdruck, Transportmittel, digitale Medien und andere technische Errungenschaften u.v.m.). Auch klimatische o.ä. Entwicklungen erfordern und führen zu Anpassung kulturell geprägter Lebensformen. Sehr viel häufiger entstehen kulturelle Veränderungen aber durch äußere Einflüsse aus anderen Kulturen, die sogenannte *kulturelle Diffusion* in Gang setzen. Durch soziale Prozesse werden materielle oder geistige Elemente einer Kultur A von einer anderen Kultur B aufgenommen und in das eigene Kulturrepertoire integriert. Frühe Beispiele hierfür sind Produkte, die durch Eroberungen aus Südamerika (Kartoffeln, Tomaten, Kakao, Kaffee) oder China (Porzellan, Seide, Keramik) nach Europa kamen. Beispiele der Neuzeit sind:

- **Essgewohnheiten** → Burger, Pasta oder Pizza werden heute weltweit geradezu selbstverständlich angeboten und konsumiert, selbst wenn die traditionelle Ernährungsweise vollkommen anders ist. Auch Döner und Sushi ziehen seit Jahren nach und verbreiten sich in vielen Teilen der Welt.
- **Werte, Ideale, Rituale** → Manche westliche Ideale (z.B. Schönheitsideale) verbreiten sich auf dem Globus. Ebenso sind viele fernöstliche Werte und Rituale (z.B. Einheit von Körper und Geist, Meditation, Yoga) längst in westlichen Kulturen etabliert. Auch die Verbreitung von Naturheilmethoden in medizinisch hochtechnisierten Ländern gehört in diese Gruppe.
- **Feste und Feiern** → Halloween (31. Oktober) geht auf einen 2.000 Jahre alten keltischen Brauch zurück, der im 7. Jhd. mit christlichen Festen und Ritualen vermischt wurde. Ausgewanderte aus Irland und Schottland brachten ihn nach Nordamerika, wo Halloween seit den 1920er-Jahren eines der wichtigsten Volksfeste ist. Von dort kam der Brauch (zurück) nach Europa und verbreitete sich hier seit den 1990er-Jahren. In Deutschland wurden parallel dazu mancherorts Teile der ehemaligen Bräuche rund um St. Martin (10. bzw. 11. November) zurückgedrängt – allen voran das Herumgehen mit Laternen von Haus zu Haus und Singen an der Haustür, wofür man Süßigkeiten, Nüsse oder Obst bekommt.
- **Musik, Tanz u.a.** → Hip Hop entwickelte sich Anfang der 1970er-Jahre in den Vierteln mit mehrheitlich afroamerikanischer Bevölkerung in New York. Andere Musik-, Tanz- und Kunstrichtungen waren eng damit verknüpft oder entstanden daraus (Rap, Breakdance, Graffiti). Von dort kamen sie ab den 1980er-Jahren nach Europa und gehören heute selbstverständlich zur Kulturlandschaft dazu.
- **Sprache** → Grußformen wie *Hi, Hey* o.a. sind heute aus vielen Ländern nicht wegzudenken. Andere Anglizismen etablieren sich nicht nur im alltäglichen Sprachgebrauch, sie werden häufig auch einfach in der Originalform verwendet. Das geschieht auch in geschriebener Sprache und selbst, wenn diese nicht mit dem lateinischen Alphabet geschrieben wird (z.B. in der Werbung oder Telekommunikation, s. Abb. 22).

A: Verpackung eines Fertiggerichts B: Auszug aus einem Online-Katalog C: Auszüge aus zwei Chats

Abb. 22: Kulturelle Diffusion in der geschriebenen Sprache; Beispiele A und C → eigene Fotos; Beispiel B → Onlineshop von Leroy Merlin Greece

Ausgewählte Beispiele für junge kulturelle Veränderungen in Deutschland sind:

- **Gruß- und Anredeverhalten** → Küsschen und/oder Umarmung zur Begrüßung oder das Duzen von Kolleg/innen, Nachbar/innen, Älteren oder Vorgesetzen wurden erst durch die einsetzende Migration der Neuzeit aus anderen Kulturen übernommen. Das Anredeverhalten außerhalb der Familie und des Freundeskreises hat sich erst im Laufe der vergangenen 20 bis 30 Jahre stark verändert und sehr gelockert.
- **Struktur und/oder Verhalten in Geschäften** → Die Existenz von sogenannten 1-*Euro-Shops* in Deutschland (seit Anfang der 2000er-Jahre) geht zurück auf die *One-Dollar-Stores* in den USA (ca. 15 Jahre früher). Auch das Prinzip, nur eine Warteschlange für alle Serviceschalter einzurichten (wer vorne steht, kommt als Nächste/r an die Reihe), statt vor jedem Schalter separat anzustehen, kommt aus den USA. Was heute vor allem in Behörden und Ämtern, an Flughäfen oder Bahnhöfen usw. normal ist, wurde erst um 2010 (vermutlich zuerst von der Deutschen Post) übernommen; in den USA war es spätestens seit den 1990er-Jahren üblich.
- **Lebensmittel** → Viele Früchte und Gemüsesorten, die in den 1970er- und 80er-Jahren und teilweise noch deutlich später als exotisch und fremd galten und kaum erhältlich waren (Auberginen, Zucchini, Fleisch- und Strauchtomaten, Melonen, Avocado, Kiwi, Khaki u.v.a.m.), sind heute in Deutschland selbstverständlich. Ein extremes Beispiel ist Knoblauch: Heute wird er in deutschen Haushalten selbstverständlich für die Zubereitung von Gerichten verwendet, gilt als schmackhaft und würzig. Junge Leser/innen werden sich vielleicht wundern, dass Knoblauch hier überhaupt erwähnt wird. Etwa ab Beginn der 1960er-Jahre und bis weit in die 70er-Jahre hinein war Knoblauch in der deutschen Gesellschaft aber alles andere als selbstverständlich. Im Gegenteil: Er galt als eklig und widerlich, wenn nicht gleich verabscheuenswürdig. Er wurde nur von „den Gastarbeitern" gegessen, denen vorgeworfen wurde, dass sie *nach Knoblauch stinken*, und die deshalb als *Knoblauchfresser* beschimpft und stigmatisiert wurden.

Die genannten Beispiele betreffen alltägliche Gepflogenheiten des zwischenmenschlichen Miteinanders, die wir heute selbstverständlich finden – viele Leser/innen kennen diese Dinge vielleicht gar nicht anders –, die aber eine recht kurze Geschichte in Deutschland haben. Kulturelle Diffusionen verlaufen stets nach dem gleichen Muster: Neue Entdeckungen wecken neue Vorstellungen, Wünsche und Bedürfnisse, verbreiten sich und führen schließlich zur Integration neuer Gepflogenheiten in die eigene Kultur (vgl. Broszinsky-Schwabe 2011: 79). Dieser Prozess verläuft mal schneller, mal langsamer, sodass alte und neue Gepflogenheiten auch nebeneinander existieren können.

> **Tipp:** Begeben Sie sich doch einmal aktiv auf die Suche nach Verhaltensmustern und Gewohnheiten Ihrer eigenen Kultur, die für Sie selbstverständlich sind, Ihre Eltern oder Großeltern jedoch noch nicht kannten oder befremdlich fanden. Befragen Sie dazu Menschen aus Ihrem privaten und auch dem beruflichen Umfeld.

11.3 Die eigene Kultur als Maßstab: Ethnozentrismus – Fremdheit – Attribution

11.3.1 Ethnozentrismus

„Die meisten Menschen sehen ihre eigene Kultur als den Mittelpunkt der Welt und als den Maßstab aller Dinge" (Maletzke 1996: 23). Diese Haltung, der *Ethnozentrismus*, beeinflusst in hohem Maße unsere Wahrnehmung von Personen, Dingen und Ereignissen in kulturellen Überschneidungssituationen, ist den meisten Menschen allerdings nicht bewusst. Zudem geht Ethnozentrismus mit zwei Begleitphänomenen einher: Die eigene Kultur besteht (a) aus lauter Selbstverständlichkeiten und wird (b) als überlegen eingestuft (vgl. Maletzke 1996: 23). Als direkte Konsequenz nehmen wir andere Kulturen als minderwertig wahr, *be-* und *ver-*urteilen sie. Dieses Phänomen zieht sich durch die Menschheitsgeschichte hindurch – vom klassischen Griechenland (Hellenen vs. Barbaren [= Nicht-Hellenen]) über den Kolonialismus (Eingeborene gelten als faul, dumm, primitiv u.a.) bis in die Neuzeit (Nationalismus) (vgl. ebd.: 24–26). Es gibt vier Formen des Ethnozentrismus (Tab. 22):

Tab. 22: Formen des Ethnozentrismus

Harter Ethnozentrismus	**Negativer Ethnozentrismus**	**Heimlicher Ethnozentrismus**	**Reflektierter Ethnozentrismus**
„Meine Ethnie ist die beste."	*„Meine Ethnie ist schlecht."*	*„Ich bin doch welt- und kulturoffen."*	*„Ich weiß, wie ich ticke."*
• Extreme Form: *Es gibt keine kulturellen Unterschiede.* → verbreitet unter Menschen, die nie mit anderen Kulturen in Kontakt kommen • Verbreitetere Form: *Die andere Kulturen sind schlecht.*	• Spiegelbild des harten Ethnozentrismus • begeistert sich für fremde Kulturen → Xenophilie	• akzeptiert Unterschiede und beschwört Toleranz • reagiert aber im direkten Kontakt oft doch ethnozentrisch und ablehnend **→ häufigste Form des Ethnozentrismus in Deutschland**	• lässt ablehnende Gefühle zu und arbeitet daran • lehnt bestimmte fremde Elemente ab, versucht aber, diese zu verstehen • bemüht sich, abwertende Einstellungen und Reaktionen zu kontrollieren

Menschen haben also den „Hang, dem eigenen Standort verschrieben und tief in ihm verankert zu sein" (Assmann 2009: 5). Sie treffen „Entscheidungen nach ethnozentrischen Maßstäben [...] [und stehen] niemals auf neutralem Grund" (ebd.). Ein solches

Verhalten widerspricht christlichen, ethischen und moralischen Werten sowie der Vorstellung, dass alle Menschen gleichberechtigt sind (vgl. Maletzke 1996: 26). Im 19. Jahrhundert entwickelte sich deshalb das Konzept des *Kulturrelativismus*. Dessen Kernaussage lautet, dass kulturelle Normen und Werte relativ sind und nur im Kontext einer bestimmten Kultur beurteilt werden können. Damit wird zwar die Vielfalt kultureller Ausdrucksformen hervorgehoben, es werden aber auch absolute oder universelle Maßstäbe zur Beurteilung von Kulturen abgelehnt. In Bezug auf Ethnozentrismus wird der „Durchschnittsmensch [...] einer wichtigen Orientierungshilfe, nämlich seines Glaubens an die universale Verbindlichkeit der eigenen Wertordnung, beraubt" (ebd.: 27). Kulturrelativismus kann zudem dazu führen, dass moralisch und ethisch bedenkliche, grausame und menschenunwürdige Praktiken (z.B. *Ehrenmorde*) als kulturspezifisch deklariert werden und sich damit einer allgemeinen ethisch-moralischen Bewertung und ggf. Sanktionierung entziehen.

Arbeitsanregung 1: Ethnozentrismus in den Medien

Achten Sie in nächster Zeit darauf, wie in den Medien über andere Kulturen berichtet wird. Beobachten Sie auch, wie andere Kulturen in Spielfilmen, in der Werbung usw. dargestellt werden. Versuchen Sie, die Stellen zu finden, die ethnozentrisch überformt sind. Können Sie erkennen, welcher Ethnozentrismus-Typ jeweils vorliegt?

Arbeitsanregung 2: Mein eigener Ethnozentrismus

Überlegen Sie, welcher Ethnozentriker-Typ Sie selbst sind. Seien Sie ehrlich zu sich selbst. Niemand weiß, dass Sie sich gerade mit dieser Frage beschäftigen. Sie tun dies für sich.

Legen Sie einen bestimmten Zeitraum fest und beobachten Sie sich selbst. Stimmt Ihre Einschätzung und sind Sie damit zufrieden? Was könnten Sie verbessern?

11.3.2 Fremdheit

Die Begriffe *fremd* oder *Fremdheit* sind subjektiv und werden stets von Individuen in konkreten Kontexten und im Vergleich zu anderen Kontexten wahrgenommen. Als fremd können wir Orte, Menschen, Verhaltensweisen oder Denkrichtungen empfinden. Schäffter identifiziert verschiedene *Modi des Fremden* (Schäffter 1991, nach Broszinsky-Schwabe 2011: 196f.; Maletzke 1996: 30):

- **Auswärtig, Ausländisch** → jenseits einer räumlichen Trennlinie; außerhalb der Heimat, die das Innere darstellt; nicht dazugehörend
- **Fremdartig** → unnormal, unpassend, anders als das Eigene; eventuell exotisch und attraktiv
- **Noch unbekannt** → Neues, das man grundsätzlich kennen lernen und sich vertraut machen kann (und will)
- **Letztlich unerkennbar** → etwas Äußeres, das kennen zu lernen grundsätzlich ausgeschlossen ist; etwas, das man als inakzeptabel bewertet
- **Unheimlich** → Gegensatz zu Geborgenheit und Vertrautem, Bedrohliches

Fremdheit entsteht bei Begegnungen von Personen(gruppen) aus verschiedenen kulturellen Systemen. Damit ist sie auch Ausdruck von Zugehörigkeit und Identität, Ingroup und Outgroup. Stereotype, Vorurteile und Unconscious Bias können die Wahrnehmung beeinflussen, Fremdheitsempfinden basiert also häufig auf gefilterter Wahrnehmung oder Ethnozentrismus. Außerdem löst Fremdes oft emotionale Reaktionen (Freude, Ablehnung, Angst u.a.) aus und führt zu Abwertung und Verurteilung des Fremden. Emotionale Reaktionen sind in alltäglichen Begegnungen meist stärker als in distanzierteren Kontexten. Das Ausmaß von Nähe oder Distanz wird stets nur subjektiv eingeschätzt.

Vorsicht: Menschen neigen dazu anzunehmen, dass Personen aus räumlich nahen Kulturen ihnen auch kulturell ähnlich sind. In Deutschland trifft das bei vielen Leuten z.B. auf Frankreich zu *(Franzosen sind so wie wir).* In deutsch-französischen Erstbegegnungen kommt es deshalb oft zu unangenehmen Überraschungen, denn die Meinungen zu vielen Dingen sind in der Realität doch recht unterschiedlich (vgl. Karagiannakis 2022b: 51).

11.3.3 Attribution

Attributionen sind subjektive Zuschreibungen von Eigenschaften, Fähigkeiten, Gründen für bestimmtes Verhalten u.Ä. Sie sind das Ergebnis einer reflexartigen Ursachenerklärung für Ereignisse, die wir beobachten. Menschliches Verhalten und soziale Ereignisse werden in einen Kontext eingeordnet, damit wir sie verstehen können. Das geschieht meist unbewusst. Die Ursachen können in der betroffenen **Person** gesucht werden *(Tom hat das Übungsblatt nicht bearbeitet. Typisch! Er ist so unzuverlässig.)* oder in der **Situation** *(Tom hat das Übungsblatt nicht bearbeitet. Er war ja so krank, er soll sich erstmal erholen.)*

Der **Attributionsprozess** verläuft in mehreren Schritten (Abb. 23): (1) A tut etwas, das (2) B beobachtet und wahrnimmt. (3) B versucht, diese Wahrnehmung unter Rückgriff auf bekannte Muster zu erklären. Dieser Prozess wird durch kulturelle Filter, ggf. durch Ethnozentrismus, Stereotype usw. beeinflusst. (4a) Stimmen die Erklärungen von A und B überein, ist Bs Erklärung also „richtig“, spricht man von einer *isomorphen Attribution* (griech. *isomorph* → von gleicher Gestalt). (4b) Stimmen sie nicht überein, liegt eine *Fehlattribution* vor. (5) In beiden Fällen wird das Verhalten von A durch B bewertet.

Zwei Phänomene der Fehlattributionen können besonders die interkulturelle Kommunikation negativ beeinflussen. Ein und dieselbe Sache wird unterschiedlich begründet, je nachdem, ob es ein Mitglied der In- oder Outgroup betrifft. Positives Handeln der Ingroup wird mit der Person, negatives mit der Situation erklärt, bei der Outgroup ist es umgekehrt. Man spricht hier von einem **ultimativen Attributionsfehler**.

Beispiel: Klausurergebnisse
- **Ingroup:** Klausurergebnis gut → Ich bin toll/cool/fleißig. Klausurergebnis schlecht → Ich war krank./Die Prüfung war viel zu schwer./Es war so laut im Raum.
- **Outgroup:** Klausurergebnis gut → Glück gehabt./Die Klausur war ja total einfach. Klausurergebnis schlecht → Logisch. X ist faul/dumm. X passt nie auf.

Der **fundamentale Attributionsfehler** bezeichnet die Tendenz, das Verhalten anderer Menschen hauptsächlich mit deren Persönlichkeit zu erklären und die Einflüsse der Situation zu unterschätzen oder zu ignorieren. Dieser Fehler tritt vor allem in individualistisch geprägten Kulturen auf, also auch in Deutschland. Kollektivistische Kulturen suchen die Ursachen für unbefriedigendes Verhalten anderer Personen vor allem in der Situation.

Beispiel: Fernando kommt wie so oft zu spät. Typisch, er ist Südamerikaner.

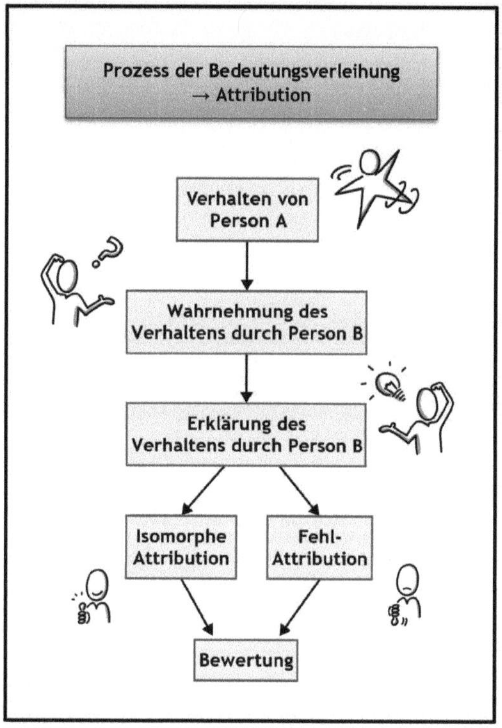

Abb. 23: Prozess der Bedeutungsverleihung/Attribution

Arbeitsanregung: Besuch auf der Insel Albatros, 2

Lesen Sie den Text am Ende von Kapitel 11 und danach noch einmal Ihre Schlussfolgerungen in Schritt 3 zur Arbeitsanregung *Besuch auf der Insel Albatros, 1*. Stimmen die Informationen im Text ungefähr mit Ihren anfangs formulierten Vermutungen über die Albatros-Menschen überein? Wenn es Unterschiede gibt, wie sind sie wohl zustande gekommen? Welche Rolle spielen dabei Ethnozentrismus, Fremdheit und/oder Attribution? Welche weiteren Erklärungen könnten Ihren Vermutungen zugrunde liegen?

CCW: Formulieren Sie Ihre Erkenntnisse als Brief an eine vertraute Person.

11.4 Kulturen vergleichen - Geht das?

Wie in Kapitel 11.3 dargelegt, neigen wir in Begegnungen mit Fremdem dazu, es durch unbewusste Mechanismen mit dem Vertrauten zu vergleichen und negative Bewertungen abzugeben. Missverständnisse und Konflikte sind vorprogrammiert - es sei denn, wir bemühen uns aktiv, die unbekannten Muster und die Menschen, die sie verwenden, zu verstehen. Aber geht das überhaupt?

Das wird seit Mitte des 20. Jahrhunderts erforscht. Zwar sehen Ethnologen und Ethnologinnen das Festschreiben von vermeintlich typischen kulturellen Eigenschaften nicht gern, Tatsache ist aber, „dass kulturelle Differenzen real erfahren werden" (Berninghausen & Hecht-El Minshawi 2015: 27). Es wurden deshalb Ansätze entwickelt, um Kulturen zu beschreiben und zu verstehen. Der bekannteste ist die sogenannte *Kulturgrammatik* mit ihren vielen *Kulturdimensionen*, erstmals in den 1950er-Jahren von Hall entwickelt und später von Hofstede (70er-Jahre, Ergänzung 2010), Trompenaars (80er-Jahre) und weiteren Forschenden fortgeführt. Thomas (2003) spricht von *Kulturstandards*, Maletzke (1996) von *Strukturmerkmalen von Kulturen*, Flechsig (2000) von *kulturellen Orientierungen* usw. Die Liste ließe sich fortführen. In den weiteren Ausführungen verwende ich Bezeichnungen aus mehreren Ansätzen und fasse die zentralen Ergebnisse zusammen. Auf den ersten Blick wird Ihnen vieles vielleicht zu pauschal und starr erscheinen. Lassen Sie sich trotzdem für den Moment darauf ein, wir werden die Dinge anschließend gemeinsam kritisch unter die Lupe nehmen.

11.4.1 Kulturelle Orientierungen

Wir oder ich? - Kollektivismus versus Individualismus

Die meisten Menschen weltweit leben in **kollektivistischen (Wir-)Gesellschaften**, in denen die Gruppe, das Gemeinwohl und die Harmonie im Vordergrund stehen. Die Gemeinschaft hat Vorrang vor individuellen Interessen, daher werden Entscheidungen im Einklang mit den Gruppenzielen getroffen (vgl. Hofstede & Hofstede 2011: 95).

Die erste und lebenslang wichtigste Gruppe ist die Großfamilie: Eltern, Geschwister, viele Verwandte, oft auch nicht verwandte Personen, mit denen man eng zusammenlebt (z.B. Dienstbot/innen, Betreuungspersonen). Die Großfamilie bietet den „einzigen sicheren Schutz gegen die Gefahren des Lebens" (ebd.: 96), man identifiziert sich mit ihr und ist ein Leben lang zu Loyalität verpflichtet. Ein „Bruch dieser Loyalität gehört zu den schlimmsten Vergehen eines Menschen" (ebd.) Dennoch kann man sich von den vielen Regeln der Gruppe eingesperrt fühlen. Neben den bereits genannten gehören zu diesen Regeln auch: Die Stabilität der Gruppe geht vor. Erfolg ist der Verdienst der Unterstützung durch die Gruppe und alle Gruppenmitglieder profitieren, Bescheidenheit wird deshalb geschätzt. Fehlverhalten des Individuums führt zu Gesichtsverlust für die ganze Gruppe. Beziehungen zwischen Arbeitnehmenden und Vorgesetzten werden an moralischen Maßstäben gemessen. Zu diesen Kulturen gehören Südeuropa, weite Teilen Asiens, Mittel- und Südamerika, westafrikanische Länder sowie große Teile des arabischen Kulturraums.

Den gegenüber stehen **individualistische (Ich)-Gesellschaften**, die weltweit in der Minderheit sind. Mit *Familie* sind meist die Eltern und ihre Kinder gemeint, man spricht auch von der Klein- oder Kernfamilie. Kinder lernen früh, sich als Individuum, das sich von anderen Individuen unterscheidet, zu verstehen. Selbstständigkeit ist ein hohes Gut, Heranwachsende verlassen das Elternhaus. Verwandte wohnen oft weit weg, man trifft sie nur selten oder gar nicht. Weitere Merkmale individualistischer Kulturen sind: Individuelle Entfaltung steht im Zentrum der Gesellschaft, die Würde des Einzelnen hat einen hohen Stellenwert. Erfolg ist der Verdienst eigener Fähigkeiten und dient dem eigenen Profit. Es gibt weniger Verpflichtungen gegenüber anderen, Fehlverhalten führt zu Schuldgefühlen und Verlust an Selbstachtung. Beziehungen zwischen Arbeitnehmenden und Vorgesetzten basieren auf Verträgen, die beiden Seiten nützen sollen. In diese Gruppe gehören die USA, Nord-, Mittel- und Westeuropa, darunter also auch Deutschland, Neuseeland, Australien u.a.

Wann und wie? – Umgang mit der Zeit

Menschen können den Zeitverlauf nicht beeinflussen, sind jedoch eng damit verbunden und haben unterschiedliche Einstellungen dazu. Diese variieren je nach Kultur.

Vergangenheit, Gegenwart oder Zukunft

Eine mögliche Sicht auf den Umgang mit Zeit bezieht sich auf den Stellenwert von Vergangenheit, Gegenwert oder Zukunft in einer Gesellschaft. Hier werden vier Richtungen unterschieden.

- **Vergangenheitsorientierung** beinhaltet die Weitergabe von (Familien-)Traditionen, Ahnenverehrung (inklusive regelmäßiges Feiern ihrer Geburts- und Todestage) u.a. Ältere Menschen genießen Respekt und Ansehen. Geschichte und Herkunft dienen als Leitfaden für aktuelles Handeln. Kulturen wie China, Japan, Vietnam, arabische Völker, afrikanische Gemeinschaften und indigene Völker Nordamerikas sind aufgrund ihrer langen Geschichte stark vergangenheitsorientiert. Viele Europäer/innen, insbesondere in Großbritannien und Frankreich, schätzen ebenfalls die Vergangenheit.
- **Gegenwartsorientierung** betont das Hier und Jetzt. Aktuelles Handeln hat höchste Priorität, Vergangenheit und Zukunftspläne sind weniger wichtig. Die Zukunft ist unvorhersehbar, da sie vom Schicksal abhängt. Lateinamerika, der Mittelmeerraum und die Philippinen sind Beispiele für gegenwartsorientierte Kulturen, die Lebensfreude und Aktivität aus der Konzentration auf die Gegenwart schöpfen.
- **Zukunftsorientierung** beinhaltet das aktive Gestalten und Verwirklichen wünschenswerter zukünftiger Umstände. Man ist überzeugt, dass man die Zukunft selbst verbessern und kontrollieren kann, indem man entfernte Ziele und Projekte langfristig plant und verfolgt. Beispiele hierfür sind die USA, Kanada und Deutschland. Ihre Zukunftspläne reichen jedoch oft nur ein paar Jahre voraus. Im Gegensatz dazu planen Menschen in China und Japan oft über eine Generation hinaus (vgl. Broszinsky-Schwabe 2011: 151).
- In einigen Kulturen sind **Vergangenheit und Gegenwart eng verbunden** und nicht klar getrennt, etwa in der Traumzeit der australischen Aborigines. Sie sehen in der Natur (z.B. in Felsformationen) Spuren ihrer Ahnen, die präsent sind. Ähnlich ist es in vielen afrikanischen Kulturen. Im Gegensatz dazu konzentrieren sich viele westliche Länder vor allem auf die Gegenwart (vgl. ebd.).

Mono- oder polychron, Kurz- oder Langzeitorientierung

Die Kernfragen der hier vorgestellten Kategorien lauten: Wird Wert darauf gelegt, dass Ereignisse aufeinander folgen oder werden Zeiträume als überlappend betrachtet? Plant man weit voraus in die Zukunft oder konzentriert man sich auf das Hier und Jetzt?

- In **monochronen** Kulturen gilt u.a.: Eins wird nach dem anderen erledigt, hierfür gibt es exakt erstellte, verbindliche Pläne, die möglichst eingehalten werden. Pünktlichkeit ist sehr wichtig, man konzentriert sich auf die Aufgaben, will nicht gestört werden und stört auch andere nicht. Gründlichkeit geht vor Schnelligkeit. Zeit beherrscht den Menschen. Diese Haltung ist besonders in Mittel- und Nordeuropa (auch Deutschland) sowie in angelsächsischen Kulturen verbreitet. Monochron denkende Menschen sind i.d.R. auch **langzeitorientiert**. Wichtig sind „Tugenden, die auf künftigen Erfolg [und langanhaltende Ergebnisse] hin ausgerichtet sind, insbesondere Beharrlichkeit und Sparsamkeit" (Hofstede & Hofstede 2011: 274). Das gilt sowohl für private Beziehungen als auch langfristige Projekte und Geschäfte.
- In **polychron** orientierten Gesellschaften werden mehrere Dinge gleichzeitig behandelt. Flexible Zeitabsprachen sind normal, Pläne dienen der Orientierung und werden spontan und flexibel an veränderte Bedingungen angepasst. Die Bedürfnisse der Menschen haben Vorrang, Störungen anderer oder durch andere werden deshalb akzeptiert. Improvisation geht mitunter vor Gründlichkeit. Die Menschen beherrschen die Zeit. Diese Einstellung findet sich in Südeuropa, Frankreich, im romanischen, hispanischen und arabischen Kulturraum sowie tendenziell in Osteuropa und Russland. Polychrone Gesellschaften sind **kurzzeitorientiert**, nach Hofstede „hegen sie „Tugenden, die mit der Vergangenheit und der Gegenwart in Verbindung stehen, insbesondere Respekt für Traditionen, Wahrung des ‚Gesichts' und die Erfüllung sozialer Pflichten" (ebd.). Wichtig sind zeitnahe, kurzfristige Erfolge und Ergebnisse.

Top-down oder kooperativ? – Machtdistanz und Hierarchie

In allen Kulturen gibt es Machtdistanz, auch in solchen mit flachen Hierarchien. Eltern, Lehrende, Vorgesetzte haben mehr Macht als Kinder, Lernende, Mitarbeitende. Bestimmte Berufsgruppen und Personen genießen höheren Status und Respekt als andere (vgl. Hofstede & Hofstede 2011: 50). Doch wie sind Machtverhältnisse in Gesellschaften generell verteilt? Wie viel Ungleichheit innerhalb der Gesellschaft wird akzeptiert oder gar gewünscht? Wie verhalten sich die verschiedenen Ebenen zueinander? Wann kann ein guter Vater, eine gute Dozentin oder ein idealer Chef aus Deutschland in einem anderen Land „schlecht" sein und umgekehrt? Auch wenn diese Fragen nicht pauschal beantwortet werden können, gibt es doch eine Reihe von Merkmalen und Tendenzen.

In Gesellschaften mit geringer Machtdistanz und flachen Hierarchien wird ungleiche Machtverteilung möglichst nicht betont. Privilegien und Statussymbole von Höhergestellten sollten kaschiert werden, man begegnet sich möglichst auf Augenhöhe. Konstruktive Kritik, auch nach oben, ist i.d.R. akzeptiert oder erwünscht. Ideale Vorgesetzte verhalten sich meistens kooperativ und demokratisch. Private Sorgen sollten den Beruf allerdings möglichst nicht stören. Kinder lernen früh, mit Eltern, Lehrenden usw. zu diskutieren. Das alles ist besonders in Nord- und Mitteleuropa (also auch Deutschland), Israel, Nordamerika oder Neuseeland vorherrschend oder wird angestrebt.

Ist die Machtdistanz hingegen groß und sind die Hierarchien steil, werden ungleiche Machtverteilung, Privilegien und Statussymbole von Höhergestellten meist deutlich gekennzeichnet und betont, und sie haben eine wichtige Einordnungsfunktion. Höhergestellte geben und Niedriggestellte erwarten Anweisungen, Kritik nach oben ist deshalb unüblich und unerwünscht. Ideale Vorgesetzte sind wohlwollende Autokrat/innen, die zwar oben stehen, sich aber auch väterlich/mütterlich um private Sorgen ihrer Mitarbeitenden kümmern. Auch Kinder sollten Eltern, Lehrenden usw. nicht widersprechen. Kulturen mit hoher Machtdistanz finden sich in Asien, Mittel- und Südamerika, in Teilen Osteuropas oder im arabischen Kulturraum.

Kommunizieren, aber wie? – Dichte des Informationsnetzwerks und Kommunikationsstile

Wie komplex und fehleranfällig der Kommunikationsprozess ist, haben Sie in den Kapiteln 9 und 10 ausführlich analysiert. In der inter- und transkulturellen Kommunikation sind noch größere Herausforderungen zu überwinden, denn kulturelle Unterschiede müssen berücksichtigt und besprochen werden. Jedoch ist das Besprechen selbst ebenfalls in hohem Maße kulturell geprägt. Die kommunikativen Merkmale einer Kultur sind im interkulturellen Austausch wahrscheinlich die wichtigsten überhaupt.

Ein zentraler Punkt im Kommunikationsverhalten ist die *Dichte des Informationsnetzes*. Hall führte die Kategorien *high and low context (dichter und schwacher Kontext)* ein. Sie werden von anderen Parametern und Kommunikationsstilen begleitet.

Dichter Kontext, indirekte, non- und paraverbale Kommunikation

In Gesellschaften, die ein dichtes Informationsnetzwerk pflegen, sind viele für das Verständnis wichtige Informationen im non- und paraverbalen Kontext enthalten. Man spricht nicht alles, was man mitteilen möchte, direkt und explizit aus, sondern macht Anspielungen. Ausschweifende, blumige Formulierungen werden bevorzugt. Viele Informationen müssen aus dem Kontext interpretiert werden. Das ist kein Problem, denn die Mitglieder einer Gruppe kennen diesen Kontext gut und wissen die non- und paraverbalen Anspielungen zu deuten. Ein dichter Kontext geht also mit einem indirekten Kommunikationsstil einher. Direkte Äußerungen, insbesondere Kritik, gelten als unhöflich. Außerdem bilden Person und Sache eine Einheit, sodass Kritik an der Sache auch als Kritik an der Person aufgefasst wird. Kulturen mit einem dichten Informationsnetzwerk sind z.B. Japan, China, Korea, Lateinamerika, Südeuropa, Frankreich, Türkei und viele afrikanische Länder.

Schwacher Kontext, direkte und verbale Kommunikation

Für Gesellschaften mit schwachem Kontext gilt in allen Punkten das Gegenteil. Wichtige Inhalte sind in den verbalen Äußerungen enthalten. Das direkte Wort ist wichtiger als der Kontext, man sagt direkt und präzise, was man meint. Das muss so sein, denn der Kontext enthält keine oder kaum Informationen, aus denen man Unausgesprochenes korrekt ergänzen könnte. Dabei werden kurze, klare Aus- und Ansagen bevorzugt, das Drumherum-Reden wird oft so interpretiert, dass man sich nicht präzise ausdrücken kann, sich nicht festlegen will oder sich nicht traut, die Wahrheit zu sagen. Ein schwacher Kontext erfordert also einen sehr direkten Kommunikationsstil, der direkte konstruktive Kritik einschließt. Die Trennung von Person und Sache ist grundsätzlich möglich, auch bei Kritik, auch wenn das nicht immer gelingt. Zu den Gesellschaften mit schwachem Kontext gehören neben anderen auch die USA, Kanada, skandinavische Länder, Großbritannien und Deutschland.

Weitere ausgewählte Aspekte von Kommunikationsstilen

Von den nonverbalen Kommunikationsmitteln ist bei **Mimik und Gestik** besondere Vorsicht geboten, denn sie sind stark kulturell geprägt. Im günstigen Fall versteht man sie einfach nicht (z.B. bei unterschiedlichen Gewohnheiten, mit den Fingern zu zählen), die Kommunikation wird unterbrochen. Problematisch sind Gesten, die in einer Kultur neutral oder freundlich, in einer anderen sehr negativ sind. Ein bekanntes Beispiel hierfür ist das Okay-Zeichen, bei dem Daumen und Zeigefinder einen Kreis bilden: In vielen Ländern bedeutet das „*Alles bestens*", in manchen steht es für „*überflüssig, wertlos*", in wieder anderen ist es eine vulgäre Beschimpfung.

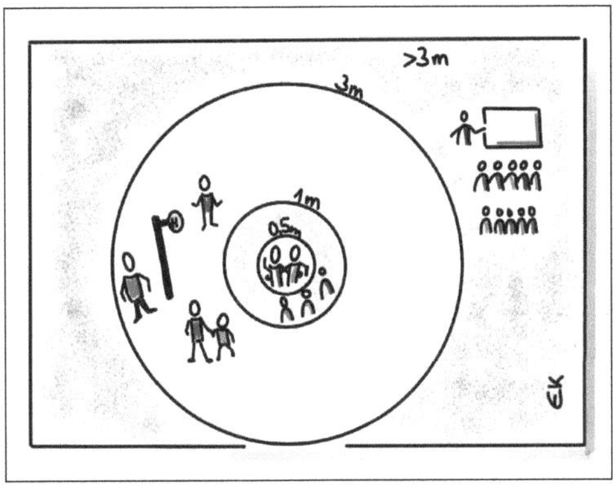

Abb. 24: Räumliche Nähe und Distanz

Auch die Kategorie **räumliche Nähe und Distanz** gehört zu den nonverbalen Gepflogenheiten, die kulturell geprägt sind. Südeuropäer/innen u.a. stehen oft und gern dicht beisammen, in den USA gilt es als unfreundlich, fremde Menschen im öffentlichen Raum zu nahe zu kommen. Im Geschäft entschuldigt man sich, wenn man hinter jemandem vorbeigeht, auf dem Bürgersteig macht man anderen Platz. In Deutschland hingegen ist es nicht ungewöhnlich, wenn man im Geschäft oder auf der Straße gelegentlich angerempelt wird, und das, obwohl Deutsche im kulturellen Vergleich deutlich mehr Schutzradius benötigen als andere. Solche Distanzräume sind abhängig von Kultur, aber auch von sozialem Status, Geschlecht oder Position (vgl. Hall 1966:116–125). Für Deutschland werden meist die in Abbildung 24 dargestellten Räume benannt.

Auch die folgenden Gesprächsregeln können zu Missstimmungen führen:

- **Sprecher/innenwechsel** → In Deutschland (und in vielen anderen Kulturen) gilt es als unhöflich, andere zu unterbrechen. Man spricht nacheinander. Viele andere Kulturen (z.B. manche südeuropäische sowie die arabischen) haben andere Regeln zum Sprecher/innenwechsel. Man wartet nicht, bis Stille eintritt, sondern beginnt kurz bevor der/die Sprecher/in fertig ist. Wann dieser Moment kommt, erkennt man aus dem Kontext. Oft ist es nicht nur normal, sondern erwünscht, dass mehrere Personen gleichzeitig sprechen und sich gegenseitig ins Wort fallen, denn das signalisiert Interesse am Thema und Gespräch (Bsp.: arabische Kulturen, Spanien, Brasilien).
- **Reden und Schweigen** → Die Art und Weise, wann und worüber wir sprechen, ist situationsabhängig. Party, Geschäftsessen, Tratsch – alles hat seine Regeln. Kulturen haben unterschiedliche Tabuthemen (Geld, Politik, Alkohol), die in der Öffentlichkeit vermieden werden. In der Geschäftswelt haben manche Themen hier nichts zu suchen, sind aber dort unerlässlich für die Kooperation. Der Klassiker ist die Familie: Kommen deutsche Geschäftsleute gern zügig zum Beruflichen und dem konkreten Anlass mit den Geschäftspartner/innen, macht man sich in kollektivistisch geprägten Kulturen lieber erst ein Bild von der Person, fragt ausführlich nach der Familie und baut so Vertrauen auf. Kulturelle Unterschiede zeigen sich auch in Bezug auf Sprechpausen und Stille. Während einige Kulturen (darunter Deutsche) lange Pausen i.d.R. als unangenehm empfinden, sind sie in anderen wie Japan oder Finnland akzeptiert oder sogar erwünscht.

Fazit und Diskussion

Die ausgewählten Kategorien und Strukturmerkmale sind diejenigen, die in kulturellen Begegnungen besonders häufig zu Missverständnissen führen. Wenn man genau hinschaut, fällt auf: Kollektivistische Gesellschaften neigen zu polychronem Zeitverständnis, dichten Informationsnetzwerken und steilen Hierarchien, während individualistische Gesellschaften das Gegenteil aufweisen. Diese Korrelationen sind jedoch nicht absolut, denn:

- Die genannten Merkmale sind die beiden entgegensetzten Pole eines Kontinuums, es gibt aber auch ein Dazwischen.
- Das Konzept geht von einer zweiwertigen Logik aus, einem Entweder-Oder mit starren, klar abgrenzbaren Strukturen, die es aber so nicht gibt (s.u., *Fuzzy Culture*).
- Die Kategorisierungen bieten eine erste Orientierung, bergen aber die große Gefahr der Stereotypisierung. Nicht alle Mitglieder einer Kulturgruppe denken und handeln gleich und Verhalten ist nie ausschließlich kulturell bedingt (s.u., *KPS-Modell*).

Selbst Hall, von dem ja die Kulturgrammatik stammt und der lange Zeit darauf bestand, dass man seine Kultur nicht ablegen kann, sprach sich später dafür aus, Kulturgebundenheit nicht überzubewerten (vgl. Yousefi 2018: 78). Bei aller Kritik wird aus den Ansätzen dennoch eins deutlich: Es gibt viele Unterschiede, die von den jeweiligen Personen aus ihrer Sicht als normal und selbstverständlich erlebt werden. Interkulturelle Kommunikation funktioniert umso besser, je mehr wir darüber wissen und je größer dadurch die gemeinsamen Zeichenvorräte der Beteiligten werden.

Arbeitsanregung: Besuch vom Mars

Sie sind in der Stadtverwaltung Ihres Wohnorts für die Entwicklung der Wirtschaft zuständig. Externer Besuch hat sich angekündigt. Eine Delegation vom Mars ist auf der Erde unterwegs, sucht Geschäftspartner/innen und einen geeigneten Standort für ein innovatives Klimaschutzprojekt. Für Ihre Stadt ist es sehr wichtig, diese Kooperation einzugehen.

Entwickeln Sie ein Besuchsprogramm und berücksichtigen Sie hierzu die folgenden Aspekte: Teilen Sie mit, (1) welche allgemeinen Werte und Tugenden typisch sind für Deutschland und welche speziell für Ihren Wohnort, (2) worauf die Kooperationspartner/innen sich in Bezug auf berufliche und private zwischenmenschliche Interaktionen verlassen können, (3) wie man hier mit Konflikten umgeht, (4) was Sie von den anderen für eine erfolgreiche Kooperation erwarten.

Am Abend des ersten Besuchstags gehen Sie mit den Marsianer/innen essen. Am Ende bittet Sie jemand: „Können Sie uns noch etwas ganz Spezielles in Ihrer Stadt zeigen? Etwas, das nicht im Reiseführer steht?" Was zeigen Sie den Gästen?

11.4.2 Fuzzy Cultures

Den starren Konzepten von klar abgrenzbaren Kulturen stellt Bolten den Ansatz der *Fuzzy Cultures* gegenüber. Er vergleicht den Blick auf Kulturen mit dem Blick auf eine Landkarte: Aus der Ferne, der Makroebene, betrachtet erscheinen glattgeschwungene Küstenlinien oder geradlinige Ländergrenzen. Je näher man heranzoomt (Mikroebene), desto mehr Buchten und Kurven werden sichtbar, die Konturen werden *fuzzy* (engl. *unscharf, fusselig*), die Kulturgrenzen unschärfer und offener (vgl. Bolten 2013: 6). Menschen können mehreren Kulturen angehören, sind vernetzt und prägen Kulturen aktiv mit. Die Homogenität oder Heterogenität von Gruppen hängt davon ab, aus welcher Perspektive und Entfernung man sie betrachtet (vgl. ebd.: 6f.).

In der Fachdiskussion werden geschlossene und offene Kulturansätze oft gegeneinander gestellt. Bolten plädiert dafür, beide Perspektiven zu berücksichtigen und je nach Kontext und Zielsetzung das passende Konzept zu wählen. Für einen groben Überblick über wesentliche Aspekte (z.B. vor einem offiziellen Geschäftstreffen) reicht der Blick auf die Makroebene. Möchte man sich jedoch länger in einer anderen Kultur aufhalten oder mit neuen Nachbarn anfreunden, ist auch die Mikroebene wichtig (vgl. ebd). Dieser Ansatz wird auch als ***holistischer Kulturbegriff*** bezeichnet (vgl. IWKWiki[57] der Uni Jena, https://www.iwkwiki.uni-jena.de).

11.4.3 Nicht alles ist Kultur – Das KPS-Modell

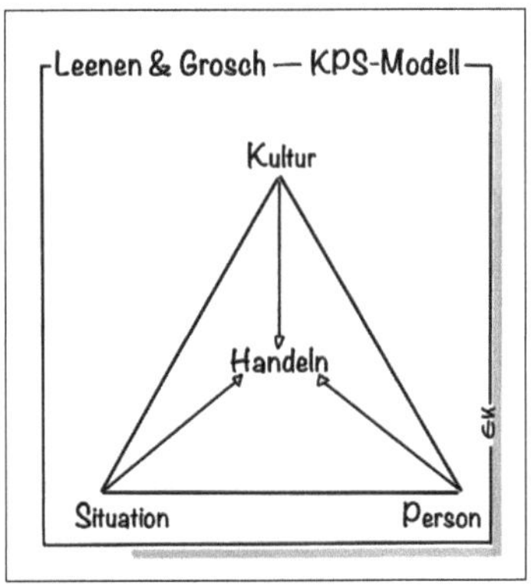

Das einseitige kulturelle Erklären ungewohnten Verhaltens anderer Kulturen führt schnell in die Stereotypisierungsfalle. Neben Kultur beeinflussen auch Person und Situation die Wahrnehmung und das Verhalten. Das *KPS-Modell* von Leenen & Grosch (1998) hilft, den kulturellen Einfluss angemessen zu berücksichtigen, indem es Kultur, Person und Situation als gleichwertige Faktoren betrachtet. Das Modell visualisiert dies typischerweise als Dreieck, in dem jede Spitze einem der drei Faktoren zugeordnet ist (Abb. 25). Zur Analyse eines Verhaltens werden für jeden Faktor mögliche Gründe gesammelt.

Abb. 25: Das KPS-Modell nach Leenen & Grosch

Arbeitsanregung: Die folgende Situation kommt in dieser u.ä. Form immer wieder vor. Lesen Sie sie und analysieren Sie sie anschließend mithilfe des KPS-Modells.
Ein Workshop zu einem beliebigen Thema beginnt heute um 09.00 Uhr. Um in Ruhe alles herrichten und sich dabei etwas entspannen zu können, geht der Referent extra eine Dreiviertelstunde vor Beginn des Workshops zum Veranstaltungsort. Bei seiner Ankunft steht bereits eine Teilnehmerin vor der Tür. Welche Gründe könnte sie hierfür haben? Suchen Sie Erklärungen für alle drei Aspekte des KPS-Modells.

CCW: Welche sind Ihre wichtigsten Erkenntnisse zum Thema inter-/transkulturelle Kommunikation und Kompetenz? Worauf werden Sie in Zukunft achten? Womit sind Sie bereits zufrieden, was wollen Sie verbessern? Schreiben Sie Ihre Gedanken als inneren Dialog mit sich selbst in Ihr Portfolio. Stellen Sie sich dabei vor, dass sich zwei Seiten Ihrer eigenen Persönlichkeit unterhalten.

57 IWK = Fachgebiet Interkulturelle Wirtschaftskommunikation der Universität Jena

Stimmen von Studierenden

Beim Durchbrechen der für mich gewohnten Verhaltensweisen habe ich mich sehr unwohl gefühlt. Auch wenn ich niemanden direkt verletzt oder beleidigt habe, hat es sich so angefühlt.

***

Meine Reise auf die Insel Albatros hat mir die Augen geöffnet. Ich habe die Szene ausschließlich negativ interpretiert und bewertet. Mir war nicht bewusst, wie schnell das passieren kann.

***

Die Kulturmodelle und die Theorie zu den kulturellen Dimensionen fand ich sehr hilfreich. Natürlich kann man die Dinge nicht so pauschalisieren, aber die Informationen haben mir erste Orientierungspunkte gegeben. Mir sind sofort ein paar Situationen mit zwei Kommilitoninnen eingefallen, deren Familien Migrationshintergrund haben. Ich habe sie dann darauf angesprochen und wir haben uns lange über viele Details unterhalten. Das war für uns alle ein sehr angenehmer Austausch.

***

„Natürlich" habe ich mich für kulturoffen und vorurteilsfrei gehalten. Bei den Aufgaben zum Ethnozentrismus habe ich aber schnell bemerkt, dass das überhaupt nicht der Fall ist. Viel zu oft sehe ich Leute durch meine Brille und beurteile sie nach meinem Maßstab. Daran will ich unbedingt arbeiten.

Information zur Kultur auf der Insel Albatros

(nach Ulrich et al. 2001: o.S.)

Die Menschen der Insel Albatros sind ein sehr friedliches Volk. Wenn sie zufrieden sind, was meistens der Fall ist, summen sie leise vor sich hin. Ärgern sie sich ausnahmsweise einmal, machen sie Zischlaute. Sie verehren und achten die Göttin der Erde und suchen deshalb möglichst viel und oft Kontakt zur Erde. Wer große Füße hat, ist privilegiert, denn so kann man eine besonders intensive Verbindung zur Erdgöttin herstellen. Alles, was mit Erde zu tun hat, hat einen hohen Stellenwert. Erdnüsse gehören deshalb zu den rituellen Lebensmitteln und werden allgemein gemocht.

Gästen erweisen die Einheimischen eine besondere Ehre und bieten ihnen möglichst viel Kontakt zur Erde, z.B. indem sie beim Sitzen beide Füße auf den Boden stellen. So können sie viel Energie aus der Erde aufnehmen.

Frauen haben auf Albatros einen hohen Stellenwert, denn sie können Leben gebären, genau wie die Mutter Erde. Ihnen stehen deshalb besondere Privilegien zu:

1. Männer müssen stets ein Stück vor ihnen herlaufen und sie ggf. vor Angriffen oder Gefahren schützen.
2. Sie sind außerdem dazu verpflichtet, jedwedes Essen zu probieren, bevor die Frauen etwas davon zu sich nehmen.
3. Frauen haben das Recht, auf dem Boden und damit nah bei der Erdgöttin zu sitzen. Männern hingegen ist das strengstens verboten. Sie müssen etwas weiter weg von der Erde auf Stühlen sitzen.
4. Es gibt ein Ritual, mit dem Männer etwas Kontakt zur Göttin aufnehmen können. Sitzt eine Frau neben ihm am Boden und erlaubt sie es ihm, und nur dann, darf der Mann seine Hand auf ihren Nacken legen. Sie beugt sich dann hinunter, berührt die Erde mit ihrer Stirn und nimmt so Energie auf. Ein Teil davon fließt über die Hand und den Arm des Mannes auf ihn selbst über. Wird einem Mann dieses Ritual gestattet, dann ist dies eine besondere Ehre für ihn.

12. Diskriminierung im Alltag am Beispiel von Alltagsrassismus

Zur Einstimmung: Menschen werden wahrscheinlich in jeder Gesellschaft aus unterschiedlichen Gründen diskriminiert. Diese Gründe werden unter bestimmten Begriffen in Kategorien zusammengefasst. In der Liste unten finden Sie eine Auswahl an solchen Kategorien, die keineswegs nur, aber eben auch in Deutschland verbreitet sind und deshalb einen festen Platz in der Forschung und in Aufklärungsprogrammen haben.

Kreuzen Sie im ersten Kästchen mit zwei verschiedenen Farben an, (a) welche Sie kennen (im Sinne von: ich weiß, was das umfasst) oder (b) eine Vermutung haben, was das umfassen könnte. Wenn Ihnen der Begriff nichts sagt, gehen Sie weiter zum nächsten.

Kreuzen Sie im zweiten Kästchen ebenfalls mit zwei verschiedenen Farben an, welchen Sie bereits als (c) Beteiligte/r oder (d) Beobachter/in begegnet sind. Ergänzen Sie bei Bedarf gerne weitere Kategorien und setzen Sie die passenden Kreuze.

☐ ☐ Ableismus, ☐ ☐ Adultismus, ☐ ☐ Ageismus, ☐ ☐ Antiislamismus, ☐ ☐ Antiromaismus/ Antisintiismus, ☐ ☐ Antisemitismus, ☐ ☐ Antiziganismus, ☐ ☐ Colorism, ☐ ☐ Diskriminierung Ost, ☐ ☐ Featurism, ☐ ☐ Heterosexismus, ☐ ☐ Homofeindlichkeit, ☐ ☐ Klassismus, ☐ ☐ Lookismus, ☐ ☐ Migratismus, ☐ ☐ Othering, ☐ ☐ Rassismus, ☐ ☐ Sexismus, ☐ ☐ Texturism, ☐ ☐ Tokenismus, ☐ ☐ Transmiseoismus

Wie viel Diskriminierung im Zusammenhang mit Diversitätsmerkmalen in unserer Gesellschaft vorhanden ist, wurde bereits aus unterschiedlichen Perspektiven beleuchtet. In der Fachdiskussion werden u.a. die folgenden Diskriminierungsformen unterschieden:

- **Direkte Diskriminierung** → offene Benachteiligung aufgrund spezifischer Merkmale (vgl. die Beispiele in Kap. 6.1 bis 6.7)
- **Indirekte Diskriminierung** → verdeckte Benachteiligung durch vermeintlich neutrale Regeln (z.B. generell keine Aufstiegschancen für Teilzeitbeschäftigte)
- **Strukturelle Diskriminierung** → Muster in sozialen Strukturen, die zu Benachteiligung führen (z.B. Racial Profiling, Benachteiligung bei den Gymnasialempfehlungen für Schüler/innen mit Migrationshintergrund)
- **Institutionelle Diskriminierung** → etablierte diskriminierende Praktiken in Institutionen (z.B. Gender Pay Gap, fehlende Barrierefreiheit in Gebäuden oder im Internet)
- **Interpersonelle Diskriminierung** → Diskriminierung von Menschen oder Menschengruppen durch Einzelpersonen (z.B. Beleidigungen, Ausgrenzungen in der Öffentlichkeit, am Arbeitsplatz, in der Schule usw.)
- **Internalisierte Diskriminierung** → verinnerlichte diskriminierende Denkmuster, die tief im Unterbewusstsein von Menschen verankert sind; kann auch bei Menschen auftreten, die selbst von Diskriminierung betroffen sind
- **Intersektionale Diskriminierung** → Mehrfachdiskriminierung; Benachteiligung wegen mehrerer Merkmale gleichzeitig (vgl. Kap. 6.8)

Diskriminierung manifestiert sich auf vielfältige Weise, kann offen-aggressiv auftreten oder verdeckt und subtil. Sie zeigt sich in kleinen Gesten, Kommentaren oder Handlungen und wird oft unbewusst und unwissentlich kommuniziert. Sie beeinträchtigt das Selbstwertgefühl und die Lebensqualität der Betroffenen auf Dauer massiv.

Das Thema für alle Vielfaltsdimensionen zu analysieren, würde den Rahmen dieser Publikation sprengen. Die meisten Diskriminierungen in Deutschland finden aus ethnischen, rassistischen Gründen statt. Wie verdeckte, subtile Diskriminierung aussehen und wirken kann, wird deshalb exemplarisch am Thema *Alltagsrassismus* dargestellt.

12.1 Rassismus und Alltagsrassismus

Das Phänomen *Rassismus* ist in den vorangegangenen Kapiteln an mehreren Stellen berücksichtigt und teilweise erläutert worden. Zur genaueren Positionierung des Begriffs *Alltagsrassismus* werden die beiden Bezeichnungen und die dahinter liegenden Phänomene hier genauer skizziert und voneinander abgegrenzt.

12.1.1 Rassismus

Rassistische Haltungen, Rassebegriff, Rassenideologie und die Vorstellung der überlegenen *weißen* europäischen „Rasse“ entstanden im Kontext der kolonialen Expansion Europas im 15. Jahrhundert. Im 17. Jahrhundert wurden sie von Forschern und Gelehrten pseudowissenschaftlich begründet. Menschen wurden nach vermeintlich genetischen und biologischen Kriterien in verschiedene „Rassen“ unterteilt. Philosophen wie Voltaire (1694–1778) oder Kant (1724–1804) verbreiteten den Rassebegriff im 18. Jahrhundert in intellektuellen Kreisen. Durch Imperialismus, Sozialdarwinismus und Eugenik gewann das Rassekonzept im 19. Jahrhundert ein großes gesellschaftlich-politisches Gewicht. Schriften von Arthur de Gobineau (1816–1882, französischer Diplomat und Schriftsteller) sowie Houston Stewart Chamberlain (1855–1927, englisch-deutscher Schriftsteller) etablierten die Idee der überlegenen europäischen Rasse in weiten Bevölkerungsschichten. Chamberlains bekanntestes Werk *Die Grundlagen des neunzehnten Jahrhunderts* (1899) wurde bald zum Standardwerk des rassistischen und ideologischen Antisemitismus in Deutschland. Erst in den 1920er- und 30er-Jahren formierte sich deutlicher Widerstand gegen diese Rassentheorien, für die Biologen und Anthropologen schließlich den Begriff *Rassismus* einführten (vgl. Deutscher Bundestag 2020: 4f.).

Zu den vielen Definitionen des Begriffs *Rassismus* gehört die von Albert Memmi (1920–2020, tunesisch-französischer Schriftsteller und Soziologe). Mitte der 1980er-Jahre schrieb er:

> Rassismus ist die verallgemeinerte und verabsolutierte Wertung tatsächlicher oder fiktiver Unterschiede zum Nutzen des Anklägers und zum Schaden seines Opfers, mit der seine Privilegien oder seine Aggressionen gerechtfertigt werden sollen. (Memmi 1987, zitiert nach Spetsmann-Kunkel 2016: 116)

In dieser Definition werden drei Aspekte von Rassismus hervorgehoben (vgl. ebd.: 116f.):

- Es geht um Unterschiede, die von denjenigen, die sich für überlegen halten, konstruiert werden und fiktiv oder fingiert sein können.

- Diese Unterschiede werden bewertet. An dieser Stelle beginnt nach Memmi der Rassismus.
- Die Bewertungen dienen der Legitimierung von Diskriminierung und Gewalt durch die überlegene Gruppe.

Wie bereits erläutert, ist die Bezeichnung *Rasse* (im Gegensatz zu Englisch *race*) in der deutschen Sprache aufgrund der Nazivergangenheit negativ konnotiert, sehr umstritten und wird möglichst nicht benutzt (obwohl sie beispielsweise weiterhin im Grundgesetz steht[58]). Stattdessen wird oft das Wort *Kultur* benutzt. Hierzu schreibt der deutsche Philosoph Theodor von Adorno (1903–1969): „Das vornehme Wort Kultur tritt anstelle des verpönten Ausdrucks ‚Rasse', bleibt aber ein bloßes Deckbild für den brutalen Herrschaftsanspruch" (Adorno 1955/1986, zitiert nach Spetsmann-Kunkel 2016: 118).

In der neueren Geschichte der Bundesrepublik Deutschland werden die Begriffe *Rassismus* oder *rassistische Diskriminierung* von vielen ebenfalls nicht gern gesehen und durch Bezeichnungen *wie Fremdenfurcht*, *Fremden-* oder *Ausländerfeindlichkeit* ersetzt. Allerdings hat dieses Vermeiden der genannten Begriffe meist eine andere Funktion: Viele Menschen wollen sich nicht vorwerfen lassen oder akzeptieren, dass sie sich (bewusst oder unbewusst) auch rassistisch äußern oder so handeln, und suchen deshalb nach vermeintlich harmloseren Begriffen. Die genannten Alternativen sind jedoch selbst rassistisch und dokumentieren die gleichen Machtstrukturen. Sie klassifizieren Menschen in Fremde und Ausländer auf der einen Seite und die eigene Mehrheitsgesellschaft auf der anderen Seite. Außerdem beziehen sie sich meist auf Menschen, die weder Ausländer/innen noch Fremde, sondern längst Teil der deutschen Gesellschaft sind (z.B. solche mit Migrationshintergrund oder -geschichte) (vgl. Lavorano 2019: 2f.). Terkessidis stellt hierzu die Frage: „Warum sind Migranten nach fast fünf Jahrzehnten der Einwanderung nach Deutschland immer noch ‚Ausländer' oder ‚Fremde'?" (Terkessidis 2004: 8) und weist auf folgende Problematik hin: „In diesen Begriffen wird vorausgesetzt, dass der Gegenstand, über den gesprochen werden soll, ‚feindliche' Einstellungen, Gefühle oder Taten einer einheimischen Bevölkerung gegen eine ‚fremde' Bevölkerung umfassen würde" (ebd.).

12.1.2 Alltagsrassismus

Die Menschenrechtsorganisation *Amnesty International* beschreibt Alltagsrassismus als eine

> Form von Rassismus, die für die meisten Menschen, die nicht direkt von ihm betroffen sind, unsichtbar bleibt [...]. Er wird oft verneint oder heruntergespielt und Betroffenen wird gesagt, sie sollen sich doch bitte nicht so anstellen. Dieser alltägliche Rassismus

58 Unterschiedliche Fachleute empfehlen seit Jahren den Begriff „Rasse" aus dem Grundgesetz zu streichen. Die aktuelle Bundesregierung hatte sich diese Aufgabe in ihrem Koalitionsvertrag selbst gestellt. Am 09.02.2024 wurde aber bekanntgegeben, die Formulierungen im Grundgesetz nun doch so zu belassen. Zum einen gab es „erhebliche [juristische] Bedenken, welche Formulierung das gleiche Schutzniveau garantiert" (https://www.tagesschau.de/inland/grundgesetz-rasse-begriff-100.html). Zum anderen sei auch der Zentralrat der Juden in Deutschland dagegen, da der Begriff eine Erinnerung an die Ermordung von Millionen Jüdinnen und Juden sei. Es bestehen Bedenken, dass mit der Streichung dieser „Erinnerung aus unserer Verfassung, [...] wir sie irgendwann auch aus unserem Gedächtnis streichen [werden]" (ebd.).

> entsteht oft ungewollt und aus Unwissenheit, manchmal aber auch aus schierer Ignoranz. (Amnesty International 2016: 3)

Die Kulturwissenschaftlerin Susan Arndt definiert Alltagsrassismus als „eine meist unbewusste soziale Praxis verinnerlichter Vorurteile, die in der bundesdeutschen Gesellschaft strukturell verankert und tradiert ist" (Arndt 2001: 11). Ferda Ataman, die Publizistin und aktuelle Bundesbeauftragte für Antidiskriminierung, betont, typisch für diese moderne Form von Rassismus sei, „dass Menschen denken, eine Person sei soundso wegen ihrer mutmaßlichen Herkunft, Kultur oder Religion" (Ataman 2019: 133). Ob die Person tatsächlich einer bestimmten Kultur, Religion oder anderen Gruppe von Menschen angehört, wird bewusst oder unbewusst ignoriert.

> Alltagsrassismus hat viele Gesichter. [...] Es sind die abwertenden Blicke im Bus, die rassistischen Rufe im Stadion oder auch die Zurückweisung an der Diskotür. Der mit zweierlei Maß messende Ausbilder, die rassismusunsensiblen Kolleg_innen oder die diskriminierenden Darstellungen in Büchern, Zeitungen und Filmen. (Amnesty International, 2016: 7)

Diese Liste könnte man lange weiterführen, sie ist aber bereits lang genug, um zu verdeutlichen, worum es beim Thema *Alltagsrassismus* geht. Das Kapitel zielt darauf ab, ein Bewusstsein dafür zu schaffen, wie oft wir Aussagen machen, die unbeabsichtigt rassistisch sind – aus Naivität, Unwissenheit oder Hartnäckigkeit. Das Thema ist sehr umfassend und allgegenwärtig. Ganz gleich welche und wie viele Aspekte man herausnimmt und erläutert, es ist doch immer nur eine kleine, begrenzte Auswahl, ein Tropfen auf den heißen Stein. Für dieses Kapitel habe ich mich für konkrete Beispiele entschieden, die besonders häufig auftreten und meist ganz unbedarft daherkommen. Sie sollen aufzeigen, wie sich subtiler Alltagsrassismus in scheinbar nett gemeinten Komplimenten oder vermeintlich harmlosen Fragen versteckt und warum der Satz „Das war doch nicht so gemeint" keine Entschuldigung ist. Damit Sie möglichst viel für sich herausholen können, möchte ich Sie dazu ermuntern, die folgenden Aspekte zu beherzigen:

- Gehen Sie offen und empathisch an das Thema heran.
- Kalkulieren Sie ein, dass Sie an manchen Stellen vermutlich Ihre Komfortzone verlassen müssen oder dass es auch unangenehm werden könnte. Und halten Sie es aus, wenn es so kommt.
- Verfallen Sie nicht in einen Rechtfertigungsmodus oder Abwehrmechanismus.
- Sehen Sie das Ganze als Chance, Ihre blinden Flecken zu erkunden und positive Konsequenzen für künftiges Handeln daraus zu ziehen.

12.2 Alltagsrassismus und Mikroaggressionen

Der Begriff *Mikroaggression* geht zurück auf den US-amerikanischen Psychiater Chester M. Pierce (1927–2016). Erstmals 1969 beschrieb er damit die Beleidigungen und Abweisungen, die er regelmäßig von nicht-schwarzen US-Amerikaner/innen gegenüber Menschen afroamerikanischer Abstammung beobachtete (vgl. Johnson & Johnson 2019: 2). Dabei handelt es sich um subtile, oft unbewusste Kränkungen und Herabwürdigungen, denen Angehörige von Minderheiten im Alltag ausgesetzt sind. Heute versteht man unter Mikroaggressionen kurze, alltägliche verbale, non- oder paraverbale, verhaltens- oder umgebungsbedingte Demütigungen, Beleidigungen und Angriffe, die – mit oder ohne Absicht, bewusst oder unbewusst – an Mitglieder marginalisierter Gruppen oder ganze Gruppen gesendet werden. Sie beinhalten negative, rassistische und/oder abwertende Botschaften (vgl. Sue et al. 2007: 272).

Sue et al. unterscheiden drei Kategorien von Mikroaggressionen: *Mikro-An- oder Übergriffe (microassaults), Mikro-Beleidigungen (microinsults)* sowie *Mikro-Ausgrenzungen und -Herabwürdigungen (microinvalidations)* (vgl. ebd: 271). Diese Kategorisierung umfasst grundsätzlich rassistische, geschlechtsspezifische und auf die sexuelle Orientierung bezogene Mikroaggressionen. In den folgenden Abschnitten stehen jedoch die rassistischen Äußerungen und Verhaltensweisen im Fokus.

12.2.1 Mikro-An- und -Übergriffe/Microassaults

Mikro-An- und Übergriffe sind bewusste und absichtliche verbale, non- oder paraverbale Angriffe auf individueller Ebene. Hierzu gehören explizite rassistische Herabwürdigungen, die betroffene Personen durch Beschimpfungen, ausweichendes Verhalten oder gezielte diskriminierende Handlungen beleidigen oder ausgrenzen sollen (vgl. Sue et al. 2007: 274). Hier einige Beispiele:

- Verwenden von rassistischen Schimpfwörtern oder Symbolen
- Bevorzugung *weißer* Personen im öffentlichen Raum (Behörden, Theater, Restaurant u.a.)
- Jemanden als *farbig, orientalisch, Gastarbeiter, Ausländer* usw. bezeichnen
- Sätze wie „*Schau lieber, was in deinem eigenen Land passiert*“ (Ipolito 2021: 92) oder „*Du bist so aggressiv. Deinetwegen sind die Rechtspopulisten im Bundestag*“ (ebd.: 95) gegenüber Menschen aus Familien mit Migrationsgeschichte
- Äußerungen wie „*Wenn ich mich nicht wasche, sehe ich aus wie du*“ (Otoo 2021: 58f.) gegenüber Schwarzen Menschen

12.2.2 Mikro-Beleidigungen/Microinsults

Mikro-Beleidigungen sind subtile, unsensible und oft unbewusste brüskierende Äußerungen oder Verhaltensweisen, welche die ethnische Herkunft oder Identität einer Person herabsetzen. Sie beinhalten versteckte, beleidigende Botschaften an Personen aufgrund ihrer Herkunft und ihres äußeren Erscheinungsbilds (vgl. Sue et al. 2007: 274). Beispiele hierfür sind:

- Rassistische Witze
- Der Ladendetektiv, der sich auf Menschen konzentriert, die er als „*afrikanisch*“, „*arabisch*“, „*orientalisch*“ usw. wahrnimmt und denen er deshalb per se kriminelle Energie unterstellt
- Fragen und Äußerungen wie *Wie bist du denn an deinen Job gekommen?* oder *Na, da war doch sicher die Migrant/innen-Quote im Spiel?* an eine BIPoC-Person[59] richten und ihr damit mangelnde Qualifikation unterstellen

59 BIPoC steht für „Black, Indigenous, People of Color“ und bezieht sich auf alle nicht-*weißen* Menschen, die aufgrund ihrer Hautfarbe oder ethnischen Zugehörigkeit diskriminiert werden. Es ist eine Erweiterung des Akronyms PoC. Dies wiederum „ist eine Selbstbezeichnung von Menschen mit Rassismuserfahrung, die nicht als weiß, deutsch und westlich wahrgenommen werden und sich selbst nicht so definieren“ (NdM-02). PoC ist ursprünglich u.a. zur Solidarisierung mit Schwarzen Menschen entstanden. Neben der Erweiterung BIPoC ist auch die Bezeichnung BPoC (Black and People of Color) geläufig. In allen Varianten geht es nicht um Hautfarben, sondern um Rassismus und Macht einer *weißen* Mehrheitsgesellschaft (vgl. ebd.).

- Die Annahme, jemand sei aufgrund der Herkunft in bestimmten Tätigkeiten besonders begabt, habe bestimmte Vorlieben, abweichende Eigenschaften, Körperreaktionen o.Ä.
  → **Allgemein** → *Du spielst bestimmt super Tischtennis, oder? Du bist doch Asiatin.* (vgl. Amnesty International 2016: 12); *Ihr Asiaten seid alle so diszipliniert und fleißig.*
  → **Speziell an Schwarze Personen gerichtet** → *Du magst ja sicher Reggae, oder?; Wirst du im Sommer eigentlich brauner?; Bekommst du einen Sonnenbrand?; Schwitzt du im Sommer überhaupt? Du bist doch Hitze gewöhnt.*
- Nonverbale Verhaltensweisen gegenüber bestimmten benachteiligten Personen(gruppen) → das schlagartige Wechseln der Straßenseite, wenn einem ein Schwarzer Mensch (besonders ein Mann) entgegenkommt; das Festkrallen der Handtasche oder Wechseln des Sitzplatzes, wenn sich ein „arabisch aussehender" Mann im Bus neben einen setzt; das kurze Blitzen in den Augen des Gegenübers, wenn eine (Schwarze) Frau mit Kopftuch den lokalen Dialekt spricht u.v.m.

12.2.3 Mikro-Ausgrenzungen und -Herabwürdigungen/Microinvalidations

Mikro-Ausgrenzungen und -Herabwürdigungen zeigen sich in Kommunikationsformen, welche die Gedanken, Gefühle, Identität oder Erfahrungswirklichkeit von Mitgliedern ethnischer Minderheiten ausschließt, herabsetzt, negiert oder zunichte macht (vgl. Sue et al. 2007: 274f.). Sie tragen dazu bei, die Marginalisierung und Ausgrenzung von Minderheiten aufrechtzuerhalten, indem ihre Erfahrungen und Identitäten immer wieder in Frage gestellt oder abgewertet werden. Hierzu gehören die folgenden Aussagen:

- Bist du lieber in deiner Heimat oder hier in Deutschland? (vgl. Bota et al. 2012: 49)
- Du fährst bestimmt jedes Jahr nach Hause, oder?
- Fühlst du dich mehr türkisch oder mehr deutsch? (vgl. ebd.)
- Fühlst du dich hin- und hergerissen zwischen deiner russischen und deiner deutschen Mentalität? (vgl. Gorelik 2012: 10)
- Wie viel Prozent an Ihnen sind denn russisch und wie viel deutsch? (vgl. ebd.)
- Wie ist das eigentlich bei euch in …?
- Bei euch im Iran ist Safran bestimmt billig, oder? (vgl. Yaghoobifarah 2021: 71)
- Wieso verhält sich eure Regierung so?
- Warum seid ihr Muslime/Südländerinnen/Asiaten immer …?
- Nervt dich der Regen hier nicht? In Spanien scheint doch immer die Sonne.
- Bist du adoptiert? (gegenüber Schwarzen Menschen)
- Ah, du kommst aus Tansania? Ich war auch schon mal in Kenia.
- „Warum sagst du nicht gleich, dass du aus Ghana kommst?" (Otoo 2021: 62) (zu einer Schwarzen Person, die in Deutschland geboren und aufgewachsen ist, usw.)

In diese Gruppe von Mikroaggressionen gehören auch zwei weit verbreitete Äußerungen sowie eine Kombination aus Aussage und übergriffigem Verhalten gegenüber bestimmten Menschen, die quasi zu den „Klassikern" gehören und immer wieder zu Missverständnissen und Diskussionen führen. Sie werden deshalb genauer dargestellt.

Klassiker 1 – Sie sprechen/du sprichst aber gut Deutsch.

Zur Einleitung erzähle ich Ihnen eine Episode, die mir selbst passiert ist und die stellvertretend für sehr viele ähnliche Erfahrungen von Menschen in Deutschland steht. Dazu vorab einige Informationen: Ich bin als Kind griechischer Eltern in Deutschland geboren und aufgewachsen. Das sieht und hört man nicht. Nur mein Name gibt Anlass zu Spekulationen. Manche Leute schlussfolgern, ich sei mit einem Griechen verheiratet. Deutlich mehr finden: „Sie sprechen/du sprichst aber gut Deutsch." Und nun die Geschichte:

Irgendwo in Süddeutschland. Ich leite einen Workshop für Dozierende in den Integrationskursen, also Menschen, welche die deutsche Standardsprache unterrichten. Die Teilnehmenden kommen aus den umliegenden Städten. In der ersten Pause holt mich eine Teilnehmerin auf dem Weg zum WC ein und sagt: „So guad wie Sie würd i au gern oi Schbrache schbrecha." Dabei strahlt sie über das ganze Gesicht. Ich schaue sie stumm und neutral an, verziehe keine Miene und denke insgeheim: „Na, dann fangen Sie doch am besten mal bei Ihrer Muttersprache an." Kaum zu Ende gedacht, fügt sie hinzu: „Also, oi Fremdschbrache mai i natierlich" und verschwindet im WC. (Karagiannakis 2022c: 108).

Bewertungen der Deutschkenntnisse wie in dem Beispiel gehören zu den häufigsten Ausprägungen von Mikro-Ausgrenzungen und führen immer wieder zu hitzigen Diskussionen. Was denn daran rassistisch sein soll, es sei doch ein Kompliment, ist eine häufige Reaktion. Falls Ihre Familie seit Generationen deutsch ist, in Deutschland lebt und keine Migrationsgeschichte hat, wäre es ein Kompliment, wenn Ihnen jemand aus heiterem Himmel gute Deutschkenntnisse attestieren würde? Oder würden Sie ich fragen: „Hm? Warum sagt er/sie das?" Dieselbe Frage stellen sich auch Menschen **mit** Migrationshintergrund: Warum soll jemand, der/die in Deutschland geboren und aufgewachsen ist, nicht gut Deutsch sprechen? In der Bewertung stecken gleich zwei diskriminierende Haltungen: (1) *Du bist nicht von hier* und (2) *Trotzdem sprichst du gut Deutsch, das ist ungewöhnlich/erstaunlich.* Vielleicht denken Sie jetzt, es gibt aber auch Menschen, die sind hier geboren und aufgewachsen, sie sprechen aber nicht gut Deutsch. Stimmt. Und dazu gehören sehr viele Menschen aus sehr „urdeutschen" Familien. Es sind Menschen, die vielleicht nicht das Glück hatten, in einem sozialen Umfeld aufzuwachsen, das ihnen den Zugang zu höherer Bildung quasi schon bei der Geburt garantiert. Oder Menschen wie die Dame in der Geschichte oben.

Klassiker 2 – Woher kommst du?

Wahrscheinlich kennen Sie die Diskussion um die Frage „Woher kommst du?". Wie die meisten Formen des Alltagsrassismus, will auch sie nicht bewusst ausgrenzen, tut aber genau das. Denn auch diese Frage impliziert: *Etwas an dir ist anders als bei mir und den meisten, etwas ist nicht normal (z.B. der Name, die Hautfarbe, die Haarstruktur). Du bist also nicht von hier.* Besonders ausgrenzend ist das penetrante Nachbohren und Nicht-akzeptieren der Antwort: *Woher kommst du? – Aus Bonn. – Nein, ich meine, woher kommst du wirklich? – Aus Bonn. – Okay, woher kommen deine Eltern? – Aus Bonn. – Und deine Großeltern? ...* Die Absurdität dieses Verhaltens verdeutlicht die Autorin und Aktivistin Noah Sow. Auf die Frage, ob sie mal zurück in ihre Heimat gehen wolle, antwortet sie: „Was, nach Bielefeld? Nee!" (Sow 2009: 199). Bielefeld ist nur ein Stellvertreter für jeden beliebigen Ort in Deutschland, tatsächlich ist Sow in Bayern geboren und aufgewachsen. Und Sow ist Schwarz.

Arbeitsanregung: Manchmal werden Zweifel daran, dass das Gegenüber ein *richtiger* oder *echter* Deutsche ist, „ganz direkt und unverblümt kommuniziert: ‚Mohamed, du bist ein guter Ausländer.'" (Amjahid 2017: 52) Mohamed ist in Deutschland geboren und spricht herausragend Deutsch. Er ist Journalist. Meist wird die Botschaft indirekt formuliert. Lesen Sie hierzu das folgende Fallbeispiel und analysieren Sie es anschließend. Wie beurteilen Sie das Verhalten und die Aussagen der Patientin?

In einer Klinik irgendwo in Deutschland. Die junge Pflegekraft Frau B. ist neu auf der Station, die Kollegin Frau M. begleitet sie. Frau B. hat dunkle Haare, dunkle Augen und spricht akzentfrei Deutsch. Bei einer älteren Patientin, die Dialekt spricht, wechselt Frau B. gekonnt in denselben lokalen Dialekt. Die Patientin fragt: „Sind Sie denn überhaupt eine rechte Deutsche?" – „Was ist denn eine rechte Deutsche?", fragte Frau B. zurück. Statt zu antworten, wendet sich die Patientin an Frau M.: „Macht die das denn alles gut und richtig?" (Sammlung Karagiannakis)

Klassiker 3 – Deine Haare sind cool. Darf ich die mal anfassen?

Personen, die als afrikanisch (oder arabisch, iranisch, chinesisch) gelesen werden, werden oft unerwünscht auf ihre Haare angesprochen. Nicht selten fassen Fremde diese sogar ungefragt an. Hasters beschreibt sehr anschaulich, was das bei den Betroffenen auslösen kann:

> Es ist bei weitem nicht das erste Mal, dass mir eine fremde Person ungefragt in die Haare fasst. Eigentlich passiert es fast immer, wenn ich ausgehe. [...] Ich lasse sie gewähren, fühle mich wie ein braves Tier im Streichelzoo und hoffe, dass es bald vorbei ist. [...] mein ganzes Leben lang [machen] sich Menschen über meine Locken lustig. ‚Hast du in die Steckdose gefasst?', fragten mich Kinder schon in der Grundschule und nannten mich ‚Wischmopp' oder ‚Schaf'. (Hasters 2019: 115f.)

Weitere Typen von Mikro-Ausgrenzungen und -Herabwürdigungen sind

- **die Negierung kultureller Identitäten** → *Ich sehe keine Hautfarbe; Wir sind alle gleich* oder *Ist an dir noch irgendwas italienisch/spanisch/...? Du bist doch vollkommen deutsch.* Solche Äußerungen ignorieren die Tatsache, dass Menschen Erfahrungen als kulturelle Wesen machen.
- **die Abwertung rassistischer Erfahrungen** → *Sei nicht so überempfindlich/kleinlich; Stell dich nicht so an; Jetzt bleib mal locker, das war doch nicht so gemeint.*

12.2.4 Warum das alles zum Alltagsrassismus gehört

Arbeitsanregung: Schauen Sie, bevor Sie weiterlesen, noch einmal die Aussagen in den vorangegangenen Abschnitten an. Was glauben Sie, warum gehören sie zum Alltagsrassismus? Welche Einstellung der Fragenden wird impliziert? Was genau bewirkt das vermutlich bei den Betroffenen?

Sind Sie selbst betroffen? Wie reagieren Sie in solchen Situationen? Was würden Sie sich von den Fragenden wünschen?

Die genannten Beispiele haben viele Merkmale gemeinsam. Menschen werden nach Nationalität, Ethnie oder sonstigen Kriterien sortiert und in Schubladen gesteckt. Die Kriterien sind meistens negativ und basieren auf Vorurteilen oder rassistischem Denken und Handeln.

Einzelpersonen werden nicht als solche wahrgenommen, sondern als Stellvertreter/innen einer ganzen Kulturgruppe betrachtet *(bei euch, eure Regierung, ihr Muslime)*. Die fragende oder kommentierende Person geht dabei selbstverständlich davon aus, dass die angesprochene Person sich mit alldem auskennt. Häufig beinhalten die Kommentare kritische Meinungen und Vorwürfe und manchmal entsteht der Eindruck, als sei die betroffene Person mitverantwortlich für die angenommenen Missstände.

Oft ist die gemeinte Kulturgruppe nicht einmal präzise gewählt. Eine der absurdesten Klassifizierungen dieser Art ist meiner Meinung nach die Bezeichnung „die Afrikaner/innen". Afrika besteht aktuell aus 54 anerkannten Staaten (Stand Frühling 2024), von denen ein großer Teil nicht einmal natürlich gewachsen ist, sondern von Kolonialmächten mit dem Lineal am Reißbrett eingeteilt wurde. Die Menschen in den verschiedenen Gebieten sind genau so ähnlich oder verschieden wie Menschen aus Schweden, Deutschland und Portugal oder aus Ostfriesland, Baden und Franken. Warum also sollte ein/e Afrikaner/in oder eine Person, deren Vorfahren aus einem afrikanischen Land stammen, für den ganzen Kontinent sprechen? Würden Sie sich mit allen Europäer/innen über einen Kamm scheren und für die Zustände in ganz Europa verantwortlich machen lassen?

Leute, die Fragen und Aussagen wie in den Beispielen formulieren, akzeptieren nicht, dass andere Menschen, die in Deutschland geboren und aufgewachsen sind, (1) hervorragend Deutsch sprechen – oder Rheinisch, Hessisch, Schwäbisch ...; (2) dass sie nicht afrikanische, spanische oder südamerikanische, sondern deutsche Temperaturen gewöhnt sind; (3) dass sie sowohl in ihrer Heimat als auch in Deutschland lieber sind – denn Deutschland **ist** ihre Heimat und sie sind richtige Deutsche (und vielleicht trotzdem gleichzeitig auch kenianisch, vietnamesisch, portugiesisch ...).

> Was hier passiert, ist, dass Menschen in Gruppen eingeteilt werden, und zwar in ‚wir' und ‚sie'. ‚Othering', ‚Veränderung' nennt die Soziologie diesen Prozess, der beinhaltet, dass ‚sie' im Gegensatz zum ‚wir' meist negativ bewertet werden. ‚Sie' sind zum Beispiel unzivilisiert, rückständig und kriminell, ‚wir' dagegen zivilisiert, modern und anständig. (Amnesty International 2016: 7)

Ob diese Dinge bewusst oder unbewusst, aus Neugier und Interesse oder in guter Absicht kommuniziert werden, spielt überhaupt keine Rolle. Das „bedeutet nicht, dass sie harmlos wären; sie sind nicht minder wirksam (ebd.)." Im Gegenteil, im Laufe der Zeit können sie Schamgefühle und Demütigungen oder psychische und physische gesundheitliche Beeinträchtigungen bei den Betroffenen auslösen. Rassistisch, beleidigend, diskriminierend usw. ist das, was von den Betroffenen so empfunden wird.

Menschen, die selbst nie Ziel von Rassismus sind, ahnen häufig nicht, wie komplex und allgegenwärtig er ist. Vor allem erkennen sie nicht, was Alltagsrassismus ist und was er bewirken kann. In der Fachdiskussion werden Mikroaggressionen oft mit kleinen Nadel-oder Mückenstichen verglichen: Wenn man mal ein, zwei Stiche abbekommt, ist das unangenehm, aber erträglich. Wird man jeden Tag und immer wieder gestochen, ist das äußerst schmerzhaft und verursacht große Wunden. Daher ist es notwendig, ein

Bewusstsein für allgemeine und die eigenen Mikroaggressionen zu schaffen und eine integrative Umgebung zu fördern.

Die Kategorisierung in *wir* und *sie* und die allzu selbstverständliche Annahme, dass wir „normal" sind, geschieht meist unüberlegt. Das wird sehr plakativ sichtbar, wenn die Betroffenen mal den Spieß umdrehen und nach den gleichen Mustern die Aussagen und Kompetenzen der anderen Person in Frage stellen oder bewerten, etwa so:

- Sie sprechen aber gut Deutsch. → (1) Sie auch. (2) Wieso „aber"? (3) Sie eher nicht.
- Gehst Du mal in Deine Heimat zurück? → Was, nach Bielefeld? Nee! (s.o.)
- Deine Haare sind cool. (s.o.) → Deine auch.
- Sind Sie denn überhaupt eine rechte Deutsche? → (1) Was ist denn eine rechte Deutsche? (s.o.) (2) Sind Sie denn eine/r?
- Bekommst du einen Sonnenbrand? (s.o.) → Und wie! Du etwa nicht?
- Nervt dich der Regen hier nicht? In Spanien scheint doch immer die Sonne. → Doch, der nervt. Ich bewundere, dass ihr Deutsche dieses Mistwetter alle immer so toll findet.
- Du magst ja sicher Reggae, oder? (zu Schwarzen Personen) – Und du Schuhplattler, stimmt's?

Arbeitsanregung: Lesen Sie das Fallbeispiel und notieren Sie, was Ihnen zum Verhalten der beiden Protagonisten auf- und einfällt.

Ein privates Sommerfest in einer Kleinstadt in Deutschland. Unter den Gästen sind:

- *Alexander, Mitte 30. Seine Großeltern sind griechische Migrant/innen der ersten Generation. Der Vater ist, wie er selbst, in Deutschland geboren und aufgewachsen, hat hier die Schule besucht und studiert. Alexander ist ein geselliger Typ, erzählt, lacht und tanzt für sein Leben gern.*
- *Tom, ungefähr so alt wie Alexander. Seine Familie lebt seit Generationen in einem nahegelegenen Ort. Auch er ist sehr gesellig und tanzt gern.*

Die beiden bilden im Laufe des Abends den harten Kern der Tanzbegeisterten.

Es geht auf Mitternacht zu. Tom tanzt, Alexander ist ein Stück weiter ins Gespräch vertieft, da beginnen die ersten Takte der bekannten Filmmusik aus Aléxis Sorbás. „Oh, jetzt wird's griechisch", sagt jemand. Alexander schaut auf, lacht und sagt: „Ihr wisst aber schon, dass das kein traditioneller Tanz ist, oder? Der wurde damals erfunden, weil der vorgesehene Tanz viel zu schwer für die Schauspieler war." Einige Leute lachen. Da steht Tom mit ausgestreckten Armen vor Alexander und strahlt ihn an. „Du, sorry, ich mag jetzt nicht", sagt dieser ruhig. „Aber ich hab' das Stück extra für dich ausgesucht!", protestiert Tom vehement und sichtlich enttäuscht. Jemand ruft: „Das ist ja überhaupt kein griechischer Tanz, der wurde nur für den Film erfunden." Bevor Alexander reagieren kann, sagt Tom vorwurfsvoll: „Aber mein griechischer Freund Jannis liebt dieses Lied und tanzt mit Inbrunst! Dem glaub' ich mehr als dir, der spricht auch nicht so gut Deutsch wie du." Daraufhin wendet er sich ab. (Sammlung Karagiannakis)

Analysieren Sie die Situation unter dem Aspekt des Alltagsrassismus und beantworten Sie die folgenden Fragen:

- Wie beurteilen Sie Toms Verhalten?
- Welche Vorannahmen, Einstellungen, Stereotype, Vorurteile usw. liegen seinem Verhalten und seinen Aussagen zugrunde?
- Was hätten Sie gemacht, wenn Sie in dieser Situation anwesend gewesen wären?

Ist Ihnen selbst auch schon mal so etwas passiert – als Tom oder als Alexander? Was ist danach passiert? Wie haben Sie oder die andere Person reagiert?

12.3 Ein Blick auf die anderen Beteiligten

12.3.1 Weißsein, White Privilege und White Supremacy

Der Begriff ***Weißsein*** hat keinerlei biologische Grundlage, sondern ist sozial konstruiert, ein unsichtbares Selbst- und Identitätskonzept und beschreibt die dominante und privilegierte Position *weißer* Menschen in der Gesellschaft. *Weiß*sein hat im Laufe der Geschichte eine rassistische Hierarchie geschaffen, in der nicht-*weiße* Menschen minderwertig sind. Oft wird fälschlicherweise angenommen, dass ***weiße*** **Privilegien** (*White Privilege*) auf Einzelpersonen zutreffen, die Sozialwissenschaft meint damit jedoch Gruppen. Da Einzelpersonen immer verschiedenen Gruppen angehören, kann es dazu kommen, dass auch *Weiße* aufgrund ihrer Zugehörigkeit zu anderen benachteiligten Gruppen (z.B. Homosexuelle oder Angehörige bestimmter Migrant/innen-Gruppen) Diskriminierung erfahren.

*Weiß*sein bedeutet nicht, in Luxus und Überfluss zu schwelgen, und auch nicht, dass *weiße* Menschen es immer leicht haben und nie kämpfen müssen (vgl. Eddo-Lodge 2020: 98). Sie sind jedoch Mitglieder der Mehrheitsgesellschaft, nehmen sich oft so wahr, als hätten sie keine Ethnizität, obwohl sie von ihrem *Weiß*sein profitieren. Dieses umfasst Privilegien und Macht, allem voran das Privileg, sich nicht mit Rassismus auseinandersetzen zu müssen, weil man nicht davon betroffen ist. „White Privilege ist die Abwesenheit der negativen Folgen von Rassismus. [...] [Es] ist die Tatsache, dass deine Hautfarbe, wenn du weiß bist, den Verlauf deines Lebens mit großer Sicherheit positiv beeinflussen wird. Und du wirst es wahrscheinlich nicht einmal bemerken“ (ebd.: 97f.).

Konkrete Beispiele für *weiße* Privilegien sind (vgl. VUK-01):

- Als Individuum (und nicht als Teil eines Kollektivs) betrachtet zu werden
- Sich als normal und dazugehörig zu fühlen, statt immer wieder als fremd deklariert zu werden
- Nicht immer wieder erklären zu müssen, warum man im Land, in dem man geboren ist, lebt und zu Hause ist
- Nicht über die eigene Hautfarbe sprechen zu müssen
- Nicht von wildfremden Menschen nach der Herkunft ausgefragt zu werden usw.

Von Deutschen wird der Begriff *Weiß*sein häufig als rassistisch bezeichnet und zurückgewiesen.

White Supremacy (*Weiße* Überlegenheit) ist eine Ideologie, die besagt, dass *weiße* Menschen, ihre Gedanken, Haltungen und ihr Verhalten den BIPoC, ihren Vorstellungen und ihrem Handeln überlegen sind. Dieses System der *weißen* Dominanz durchdringt unsere gesamte Gesellschaft, Institutionen und zwischenmenschliche Beziehungen. Es ist ein selbsterhaltender Kreislauf, der Kolonialismus, Unterdrückung und Ausbeutung ebenso wie Ungerechtigkeit und Gewalt gegenüber BIPoC weiter verstärkt. Eine Kultur der *White Supremacy* perpetuiert sich selbst, indem sie BIPoC systematisch ausschließt (vgl. VUK-02).

12.3.2 White Fragility und Critical Whiteness

Die Bezeichnung ***White Fragility*** (*Weiße* Zerbrechlichkeit) wurde ab 2011 von Robin DiAngelo (*1956, US-amerikanische Soziologin und antirassistische Aktivistin) geprägt.

Sie beschreibt die Reaktionen und Abwehrmechanismen, die weiße Menschen zeigen, wenn sie mit strukturellem Rassismus in ihrer Umgebung, mit ihrem eigenen Rassismus oder ihren rassistischen Tendenzen konfrontiert werden. Das sind etwa emotionale Reaktionen wie Wut, Angst, Scham oder Schuld, Diskussionen, Vermeidungsverhalten durch Schweigen oder Verlassen der Situation. Nach DiAngelo führt die privilegierte Stellung *weißer* Menschen oft dazu, dass sie nicht die Notwendigkeit sehen oder die Fähigkeit haben, sich kritisch mit Rassismus auseinanderzusetzen. Als Reaktion darauf hören von Rassismus Betroffene auf, über ihre Erfahrungen zu sprechen, aus Sorge, dafür angegriffen zu werden. So wandert der Fokus weg von den Betroffenen und hin zu den Befindlichkeiten der Nicht-Betroffenen, was wiederum das bestehende System des *Weiß*seins verstärkt (vgl. DiAngelo 2018; VUK-03).

Critical Whiteness (kritisches *Weißsein*) bedeutet, sich der eigenen Privilegien, die man wegen einer vorherrschenden Hautfarbe und Ethnie genießt, bewusst zu werden, die Auswirkungen dieser Privilegien zu erkennen und sie anzuerkennen. Dem Ansatz liegt die Annahme zugrunde, dass *weiße* Menschen die Welt anders wahrnehmen als nicht-*weiße* und dass sie vielfältige strukturelle Vorteile haben (soziale, ökonomische, politische, kulturelle). *Weiß*sein wird als geltende Norm betrachtet, Schwarze Menschen und BIPoC werden als „die Anderen" abgestempelt (s.o. *Othering*). Im Gegensatz zur herkömmlichen Rassismusforschung, die sich auf Ausgrenzung konzentriert, zielt *Critical Whiteness* darauf ab, das *Weiß*sein als Norm kritisch zu hinterfragen, das Bewusstsein für eigene Privilegien zu schärfen und deren Auswirkungen zu verstehen. In Deutschland hat *Critical Whiteness* seit den frühen 2000er-Jahren an Bedeutung gewonnen und etablierte sich als Forschungsfeld. Allerdings ist es wegen der bereits genannten Abwehrreaktionen noch nicht weit verbreitet (vgl. VM-02).

12.4 Allyship – Was tun gegen Rassismus und andere Diskriminierungsformen?

Jeder Mensch hat grundsätzlich das Potenzial, Rassismus und anderen Diskriminierungsformen entgegenzutreten und sie zu bekämpfen. Das gilt insbesondere für diejenigen von uns, die der Mehrheitsgesellschaft angehören, denn hier liegt der Ursprung von Diskriminierung – und nicht bei denjenigen, die diskriminiert werden. *Weiße* Privilegien und *weiße* Vorherrschaft sind keine Märchen, sondern Realität.

Im Zusammenhang mit antirassistischen Theorien und Maßnahmen hat sich der Begriff *Allyship* (von engl. *ally* → Verbündeter) entwickelt. Er wurde in der Bedeutung „the state or condition of being an ally: supportive association with another person or group" (https://www.merriam-webster.com/dictionary/allyship) 1849 zum ersten Mal in den USA benutzt und später präzisiert: „specifically: such association with the members of a marginalized or mistreated group to which one does not belong" (ebd.). In dieser Bedeutung wird er seit den 1970er-Jahren gebraucht, zunächst vor allem in der LGBTQ-Szene. Spätestens seit der *Black Lives Matter*-Bewegung im Jahre 2020 ist er über die USA hinaus und auch im deutschsprachigen Raum weit verbreitet und populär.

Allyship umfasst eine aktive und konsequente Praxis von Personen der privilegierten Mehrheitsgesellschaft, die in Solidarität mit einer marginalisierten Gruppe handeln, ihre Privilegien und Macht bewusst anerkennen und Verantwortung übernehmen, um Ungerechtigkeit und Unterdrückung gegenüber marginalisierten Gruppen entgegenzuwirken. Dabei ist Allyship kein einmaliger Akt, sondern ein lebenslanger Prozess. Beziehungen müssen aufgebaut werden und das erfordert Ausdauer, Selbstreflexion, kontinuierliches Engagement u.a. Nur so können *weiße* Menschen und andere Privilegierte einen echten Beitrag zur Bekämpfung von Rassismus und anderen Formen der Diskriminierung leisten. Zum Ally wird man aber nicht, indem man sich selbst als solche/r definiert, sondern indem diejenigen, die unterstützt werden, die konkreten Aktivitäten und den Einsatz der Privilegierten als solche anerkennen (vgl. VUK-04; NdM-01).

Was kann und sollte man nun ganz konkret gegen Diskriminierung tun? Die nachstehende Liste umfasst eine Auswahl an Vorschlägen. Wenn dabei *Rassismus* explizit genannt wird, sind andere Diskriminierungsformen mitgemeint. (vgl. Amnesty International 2016: 11; Ogette 2019: 121f; https://hateaid.org/allyship):

- Je mehr Sie über Rassismus wissen, desto besser können Sie ihm entgegentreten. Erweitern Sie Ihr Wissen regelmäßig, indem Sie sich informieren und weiterbilden.
- Bemühen Sie sich offene und versteckte Formen von Rassismus zu erkennen und reagieren Sie.
- Setzen Sie sich regelmäßig selbstkritisch mit dem Thema auseinander. Reflektieren und hinterfragen Sie Ihre Privilegien und akzeptieren Sie, dass und wie diese andere benachteiligen können. Verändern Sie ggf. das eigene Verhalten.
- Sprechen Sie nicht **für** oder über Menschen mit Rassismuserfahrungen, sondern **mit** ihnen. Hören Sie Ihnen aktiv zu, glauben Sie ihnen, versuchen Sie, Ihre Perspektive zu verstehen, ohne sie zu bewerten.
- Bemühen Sie sich, Sensibilität für die Betroffenen zu entwickeln, lassen Sie ihnen genügend Raum und unterstützen Sie sie.
- Sprechen Sie Rassismus an, wenn Sie welchen erkennen. Blenden Sie ihn nicht aus, sondern positionieren Sie sich explizit gegen Diskriminierung und Ungerechtigkeit.
- Suchen Sie Gleichgesinnte und gehen Sie gemeinsam gegen Rassismus vor. Praktizieren Sie gemeinsam eine Kultur der Akzeptanz und ermutigen Sie mehr privilegierte Menschen es ebenfalls zu tun.
- Tragen Sie dazu bei, marginalisierte Gruppen sichtbar zu machen und ihre Selbstbestimmung zu fördern.
- Setzen Sie sich für Chancengleichheit und Inklusion ein, auch wenn Sie selbst nicht betroffen sind.
- Wenn das Thema *Rassismus* lautet, sprechen Sie über Rassismus – und nicht über Ihre eigenen Befindlichkeiten. Diese sind auch wichtig, aber an anderer Stelle. Ziehen Sie das Thema und die Aufmerksamkeit nicht auf sich.
- Wenn Sie jemand darauf hinweist, dass Ihre Äußerung oder Ihr Verhalten rassistisch ist, halten Sie inne und atmen Sie tief durch. Reagieren Sie nicht beleidigt oder vorwurfsvoll. Werfen Sie der betroffenen Person nicht Überempfindlichkeit o.Ä. vor, machen Sie sie nicht zum Täter/zur Täterin und sich selbst zum Opfer (*Opfer-Täter-Umkehr*).

12.5 Ausblick

Wie bereits erwähnt, hat Alltagsdiskriminierung viele Gesichter – quer durch alle Diversity-Dimensionen und auch quer durch die Bevölkerung. Es vergeht kein Tag, an dem keine Diskriminierungsfälle in den Medien bekannt werden, solche mit großer medialer Präsenz, und solche, die unauffällig in regionalen Zeitungen und sonstigen Medien erscheinen, von den Kommentaren in den sozialen Netzwerken ganz zu schweigen. Die sehr winzige Auswahl an (zum Zeitpunkt der Manuskripterstellung) aktuellen Schlagzeilen aus Deutschland möge das verdeutlichen:

Bundeswehr hat 156 schwule Soldaten wegen Diskriminierung entschädigt – Seit 2021 können Soldaten eine Entschädigung beantragen, wenn sie bei der Truppe Homophobie erfahren haben. Rund 80 Prozent der Anträge wurden positiv beschieden. ZEIT Online, 12.01.2024

‚Immerhin kein Kerl'. Rassistischer Shitstorm gegen Miss Germany Apameh Schönauer. Berliner Morgenpost, 26.02.2024

Skandalverleihung bei der Berlinale: Die Schande von Berlin. – Klatschen, feiern und dann gute Nacht? Der Samstagabend auf der Berlinale ist eine vollkommen reale Schauergeschichte zum Thema Antisemitismus in Deutschland im Jahr 2024. Süddeutsche Zeitung, 26.02.2024

Warum verdienen Männer immer noch mehr als Frauen? FAZ Online, 08.03.2024

Update/Aus rassistischen Motiven: Brandenburger Lehrer soll Schüler krankenhausreif geschlagen haben – Ein Lehrer aus der Lausitz steht im Verdacht, mehrere Schüler attackiert und verletzt zu haben. Ein Schüler soll deshalb drei Tage im Krankenhaus gelegen haben. Die Ermittlungen laufen. Tagesspiegel, 13.03.2024

DFB-Elf: ‚Echt furchtbar' – Fans entsetzt über neue Trikots im „feministischen Pink". news.de, 14.03.2024

Rechte Gewalt unter Jugendlichen: Das Erbe der Baseballschlägerjahre – Die Potsdamer Beratungsstelle Opferperspektive registriert einen großen Anstieg rechter Gewalttaten in Brandenburg. Besonders die Entwicklung an Schulen sei alarmierend. Tagesspiegel, 18.03.2024

Bayern verbietet Gendersprache in Schulen, Hochschulen und Behörden. Welt, 21.03.2024

Deutlich mehr antisemitische Straftaten als angenommen – Seit dem Überfall der Hamas auf Israel am 7. Oktober 2023 wurden 589[60] antisemitische Straftaten registriert. Mehr als die Hälfte der geklärten Delikte wurde rechtsextremen Tätern zugeordnet. Süddeutsche Zeitung, 29.04.2024

60 Die Zahl bezieht sich auf das Jahr 2023 in Bayern, der Anstieg der Straftaten somit auf die letzten etwa 2 ½ Monate des Jahres.

Nach Sylt-Video[61]: Immer mehr beschämende, neue Fälle kommen ans Licht. Frankfurter Rundschau, 31.05.2024

Die weitaus größere Zahl von Diskriminierungsfällen kommt nicht so offensichtlich daher. Ähnlich wie die Beispiele zum Alltagsrassismus sind auch andere Diskriminierungsfälle oft in Aussagen versteckt und werden nicht als solche erkannt oder ignoriert. Diversity-Kompetenz bedeutet, auch diese Benachteiligungs- und Diskriminierungsfälle als solche zu erkennen, sich damit aktiv auseinanderzusetzen und auch mal unbequeme Debatten im Familien-, Freundes- oder Kolleg/innen-Kreis anzustoßen. Je mehr Sie sich damit befassen, desto sensibler werden Sie, desto eher können Sie in Ihrem eigenen Umfeld etwas gegen Diskriminierung und für Wertschätzung von Diversität beitragen.

Arbeitsanregung 1: Recherchieren Sie die Begriffe in der ersten Arbeitsanregung von Kapitel 12 und informieren Sie sich über die jeweilige Diskriminierungsart. Suchen Sie dann aktuelle Beispiele für offene oder subtile Diskriminierung in den Medien, in ihrem direkten Umfeld (mündlich, schriftlich, in Gesprächen, auf Werbewänden, in Flyern, Broschüren usw.). Überlegen Sie, ob und wenn ja, was Sie eventuell dagegen unternehmen könnten, und setzen Sie es um. Suchen Sie Gleichgesinnte, die Sie unterstützen.

Arbeitsanregung 2: Vier-Feld-Analyse

Schreiben Sie den Titel *Meine Diskriminierungserfahrung* in die Mitte einer A4-Seite und rahmen Sie ihn ein. Unterteilen Sie den Platz drum herum in vier gleich große Felder und geben Sie jedem Feld einen der folgenden Titel: *Opfer, Täter, passiver Beobachter/passive Beobachterin, aktiver Eingreifer/aktive Eingreiferin.* Sammeln Sie nun für jeden Titel Situationen, in denen Sie in einer der jeweiligen Rollen Erfahrung mit Diskriminierung im Alltag gemacht haben, und notieren Sie sie in Stichworten im jeweils passenden Feld.

Werten Sie die Sammlung anschließend aus. In welchem Feld stehen die meisten Beispiele? Wie geht es Ihnen damit? Was würden Sie gern ändern? Mit wem würden Sie darüber sprechen wollen? Suchen Sie eine Person Ihres Vertrauens und tauschen Sie sich mit ihr über Ihre Ergebnisse, Bedürfnisse oder Wünsche aus.

Stimmen von Studierenden

Ich bin in Deutschland geboren, genau wie meine Eltern. Meine Großeltern kamen aus Serbien. Schon in der Grundschule haben mir meine Mitschüler und besonders meine Lehrer andauernd gesagt, dass ich ja richtig gut Deutsch spreche. Das habe ich als Kind nicht verstanden. Wenn ich was gesagt habe, waren alle beleidigt.

***

61 Video in den sozialen Netzwerken von einer Party auf Sylt, bei der zur Melodie eines bekannten Party-Hits rassistische Parolen gesungen und von entsprechenden Gesten begleitet wurden.

Ich glaube, einige in diesem Seminar mit Migrationshintergrund können es vollkommen nachvollziehen, wenn sie stets die fremde Person im eigenen Land sind. In Deutschland sieht man einen als Türken und in der Türkei als Deutschen.

***

Solange ich denken kann, muss ich erklären, warum ich gut Deutsch kann, woher ich komme, wann ich in meine Heimat fahre … Früher habe ich immer versucht, Verständnis zu zeigen und das Verhalten der anderen zu entschuldigen. Bis mir irgendwann klar wurde: Leute, es nervt! Wir sind Deutsche, begreift das endlich. Und nicht wir müssen uns entschuldigen, sondern ihr. Weil ihr uns immer noch fast täglich beleidigt und ausgrenzt.

***

Beim Bearbeiten der Aufgaben habe ich mich mehrfach ertappt gefühlt. Mir war nicht klar, dass viele meiner Fragen so verletzend sein können. Ich habe daraufhin mit einigen Bekannten gesprochen, deren Familien eine Migrationsgeschichte haben. Sie haben alles bestätigt und noch mehr Beispiele genannt. Das hat mich sehr betroffen gemacht. Ich habe mir nun einen Plan gemacht und will versuchen, mehrere Dinge, die ich bisher unreflektiert gesagt und getan habe, Schritt für Schritt abzustellen.

13. Strategien, Techniken und Übungen zum Umgang mit Diversität

Zur Einstimmung: Lassen Sie Ihre Arbeit mit diesem Band einmal Revue passieren und blättern Sie Ihr Portfolio durch. Welche Ideen haben Sie bereits, um künftig souveräner und bewusster mit Diversität in Ihrem Umfeld umzugehen? Notieren Sie sie.

13.1 Lernwille, Diversity-Bewusstsein und die Bereitschaft, sich zu verändern

Sie erinnern sich: Die drei tragenden Säulen der Diversity-Kompetenz sind Wissen (kognitiv, *Ich weiß*), Haltung (affektiv, *Ich will*) und Handeln (konativ, *Ich kann*) (vgl. Kap. 2.1). Grundlegende, übergeordnete Voraussetzungen zur Entwicklung und Erweiterung Ihrer Diversity-Kompetenz sind deshalb: der feste Wille, sich neues fundiertes Wissen anzueignen (kognitiv), Diversität als selbstverständlichen Teil unserer Gesellschaft anzuerkennen (affektiv), die Bereitschaft, an sich selbst zu arbeiten und sich zu verändern (affektiv) sowie dies tatsächlich zu tun und anschließend entsprechend zu agieren (konativ).

Menschliche Kommunikation und Interaktion finden stets zwischen zwei oder mehr Personen mit individuellen Vorstellungen und Charaktereigenschaften statt, unabhängig von (sub-)kulturellen Unterschieden. Alle haben gleichermaßen den Wunsch und auch das Recht, die eigenen Interessen möglichst gut zu verwirklichen, dabei aber auch die Verpflichtung, die der anderen zu respektieren und zu schützen. Ganz nach der Prämisse: *Meine Freiheit endet dort, wo deine beginnt.* Dieser Spagat kann gelingen, wenn man relevantes Wissen über verschiedene Lebenswelten erwirbt (= lernt), und bereit ist, gemeinsam Kompromisse und Lösungen zu entwickeln oder ganz neue Wege zu gehen (= sich zu verändern). Beides ist ein lebenslanger Prozess. Auch wenn dies banal klingen mag, ein hohes Maß an Lernwille (1), Diversity-Bewusstsein (2) und Veränderungsbereitschaft (3) sind deshalb die ersten Strategien auf dem Weg zur Diversity-Kompetenz.

In den nächsten Kapiteln werden weitere Techniken und Übungen zur Entwicklung von Diversity-Kompetenz vorgestellt. Einige wurden bereits im Buch eingeführt und können vertieft werden, andere sind neu. Die ausgewählten Inhalte orientieren sich an den drei Dimensionen von Diversity-Kompetenz, der Fokus liegt auf *Haltung* und *Handeln*.

13.2 Umfangreiches Wissen erwerben

13.2.1 Fakten lernen und sich selbst erkunden

Wissen zu erwerben umfasst viele Themen, Aspekte und Details. Es geht darum, Fakten zu lernen und sich ein Basiswissen anzueignen, z.B. durch Lesen von Fachpublikationen, die Arbeit mit Büchern wie dem vorliegenden, das Anschauen von Filmmaterial oder Hören von Vorträgen. Sachquellen heranzuziehen ist aber nur einer von vielen Bausteinen.

Ebenso wichtig wie erfolgsversprechend ist die Selbstreflexion. Durch die vielen vorangegangen Aktivitäten wissen Sie bereits, wie hilfreich es ist, die eigenen Stärken, potenzielle Schwachstellen und andere Eigenarten zu entdecken. Auch dieses Wissen über sich selbst gehört zu den wichtigen Bestandteilen beim Erwerb von Diversity-Kompetenz.

13.2.2 Erfahrungsaustausch und Feedback

Auch Erfahrungsaustausch und Feedback führt zu Wissen – über Sachverhalte, über sich selbst, über andere. Tauschen Sie Ihre Erfahrungen mit anderen Menschen aus, mit Bekannten, und auch mit Menschen, die Sie nicht gut kennen. So lernen Sie verschiedene Perspektiven und Lebensrealitäten kennen und bauen Verständnis dafür auf. Feedback von anderen hilft dabei, sich selbst aus deren Sicht zu verstehen und eventuell anzupassen. Ihr Feedback an andere kann diesen ebenso wertvolle Erkenntnisse bringen. Erbitten Sie von Ihrem Gegenüber ein konstruktives Feedback und bieten Sie an, ihm/ihr auch eins zu geben. Beachten Sie dabei die folgenden Grundregeln (Abb. 26):

Allgemeine Grundregeln	Feedback geben	Feedback empfangen
• Wenn nicht ausdrücklich erwünscht, nicht in Gegenwart anderer Personen kritisieren • Den richtigen Zeitpunkt wählen, nicht mir der Tür ins Haus fallen 	• Nicht „man" oder „wir", sondern „ich" • Keine Verallgemeinerungen, nicht „drumherum reden", sondern immer eindeutig formulieren und konkrete Fakten benennen • Nur Beobachtungen mitteilen, nicht interpretieren oder bewerten • Feedback nicht auf Charaktereigenschaften, sondern nur auf Verhalten beziehen • Konstruktiv formulieren → Begründung und Alternative benennen: „Ich fand X (nicht) gut, weil ...; besser wäre es für mich gewesen, wenn ..." • Jeder negativen Kritik geht eine echte positive voraus – Noch besser: Sandwich-Methode anwenden → (1) positives Feedback, (2) konstruktive Kritik, (3) positives Feedback 	• Ruhig und entspannt bleiben • Bei Unklarheiten nachfragen: „Wie genau meinen Sie/meinst du das?" • Nicht rechtfertigen, Ihr Gegenüber teilt lediglich die eigene Wahrnehmung mit • Feedback dankend annehmen, es ist ein Geschenk • Akzeptieren, dass sich Selbst- und Fremdwahrnehmung unterscheiden • Einzelne, besonders wichtige Punkte ggf. aufschreiben, damit Sie sie nicht vergessen • Später in Ruhe auswerten und selbst entscheiden, was Sie damit machen

Abb. 26: Regeln für Konstruktives Feedback

13.3 Offene Haltung entwickeln

13.3.1 Denk- und Handlungsmuster kritisch hinterfragen – Handlungsroutinen und Kategorien erweitern

Sie wissen bereits, dass wir Menschen dazu neigen, unsere gewohnte Umgebung und unser Verhalten für allzu selbstverständlich und *normal* zu halten. Eine weitere sehr wichtige Strategie zur Erweiterung von Diversity-Kompetenz ist es deshalb, diese vermeintlichen Selbstverständlichkeiten und Normalitäten in Frage zu stellen. Das „setzt ein hohes Maß an Offenheit und Reflexionsbereitschaft voraus" (Korte-Rüther & Röhling 2017: 143).

Um sich Ihrer eigenen (sub)kulturellen Prägungen bewusst zu werden, müssen Sie bereit sein, sich von sich selbst zu distanzieren und von einer Metaebene aus zu betrachten. Erkennen Sie Ihren Ethnozentrismus, akzeptieren Sie ihn und arbeiten Sie daran. Analysieren Sie Ihre Denk- und Handlungsmuster kritisch und entwickeln Sie diese weiter. Beachten Sie dabei einige Aspekte:

- Nutzen Sie die unterschiedlichen Kommunikationsmuster, die Sie kennen gelernt haben.
- Passen Sie Ihr aktuelles Verhalten flexibel an den jeweiligen Kontext und die Situation an.
- Gehen Sie bewusst und wertschätzend auf Ihre Kommunikations-Partner/innen ein.
- Versuchen Sie auch, eine sogenannte *Rollenflexibilität* zu entwickeln und Ihre *Handlungsroutinen* und *Kategorien zu erweitern* (vgl. Sterzenbach 2011: 57 und 60–62). Das ist die Fähigkeit, je nach Situation unterschiedliche Rollen und Haltungen einzunehmen, die sich positiv auf die Beziehung und die Problemlösung auswirken. Zur Veranschaulichung ein Gedankenexperiment:

Arbeitsanregung: Die Frau mit dem Kopftuch – Ein Gedankenexperiment, Teil 1[62]

Stellen Sie sich folgende Situation vor:

Sie stehen an einem großen Platz in der Fußgängerzone einer Stadt in Deutschland und warten auf einen Bekannten. Ihnen ist langweilig und Sie beobachten die Leute um sich herum. Ihr Blick fällt auf eine Frau mittleren Alters. Sie ist klein, etwas pummelig, trägt ein dunkles Kopftuch, ein langes weites Kleid über einer Hose und schmale goldglitzernde Armreifen an einem Handgelenk. In einer Hand hält sie eine große Tasche, an der anderen einen Jungen im Kindergartenalter. Die beiden gehen zügig über den Platz.

Schauen Sie sich die Frau in Gedanken genau an und lassen Sie das Bild auf sich wirken. Wer oder was ist diese Frau? Woher kommt sie, wohin geht sie? Was macht sie, wenn sie nicht auf diesem Platz ist? Schreiben Sie auf, was Ihnen dazu spontan in den Sinn kommt.

Erledigen Sie bitte diesen Teil des Gedankenexperiments, bevor Sie Teil 2 lesen.

62 Inspiriert wurde ich zu dieser Aktivität durch einen kurzen Input in Sterzenbach 2011: 57, den ich später zu einer differenzierten Übung ausgearbeitet habe und seitdem regelmäßig verwende.

Arbeitsanregung: Die Frau mit dem Kopftuch – Ein Gedankenexperiment, Teil 2

Betrachten Sie nun Ihre Notizen. Sind die folgenden (oder ähnliche) Begriffe dabei: *Muslima, Mutter, Türkin, Ehefrau, kochen, Kinder versorgen, einkaufen?* Oder diese: *unterdrückt, Analphabetin, arbeitslos, Putzfrau, zwangsverheiratet?*

Falls ja, warum sind Ihnen diese Begriffe eingefallen? Womit hat das zu tun?

Falls nein, war eine der folgenden (oder vergleichbare) Assoziationen dabei: *Schwäbin, Rheinländerin, Amerikanerin, Physikprofessorin, Politikerin, Nobelpreisträgerin? Oder: tanzbegeistert, Hobbyfotografin, Klimaaktivistin?* – Falls nein, warum nicht?

Beantworten Sie bitte wieder erst diese Fragen, bevor Sie den letzten Teil des Experiments lesen.

Arbeitsanregung: Die Frau mit dem Kopftuch – Ein Gedankenexperiment, Teil 3

Wie wäre es mit der nachfolgenden Erklärung der Situation? Was geht Ihnen durch den Kopf, wenn Sie diese lesen?

Die Frau ist Deutsche und war nie etwas anderes. Ihre Großeltern sind vor vielen Jahrzehnten aus Istanbul nach Deutschland gekommen. Sie selbst ist, wie ihre Eltern, in einer kleinen Stadt in Hessen geboren, hat in Hamburg Biologie studiert, in New York promoviert und sich dann in München habilitiert. Nun ist sie Professorin an einer Uni in Baden-Württemberg und in ihrer Community recht bekannt. Heute Nachmittag ist eine internationale Konferenz zu Ende gegangen, die sie zusammen mit einer Kollegin organisiert hat. Sie ist zufrieden, aber auch ganz schön geschafft. Gerade hat sie ihren Sohn aus der Kita abgeholt und ist mit ihm auf dem Weg in ein Lokal. Dort werden sie sich mit ihrem Mann und der älteren Tochter treffen. Alle zusammen möchten sie ein bisschen feiern und sich entspannen. Mutter und Sohn beeilen sich, denn sie sind etwas spät dran.

Die eigenen Denk- und Handlungsmuster zu hinterfragen und zu erweitern, bedeutet, sich nicht mit den ersten spontanen Reaktionen zufrieden zu geben, sondern bewusst andere, weniger selbstverständliche zu suchen. Je häufiger Sie dies aktiv tun, desto toleranter und souveräner werden Sie in Ihrer Wahrnehmung und im Umgang mit (noch) ungewohnten Situationen. Integrieren Sie solche Beobachtungsaufgaben in Ihren Alltag: in der Straßenbahn, im Supermarkt, in der Pizzeria, Kneipe usw. Oder probieren Sie einmal Folgendes aus: Vereinbaren Sie mit bestimmten vertrauten Menschen für einen begrenzten Zeitraum geänderte Verhaltensregeln und setzen Sie diese um, z.B.:

- beim Frühstück mit drei oder mehr Personen durchgängig stumm bleiben und sich nicht am Gespräch beteiligen
- im Gespräch jeden Ihrer Beiträge mit einer bestimmten Floskel einleiten (*Du, hör mal, …; Also, was ich noch sagen wollte, …; Nee, echt jetzt, …* o.a.)
- in der Team-/WG-Besprechung bestimmte, vorher festgelegte Wörter nicht benutzen

13.3.2 Stereotype, Vorurteile und Voreingenommenheiten aktiv angehen und vermeiden

Die Frage, wie Sie mit den eigenen Stereotypen, Vorurteilen und Voreingenommenheiten umgehen können, wurde in Kapitel 5 bereits ausführlich behandelt. An dieser Stelle sei lediglich daran erinnert, dass eine detaillierte Auseinandersetzung damit ebenfalls Bestandteil von Diversitäts-Kompetenz ist. Denken Sie bewusst daran und bauen Sie entsprechende Aktivitäten in Ihren Alltag und in Ihren Lernplan ein.

13.3.3 Perspektive wechseln

Wir alle wechseln mehrmals am Tag die Perspektive, merken es meistens aber nicht (vgl. Sterzenbach 2011: 59). Ein bewusster Perspektivenwechsel kann Irritationen und Missverständnisse verhindern oder klären. Es lohnt sich daher, diese Strategie zu beherrschen und regelmäßig anzuwenden. Machen Sie sich hierzu sowohl eigene als auch fremde Perspektiven bewusst.

Bewusstheit der eigenen Perspektive heißt, die eigenen Kultur- und Diversity-relevanten Muster zu kennen und aktiv wahrzunehmen (vgl. ebd.).

Bewusstheit der fremden Perspektive bedeutet, sich bereits im Vorfeld einer Begegnung darauf einzustellen, dass es unterschiedliche Wahrnehmungen geben könnte, und diesem Umstand offen zu begegnen. Lassen Sie sich nicht von oberflächlichen Gemeinsamkeiten ablenken. Ähnliche Kleidung, die gleichen Lieblingssongs, ein ähnliches Medienverhalten sagt nichts darüber aus, ob man auch die gleichen Werte vertritt, das gleiche Kommunikationsverhalten bevorzugt usw. Die Gemeinsamkeiten sind wichtige Anknüpfungspunkte, versuchen Sie dennoch, sich in die andere Sichtweise hineinzudenken, diese zu ergründen und zu verstehen (vgl. ebd.).

Vergleichen und analysieren Sie danach die eigenen und die fremden Perspektiven.

Arbeitsanregung: Reframing

Aus dem Neurolinguistischen Programmieren (NLP)[63] ist die Strategie des Reframings bekannt. Eine Wahrnehmung oder ein Empfinden zu einer Aussage, einem bestimmten Sachverhalt o.Ä. wird umgedeutet, indem der „Bezugsrahmen einer Aussage veränder[t] oder ausgewechsel[t wird], [...]" (O'Connor & Seymour 1995: 358). Die folgende spielerische Aktivität basiert auf diesem Prinzip und kann dabei unterstützen, die Fähigkeit des bewussten Perspektivwechsels zu trainieren.[64]

Schritt 1: Erstellen Sie eine Tabelle mit zwei Spalten und fünf Zeilen. Schreiben Sie in jede Zeile der linken Spalte je eine Sache, die Sie nicht mögen (z.B. *Regenwetter*).

63 Das Neurolinguistische Programmieren (NLP) wurde Anfang der 1970er-Jahre an der University of California in Santa Cruz entwickelt. Der damalige Mathematikstudent und spätere Psychologe Richard Bandler untersuchte gemeinsam mit dem Linguisten John Grinder, was genau erfolgreiche Therapeut/innen so erfolgreich macht. Hierzu beobachteten sie mehrere Jahre lang drei sehr bekannte und äußerst erfolgreiche Therapeut/innen und analysierten deren verbale, non- und paraverbale Sprache. Daraus entwickelten sie eine Sammlung an Kommunikationstechniken und Verhaltensstrategien, die hilfreiche und wirkungsvolle Hinweise zur Verbesserung der zwischenmenschlichen Kommunikation liefern (vgl. Karagiannakis 2022d: 64).

64 In Anlehnung an Lüthi et al. 2013: 89

Schritt 2: Überlegen Sie anschließend, welche guten Seiten die notierten Dinge haben (z.B: *Bei Regenwetter bleibe ich drin und lese ein gutes Buch.*) Schreiben Sie die positiven Eigenschaften in die rechte Spalte.

Schritte 3 und 4: Erstellen Sie nach dem gleichen Muster eine neue Tabelle und notieren Sie Dinge, die Sie gut finden. Betrachten Sie auch diese anschließend aus der anderen Perspektive und notieren Sie, was daran schlecht ist.

Tipp: Wenn Sie sich das nächste Mal über etwas ärgern, halten Sie einen Moment inne und versuchen Sie die Situation zu reframen. Fragen Sie sich, welche positiven Aspekte die Situation haben könnte, nehmen Sie diese bewusst wahr und beobachten Sie, wie es Ihnen damit geht.

13.3.4 Empathie, Toleranz und Offenheit entwickeln und ausstrahlen

„Empathie- und Einfühlungsvermögen [...] sind allgemein Voraussetzungen dafür, dass wir andere Menschen sowie ihr Verhalten einschätzen und einordnen und uns im eigenen Verhalten danach richten können“ (Dengscherz & Cooke 2020: 190). Diese Eigenschaften und Fertigkeiten sind besonders wirkungsvoll und gehören zu den Grundvoraussetzungen der zwischenmenschlichen Begegnung. Je empathischer und sensibler, offener und toleranter wir auf andere Menschen zugehen, desto größer ist die Chance auf Verständigung. Von den bereits bearbeiteten Strategien sind das aktive Zuhören und die Varianten der gewaltfreien Kommunikation besonders dafür prädestiniert, Empathie, Offenheit und Toleranz zu fördern und Ihren Gesprächspartner/innen Zugewandtheit und Einfühlungsvermögen zu vermitteln. Übergeordnete Voraussetzung ist eine unvoreingenommene, wertschätzende und respektvolle Haltung.

13.3.5 Mehrdeutigkeit aushalten und akzeptieren – Ambiguitätstoleranz

Im Jahr 2014 gewann Thomas Neuwirth, besser bekannt als *Conchita Wurst*, den Eurovision Song Contest. Auch wenn man den ESC nicht verfolgt, kam man an diesem Ereignis kaum vorbei, die Medien waren voll davon – und mit den Reaktionen darauf. Ein graziler junger Mann mit langen Haaren und elegantem figurbetontem Kleid, eine Frau mit Vollbart oder jemand ganz anderes? Für Sie, die Sie gerade diesen Text lesen, war das vermutlich kein Grund zur Aufregung, oder? Andere Menschen waren ganz anderer Meinung: Ist so etwas moralisch vertretbar, akzeptabel oder verwerflich? Eine derartige Mehrdeutigkeit löste in den sozialen Netzwerken heftige Reaktionen und kontroverse Kommentare aus. Russische Politiker verkündeten öffentlich: „Unsere Empörung ist grenzenlos, das ist das Ende Europas“, „Wir müssen diesen Wettbewerb verlassen, wir können diesen endlosen Wahnsinn nicht tolerieren“ oder „Im Westen sei ein ‚vulgärer Ethno-Faschismus‘ wieder in Mode“ (Warnking 2014: o.S.). Solche Äußerungen kursierten in großer Zahl in den Medien und wurden erhitzt, emotional und oft keinesfalls wertschätzend debattiert.

Das Aushalten, Tolerieren und Akzeptieren mehrdeutiger und oftmals widersprüchlicher Situationen, die *Ambiguitätstoleranz*, ist eine der wichtigsten Teilfertigkeiten von

Diversity-Kompetenz, denn „Vielfalt und Mehrdeutigkeit sind [...] elementarer Bestandteil von kulturellen Überschneidungssituationen" (Karagiannakis 2022c: 101). Alle in diesem Kapitel behandelten Strategien tragen dazu bei, Ambiguitätstoleranz zu entwickeln und sie konsequent weiterzuentwickeln. Je öfter und selbstverständlicher Sie sie trainieren und anwenden, desto souveräner werden Sie mit Ambiguität umgehen können.

Machen Sie sich zusätzlich Ihre eigene Einstellung gegenüber mehrdeutigen Situationen bewusst. Fällt es Ihnen nicht schwer, sie auszuhalten? Prima. Prüfen Sie trotzdem nach, ob Sie etwas verbessern können. Sind Sie mit dem Ergebnis unzufrieden? Schauen Sie das vorliegende Kapitel sorgfältig durch, wählen Sie Strategien aus und trainieren Sie sie so oft wie möglich. Beginnen Sie doch zur Erkundung Ihrer Ambiguitätstoleranz mit der folgenden Arbeitsanregung.[65]

Arbeitsanregung: Meine Ambiguitätstoleranz

Schritt 1: Lesen und vervollständigen Sie die Satzanfänge.

- In Situationen, in denen ich nicht weiß, wie ich sie verstehen soll, ist meine erste Reaktion meistens ...
- Gegenüber unbekannten Dingen reagiere ich gelassen und neugierig, wenn ...
- Gegenüber unbekannten Dingen reagiere ich skeptisch und verschlossen, wenn ...
- Ich wäre gern offener gegenüber Unbekanntem, weil ...
- Wenn ich nicht abschätzen kann, was andere tun oder denken, fühle ich mich ... und tue dann ...
- Um meine Unsicherheit in mehrdeutigen Situationen zu verringern, habe ich schon Folgendes unternommen: ...
- Damit ich in mehrdeutigen Situationen souveräner werde, benötige ich ...

Schritt 2: Bearbeiten Sie nun die nächsten Fragen und Anregungen.

- Gibt es weitere Aussagen, zu Ihrem momentanen Umgang mit mehrdeutigen Situationen? Dann notieren Sie diese jetzt.
- Betrachten Sie danach Ihre Satzergänzungen noch einmal als Ganzes und markieren oder notieren Sie Aspekte, die Ihnen besonders auffallen.
- Ziehen Sie schließlich aus alldem ein Fazit: Wie steht es momentan um Ihre Ambiguitätstoleranz?
- Formulieren Sie anschließend, welches Etappenziel Sie als nächstes erreichen möchten und was Sie tun werden, damit das gelingt.

Tipp: Wenn Sie die Möglichkeit haben, sprechen Sie mit jemandem über diese Aktivität. Vielleicht hat die andere Person Lust, die Sätze ebenfalls für sich zu vervollständigen. Tauschen Sie sich anschließend aus, diskutieren und formulieren Sie gemeinsam eine Strategie und unterstützen Sie sich gegenseitig bei der Umsetzung.

65 In Anlehnung an Lüthi et al. 2013: 80f; übernommen aus Karagiannakis 2022c: 103 und erweitert.

13.3.6 Kritikfähigkeit und Kompromissbereitschaft

Kritikfähig sein heißt, Kritik annehmen und konstruktiv damit umgehen zu können. Das ist nicht immer einfach, denn oft trifft sie auf wunde Punkte und verursacht emotionale Reaktionen. Einige Tricks helfen dabei, sie dennoch ruhig anzunehmen:

- Bemühen Sie sich, nicht mit Ärger und Gegenkritik zu reagieren, sondern auf einer sachlichen Ebene zu bleiben.
- Beherzigen Sie die Aspekte und Strategien der gewaltfreien Kommunikation, z.B. das Vier-Schritte-System.
- Fragen Sie nach, wenn Sie die vorgetragene Kritik nicht verstehen (s. auch Feedback geben und empfangen).
- Trennen Sie konstruktive Kritik an einer Sache von Ihrer Person. Und wenn jemand Sie als Person kritisiert, ist das nicht konstruktiv. Spiegeln Sie das, aber tun Sie es sachlich und ruhig.
- Versuchen Sie, ungerechtfertigte Kritik auch zu verzeihen.

Zur Kritikfähigkeit gehört auch, Kritik äußern zu können. Berücksichtigen Sie dabei alle oben genannten Aspekte sowie die Aspekte des Feedbackgebens.

Kompromissbereitschaft ist die Bereitschaft, in einer schwierigen Situation oder in einem Konflikt gemeinsam mit den betroffenen Personen nach Lösungen zu suchen, mit denen alle zufrieden sind. Dazu bedarf es verschiedener Teilkompetenzen:

- Bereitschaft, von der ursprünglichen Position abzuweichen, keine Maximalforderungen zu stellen und etwas abzugeben
- Perspektive wechseln, versuchen, diese zu verstehen, sie aber auch zu akzeptieren, wenn man sie nicht (ganz) versteht
- Wahrnehmen, wo die eigene Grenze ist, diese sachlich und wertschätzend kommunizieren und ggf. auch *nein* sagen
- Objektive Kriterien für eine gute Lösung definieren und diese fair bewerten
- Lösungsorientiert denken

13.4 Souveränes Handeln trainieren

13.4.1 Sehen und Wahrnehmen konkretisieren und präzisieren

In Kapitel 5 haben Sie sich ausführlich mit Stereotypen, Vorurteilen und Unconscious Bias befasst und deren Wirksamkeit anhand der Bildbeschreibungen erlebt. Sie wissen also, dass Voreingenommenheit unsere Wahrnehmung stark beeinflusst und dazu führt, dass wir vorschnell interpretieren und bewerten, statt sachlich zu beschreiben. Eine weitere Möglichkeit Diversity-Kompetenz zu erweitern, ist daher die Konkretisierung und Präzisierung unserer Wahrnehmung (vgl. Sterzenbach 2011: 55). Das kann man unauffällig und wirksam in alltäglichen Situationen in zwei Schritten trainieren:

1. Achten Sie auf Ihre spontanen Gedanken und Reaktionen und nehmen Sie Ihre eigenen Interpretationen und Bewertungen bewusst wahr. Suchen Sie sich im Café, auf einem öffentlichen Platz, bei einer Veranstaltung usw. eine Person aus, „mustern" Sie sie (unauffällig) und achten Sie darauf, was und wie Sie interpretieren und bewerten.
2. Hinterfragen Sie diese Interpretationen und Bewertungen und versuchen Sie, sie durch sachliche Beschreibungen zu ersetzen. Versuchen Sie also die ausgewählte Person im zweiten Schritt möglichst sachlich zu beschreiben.

Oder probieren Sie die folgende Variante aus: Schauen Sie im ersten Schritt nicht auf Interpretationen oder Bewertungen, die Ihnen zufällig einfallen, sondern suchen Sie bewusst und aktiv danach. Je mehr Ihnen einfallen, desto wirkungsvoller. Machen Sie danach weiter mit Schritt 2.

Tipp: Wenn Sie im direkten Gespräch auf etwas stoßen, dass Sie irritiert, stellen Sie nicht Vermutungen, Interpretationen und Bewertungen an. Fragen Sie stattdessen direkt nach.

13.4.2 Achtsam und wertschätzend kommunizieren

Achtsamkeit und Wertschätzung in der zwischenmenschlichen Kommunikation sind ebenfalls Teilfertigkeiten der Diversitäts-Kompetenz.

- Seien Sie offen und aufmerksam für neue verbale, non- und paraverbale Informationen. Aber Vorsicht: Interpretieren Sie möglichst wenig, konzentrieren Sie sich auf offensichtliche Zeichen und fragen Sie bei Unklarheiten nach. Aktives Zuhören ist hilfreich.
- Identifizieren Sie in Situationen wie dem Gedankenexperiment *Die Frau mit dem Kopftuch* Ihre spontanen Zuordnungen. Suchen Sie dann nach weiteren Kategorien und Eigenschaften der beobachteten Person und erweitern Sie so Ihr Kategorien-Repertoire. Das wirkt sich auch auf Ihre Kommunikation aus.
- Erkennen und beachten Sie unterschiedliche Perspektiven, indem Sie die Kommunikation intensiv und konzentriert wahrnehmen und stets im Kopf behalten, dass es vielfältige Sichtweisen gibt.
- Achten Sie auf Ihren verbalen, non- und paraverbalen Kommunikationsstil und passen Sie ihn der jeweiligen Situation an. Wenden Sie dabei die Strategien der wertschätzenden Kommunikation bewusst an.

13.4.3 Die eigenen Emotionen kontrollieren

Interkulturelle Begegnungen können stressig sein und zu emotionaler Betroffenheit führen. Das kann sehr verschiedene Gründe haben: Misstrauen, Hilflosigkeit, Bedrohung des Selbstwertgefühls, Angst vor Kontrollverlust, Missverständnissen und Konsequenzen, vor negativer Bewertung durch die Outgroup oder sogar vor Sanktionen durch die Ingroup. Akzeptieren Sie, dass das völlig normal ist (vgl. Sterzenbach 2011: 53). Werfen Sie sich nicht vor, dass auch Sie Fehler machen.

Haben Sie schon einmal darauf geachtet, wo genau die Emotionen lokalisiert sind? Versuchen Sie zu spüren, wo im Körper gerade was passiert (Wut und Ärger im angespannten Bauch; Angst in den zitternden Händen oder dem angespannten Rücken usw.). Haben Sie die Stelle gefunden? Dann tun Sie nun bewusst etwas dagegen (die Hand auf den Bauch legen, tief in den Bauch hinein- und wieder herausatmen, sodass die Hand sich hebt und senkt; die Hände in den Schoß legen und ruhig atmen; den Rücken strecken, in sich fallen lassen, wieder strecken, die Schultern kreisen u.v.m.).

Ein weiterer Trick besteht darin, in Gedanken oder tatsächlich einen Schritt zurückzutreten und die Situation von einer Metaebene aus zu betrachten. Aus dieser Position können Sie die Dinge objektiver beobachten, theoretisches Wissen anwenden sowie Details analysieren, erklären und verstehen.

13.4.4 Konfliktprävention und Konfliktkompetenz

Wo Menschen zusammentreffen, können Unstimmigkeiten oder Konflikte entstehen, besonders bei vielfältigen Voraussetzungen und Interessen. Kenntnisse und Anwendung von Konfliktpräventionsmaßnahmen sind deshalb Teil der Diversity-Kompetenz. Alle Strategien und Übungen aus diesem und teilweise vorherigen Kapiteln helfen, Konflikte zu minimieren. Es wäre aber unrealistisch zu glauben, dass man sie vollständig verhindern kann. Diversitäts-Kompetenz umfasst deshalb auch kompetentes Konfliktmanagement mit Wissen über Konflikte (Vorboten, Konfliktarten, Erscheinungsformen, Konfliktparteien), über Verlauf, Eskalation und Deeskalation, Lösungsstrategien u.v.m. Das alles hier detailliert zu erläutern, würde den Rahmen sprengen. Für einen umfassenden Überblick empfehle ich die in der Fußnote angegebenen Quellen[66]. In den folgenden Abschnitten konzentriere ich mich auf Maßnahmen zur Deeskalation von Konflikten sowie zwei grundsätzliche Vorgehensweisen bei der Konfliktlösung.

Deeskalation von Konflikten

Pause erbitten/Termin vereinbaren

Kommunizieren Sie explizit, dass Sie zu befangen oder aufgewühlt sind, um sofort an einer konstruktiven Konfliktlösung zu arbeiten. Erbitten Sie sich und auch allen anderen Beteiligten eine Pause von 5 bis 15 Minuten oder vereinbaren Sie bei großen Konflikten einen Termin an einem anderen Tag.

Ruhig und freundlich bleiben

Bleiben Sie ruhig, freundlich und zugewandt, schauen und lächeln Sie Ihr Gegenüber direkt an, auch wenn es schwer fällt.

Nicht alles wörtlich nehmen

Nehmen Sie aggressiv vorgetragene, destruktive Äußerungen nicht auf die Goldwaage. Ihr Gegenüber ist genau wie Sie aufgebracht und sagt auch Dinge, die er/sie später wahrscheinlich bereuen wird.

Die Sache, nicht die Person kritisieren

Tragen Sie sachliche, konstruktive Kritik vor und sagen Sie klar, was Sie stört. Kritisieren Sie dabei nicht die Person, sondern nur die konkrete Sache, die Sie stört oder ärgert.

Die SAG-ES-Formel

Verwenden Sie die SAG-ES-Formel, die in hohem Maße auf den Regeln der gewaltfreien Kommunikation basiert (EFAS o.J.: 12):

- **S**ichtweise schildern → *Mir fällt auf, dass ...*
- **A**uswirkungen beschreiben → *Für mich bedeutet das .../Mit mir macht das ...*

---

66 **Kurze, schnelle Einführungen:** Bundeszentrale für politische Bildung → https://www.bpb.de/themen/kriege-konflikte/dossier-kriege-konflikte/54499/was-ist-ein-konflikt; Konfliktarten und Eskalationnsstufen → https://www.fritz.tips/konfliktarten-nach-friedrich-glasl oder https://www.youtube.com/watch?v=PI1xiMW6etk
Ausführliche Darstellungen: allgemein → Jiranek, Heinz & Edmüller, Andreas (2021): Konfliktmanagement. Konflikten vorbeugen, sie erkennen und lösen. Freiburg – München – Stuttgart: Haufe Group; speziell für den Kontext Hochschule → Klinkhammer, Monika & Enke, Neela (2022): Konfliktmanagement. Strategien für Wissenschaft und Hochschule. Frankfurt – New York: Campus Verlag.

- **G**efühle benennen → *Ich bin …*
- **E**rfragen der Perspektive der anderen Person(en) → *Wie siehst du das? Wie nehmen Sie das wahr?*
- **S**chlussfolgerung(en) ziehen → *Können wir vielleicht … tun?*

Die WWW-Formel
Äußern Sie, was in Ihnen vorgeht, mithilfe der WWW-Formel. Sie ist eine verkürzte Version der SAG-ES-Formel, die allerdings die Perspektive der anderen Person(en) nicht einbezieht. Je nach Kontext kann es trotzdem sinnvoll sein, die Deeskalation so zu beginnen:

- **W**ahrnehmung schildern
- **W**irkung benennen
- **W**unsch äußern

Verbale, non- und paraverbale Kommunikation kontrollieren
Benutzen Sie die Strategien und Techniken der wertschätzenden und gewaltfreien Kommunikation. Achten Sie dabei unbedingt auch auf Ihre non- und paraverbale Sprache.

Konstruktives Feedback erbitten und geben
Erbitten Sie von der (oder den) am Konflikt beteiligten Person(en) ein konstruktives Feedback und bieten Sie an, ihr (ihnen) auch eins zu geben. Beachten Sie dabei die oben beschriebenen Feedback-Regeln.

Grundsätzliche Vorgehensweisen bei der Konfliktlösung

Sechs Schritte der Konfliktlösung
Wenn der Konflikt noch nicht zu stark eskaliert ist und Sie den Eindruck haben, dass Sie gemeinsam und ohne Hilfe von Außenstehenden eine Lösung entwickeln können, beachten Sie die *Sechs Schritte der Konfliktlösung*:

1. Konflikt explizit ansprechen
2. Der Reihe nach die eigene Sichtweise des Konflikts darstellen
3. Persönliche Wünsche formulieren
4. Lösungen aushandeln und entwickeln, die für beide Seiten akzeptabel sind
5. Genaue Umsetzungen und Ausführung der Lösung festlegen → Verhalten, Fristen etc.; Wer macht was wo wie und bis wann/wie lange?
6. Kontrollieren, ob sich alle Beteiligten an die Abmachung halten/gehalten haben

Dabei während der gesamten Zeit das Gespräch kontrollieren → Ich-Botschaften senden, Emotionen benennen, konstruktives Feedback geben, nicht beleidigen, respektvoll miteinander umgehen, aktiv zuhören

Mediation
Wenn die Situation so verfahren ist, dass eine Unterstützung durch eine unabhängige Person sinnvoll erscheint, bitten Sie jemanden, den Prozess als Mediator/in zu unterstützen. Auch die Mediation stützt sich auf die gewaltfreie Kommunikation. Sie verläuft in fünf Phasen, die von einem Vor- und einem Nachgespräch eingerahmt werden.

Tab. 23: Schritte der Mediation

Phase	Erläuterung
Vorgespräch	Termine und Abläufe klären
Phase 1	Einen sicheren Rahmen schaffen → Verfahren erläutern, Rollen und Verantwortungen „verteilen" **Hinweis:** Die Bearbeitung des Konflikts liegt ausschließlich in der Verantwortung der Konfliktparteien. Der/die Mediator/in gibt keinerlei Wertungen ab, macht auch keine Vorschläge. Er/sie ist lediglich für die Moderation und die Einhaltung der Regeln der wertschätzenden Kommunikation zuständig. Falls der Prozess ins Stocken gerät, darf er/sie bestenfalls durch Nachfragen Impulse für die Weiterarbeit geben. Als hilfreich haben sich W-Fragen erwiesen: *Wie fühlst du dich jetzt? – Was denkst du dazu? – Was wünschst du dir?*
Phase 2	Erhebung des Konflikts → Konfliktparteien stellen der Reihe nach ihre jeweilige Sicht der Sache dar; es spricht immer nur eine Person, die anderen hören nur zu; der/die Mediator/in fasst lediglich zusammen; genaues Thema wird formuliert
Phase 3	Konfliktbearbeitung → Motive, Interessen und Bedürfnisse sowie Wünsche der beteiligten Personen werden erarbeitet
Phase 4	Lösungssuche → Ideen werden gesammelt und verhandelt, bis man sich auf eine für alle Konfliktparteien akzeptable Lösung geeinigt hat
Phase 5	Maßnahmensicherung → Vereinbarung wird schriftlich formuliert und von den Konfliktparteien unterschrieben
Nachgespräch (bei Bedarf)	Überprüfen, ob die Vereinbarungen eingehalten wurden bzw. erfolgreich waren; wenn nicht, ggf. neue Vereinbarungen treffen

Arbeitsanregung: Lesen Sie noch einmal nach, welche Ideen zum Umgang mit Diversität Sie zu Beginn dieses Kapitels notiert haben. Blättern Sie dann durch das Kapitel und wählen Sie drei weitere Strategien aus, die Ihnen zusagen. Priorisieren Sie diese, erstellen Sie einen Plan für die nächsten Wochen und setzen Sie Ihren Plan um. Werten Sie am Ende aus, wie es gelaufen ist, und erstellen Sie einen neuen Plan mit neuen Ideen für einen anderen Zeitraum.

Stimmen von Studierenden

Das Gedankenexperiment mit der Frau mit dem Kopftuch hat mir sehr deutlich vor Augen geführt, was ich so alles unreflektiert denke und wahrnehme. Ich hatte mir die Frau bis ins Detail wie eine ältere türkische Frau in unserem Viertel ausgemalt. Nachdem ich die Auflösung gelesen habe, sind mir lauter jüngere Frauen mit Tüchern um den Kopf eingefallen, manche mit, manche ohne Migrationshintergrund.

***

Mir hat die Erkundung meiner Ambiguitätstoleranz gut gefallen. Darüber hatte ich mir vorher nie solche Gedanken gemacht. Ich weiß nun, dass ich ein bisschen daran arbeiten muss.

***

Die Tipps zur Deeskalation von Konflikten und die Feedbackregeln haben mir sehr geholfen. In unserer Lerngruppe kam es in letzter Zeit immer wieder zu Auseinandersetzungen, und keiner wusste eigentlich so recht, warum. Als wir neulich wieder kurz davor waren, uns zu streiten, habe ich die Situation erst beruhigt und dann vorgeschlagen, uns bewusst damit auseinanderzusetzen. Ich habe einige Strategien vorgestellt, wir haben uns gemeinsam eine ausgesucht und damit das Gespräch strukturiert. Das war richtig gut.

***

Ich hatte mir noch nie Gedanken darüber gemacht, wo in meinem Körper Emotionen sitzen und wie sie sich körperlich ausdrücken. Ich empfinde als sehr hilfreich, das zu wissen und auch zu wissen, was ich dann tun kann. Das habe ich sofort ausprobiert.

14. Abschlussreflexion und Fazit

Zur Einstimmung: Zu Beginn des ersten Kapitels haben Sie notiert, warum Sie mit diesem Buch arbeiten wollten, was Ihnen bereits gefiel und was Sie gerne anders oder besser machen wollten. Sie haben Ziele festgelegt und aufgeschrieben, was Sie tun werden, um diese zu erreichen. Bevor Sie fortfahren, schauen Sie kurz nach, was Sie sich vorgenommen hatten.

Während der Arbeit mit diesem Buch haben Sie sich intensiv mit vielen Aspekten von Diversität und Diversitäts-Kompetenz auseinandergesetzt. Vermutlich haben Sie manche Dinge wiederholt und vertieft, andere neu erarbeitet und erlernt. Sie haben Ihre eigenen Einstellungen und Handlungen reflektiert, Alternativen praktisch ausprobiert und Konsequenzen für die Zukunft formuliert. Ihr Lernerfolg wird noch ein bisschen mehr gefestigt, wenn Sie jetzt noch einmal insgesamt auf Ihren Lernprozess zurückschauen. Orientieren Sie sich dabei an den nachstehenden Satzanfängen und Leitfragen und schreiben Sie die Antworten in Ihr Portfolio. Viel Spaß dabei.

1. Wenn ich auf den ganzen Prozess zurückschaue, fällt mir Folgendes auf: ...
   Leitfragen: Wie ist der Prozess für mich verlaufen? Wie genau habe ich gearbeitet? Habe ich meine anfangs formulierten Vorsätze eingehalten? Was ist mir gut gelungen? Was hat mich beim Lernen weitergebracht?
2. Meine wichtigsten Erkenntnisse sind: ...
   Leitfragen: Was konnte ich vertiefen? Was habe ich neu erlebt und erfahren? Was hat mich überrascht? Welche neuen Fragen haben sich für mich gestellt? Was werde ich tun, um Antworten darauf zu finden?
3. Das waren meine Highlights: ...
   Leitfragen: Was hat mich besonders beschäftigt und warum? Hat etwas zu einer besonderen Erkenntnis geführt? Hatte ich Aha-Erlebnisse? Hatte ich aufschlussreiche Gespräche zu ausgewählten Aspekten, die mich nachhaltig beeinflusst haben? Habe ich mich unabhängig von diesem Buch an anderer Stelle informiert?
4. Wenn ich nun nach vorne blicke nehme ich mir Folgendes vor: ...
   Leitfragen: Woran will ich ab sofort mehr denken, worauf will ich mehr achten? Was brauche ich hierfür noch? Wo oder bei wem kann ich das finden? Welche werden meine ersten drei Schritte sein? Wann fange ich damit an?

Arbeitsanregung/CCW: Werden Sie zum Abschluss noch einmal kreativ. Schreiben Sie einen Text über sich selbst, wie Sie sich jetzt gerade wahrnehmen. Gehen Sie dabei auf diese Leitfragen ein:

- Wer bin ich und wie heiße ich? (Berücksichtigen Sie ggf. Ihre Namensgeschichte.)
- Was habe ich mit anderen Menschen um mich herum gemeinsam?
- Was unterscheidet mich von anderen, was zeichnet mich aus?
- Welche Menschen, Umstände und (Sub-)Kulturen haben mich geprägt?

Suchen Sie eine der folgenden Textsorten aus: Zeitungsreportage, Wikipedia-Eintrag, Kurzbiografie. Haben Sie eine bessere Idee? Dann wählen Sie diese.

Quellen

Literatur

Abdul-Hussain, Surur & Hofmann, Roswitha (2013): Diversitätsmanagement. https://erwachsenenbildung.at/themen/diversitymanagement

Abel, Heinz (2009): Einführung in die Soziologie. Bd. 2. Die Individuen in ihrer Gesellschaft. Wiesbaden: VS Verlag für Sozialwissenschaften, GWV Fachverlage.

Ärzteblatt (2023): Kinder aus sozial schwachen Familien häufiger krank. Online-Beitrag vom 26.04.2023. https://www.aerzteblatt.de/nachrichten/142742/Kinder-aus-sozial-schwachen-Familien-haeufiger-krank

Ahyoud, Nasiha/Aikins, Joshua Kwesi/Bartsch, Samera/Bechert, Naomi/Gyamerah, Daniel & Wagner, Lucienne (2018): Wer nicht gezählt wird, zählt nicht. Antidiskriminierungs- und Gleichstellungsdaten in der Einwanderungsgesellschaft – eine anwendungsorientierte Einführung. Berlin: Citizens For Europe.

Alter, Peter (2016): Nationalismus. Ein Essay über Europa. Stuttgart: Alfred Kröner.

Amjahid, Mohamed (2017): Unter Weissen. Was es heißt, privilegiert zu sein. München: Carl Hanser Verlag.

An der Heiden, Iris & Wersig, Maria (2017): Preisdifferenzierung nach Geschlecht in Deutschland. Forschungsbericht. Berlin: Antidiskriminierungsstelle des Bundes.

Anders, Florentine (2023): Lesekompetenz in der Grundschule. Internationale IGLU-Studie – die wichtigsten Ergebnisse. Deutsches Schulportal der Robert Bosch Stiftung. (https://deutsches-schulportal.de/bildungswesen/iglu-studie-lesekompetenz-der-viertklaessler-verschlechtert-sich-deutlich)

Ariely, Dan (2008): Denken hilft zwar, nützt aber nichts. Warum wir immer wieder unvernünftige Entscheidungen treffen. München: Droemer Verlag.

Arndt, Ssusan (2001): Impressionen. Rassismus und der deutsche Afrikadiskurs. In: Arndt, Susan (Hrsg.): AfrikaBilder. Studien zu Rassismus in Deutschland. Münster: Unrast, 11–68.

Assmann, Aleida (2009): Einführung. In: Pelinka, Anton (Hrsg.) (2009): Vorurteile. Ursprünge, Formen, Bedeutung. Im Auftrag des Sir Peter Ustinov Instituts zur Erforschung und Bekämpfung von Vorurteilen, 1–30. Wien: De Gruyter.

Ataman, Ferda (2019): Hört auf zu fragen, ich bin von hier! Frankfurt a.M.: S. Fischer Verlag.

Aydemir, Fatma & Yaghoobifarah, Hengameh (Hrsg.): Eure Heimat ist unser Albtraum. Berlin: Ullstein Buchverlage.

Azarchi, Lynne & Hanover, Larry (2020): The Empathy Advantage. Coaching children to be kind, respectful, and successful. Lanham/MD: Towman & Littlefield Publishing Group, Inc.

Beauftragte der Bundesregierung für Antirassismus (2023): Lagebericht Rassismus in Deutschland. Ausgangslage, Handlungsfelder, Maßnahmen. Berlin.

Becker, Manfred (2015): Systematisches Diversity Management: Konzepte und Instrumente für die Personal- und Führungspolitik. Stuttgart: Schäffer-Poeschel.

Becker, Manfred (2016): Alter und Altern als Handlungsfeld des Diversity Managements in Organisationen. In: Genkova, Petia & Ringeisen, Tobias (Hrsg.) (2016): Handbuch Diversity Kompetenz. Bd. 2: Gegenstandsbereiche. Wiesbaden: Springer Fachmedien GmbH, 167–182.

Becker, Manfred & Seidel, Alina (Hrsg.) (2006): Diversity – Unternehmens- und Personalpolitik der Vielfalt. Stuttgart: Schäffer Poeschel.

Beeler, Kent D. (1991): Graduate Student Adjustment to Academic Life. A Four-Stage Framework. In: NASPA Journal 28 (2), 163–171.

Bendl, Regine/Hanappi-Egger, Edeltraud & Hofmann, Roswitha (2012): Diversität und Diversitätsmanagement. Wien: Facultas Verlags- und Buchhandels AG.

Behrisch, Brigit (2016): Anerkennung von Menschen mit Behinderung als Thema von Diversity. In: Genkova, Petia & Ringeisen, Tobias (Hrsg.) (2016): Handbuch Diversity Kompetenz. Bd. 2: Gegenstandsbereiche. Wiesbaden: Springer Fachmedien, 437–448.

Berne, Eric (1961): Transactional analysis in psychotherapy. A systematic individual and social psychiatry. New York: Grove Press.

Berninghausen, Jutta & Hecht-El Minshawi, Béatrice (2015): Interkulturelle Kompetenz. Managing Cultural Diversity. Das Trainingshandbuch. Bremen u.a.: Kellner.

Berscheid, Ellen S. & Hatfield-Walster, Elaine (1969): Interpersonal Attraction. Menlo Park, CA: Addison-Wesley.

Bielefeldt, Heiner (2011): Autonomie. In: Düwell, Marcus/Hübenthal, Christoph & Werner, Micha H. (Hrsg.) (2011): Handbuch Ethik. Heidelberg: Verlag J. B. Metzler, 311–314.

Bierhoff, Hans-Werner (2006): Sozialpsychologie. Ein Lehrbuch. Stuttgart: Verlag W. Kohlhammer.

Birker, Gabriele & Birker, Klaus (2007): Teamentwicklung und Konflikmanagement. Effizienzsteigerung durch Kooperation. Berlin: Cornelsen Verlag Skriptor.

Böhm, Karin (2021): Gesundheit. Auszug aus dem Datenreport 2021 des Statistischen Bundesamts (Destatis). https://www.destatis.de/DE/Service/Statistik-Campus/Datenreport/Downloads/datenreport-2021-kap-9.html

Boldt, Joachim & Karagiannakis, Evangelia (2009): Probieren geht über Studieren. Ein Erfahrungsbericht zum Einsatz des Studientagebuchs. In: Neues Handbuch Hochschullehre. H 4.4., 1–22.

Bolten, Jürgen (2013): Fuzzy Cultures. Konsequenzen eines offenen und mehrwertigen Kulturbegriffs für Konzeptualisierungen interkultureller Personalentwicklungsmaßnahmen. In: Zeitschrift für interkulturelle Germanistik.

Bolten, Jürgen (2016): Interkulturelle Trainings neu denken. In: interculture journal: Online-Zeitschrift für interkulturelle Studien, 15(26), 75–91. https://nbn-resolving.org/urn:nbn:de:0168-ssoar-55550-2.

Bolten, Jürgen (2018): Einführung in die Interkulturelle Wirtschaftskommunikation. Göttingen: Vandenhoeck & Ruprecht.

Boomers, Sabine & Nitschke, Ann Kathrin (2012): Diversität und Lehre – Empfehlungen zur Gestaltung von Lehrveranstaltungen mit heterogenen Studierendengruppen. FU-Berlin.

Bose, von, Alexandra (2014): Bunte Vielfalt. Interkulturelle Zusammenarbeit in Gesundheitsberufen. Berlin, Heidelberg: Springer-Verlag.

Bota, Alice/Pham, Khuê & Topçu, Özlem (2012): Wir neuen Deutschen. Wer wir sind, was wir wollen. Reinbek bei Hamburg: Rowohlt Verlag.

Brasser, Martin (2008): In der Rolle des Individuums. Die Bedeutung von ‚Person' und die Etymologie von ‚persona'. In: Gloy, Karen (Hrsg.): Kollektiv- und Individualbewußtsein (sic). Würzburg: Verlag Königshausen & Neumann, 53–60.

Bronner, Kerstin & Paulus, Stefan (2021): Intersektionalität. Geschichte, Theorie und Praxis. Opladen & Toronto: Verlag Barbara Budrich.

Broszinsky-Schwabe, Edith (2011): Interkulturelle Kommunikation. Missverständnisse – Verständigung. Wiesbaden: VS Verlag für Sozialwissenschaften.

Bührmann, Andrea D. (2020): Reflexive Diversitätsforschung. Eine Einführung anhand eines Fallbeispiels. utb 5469. Opladen & Toronto: Verlag Barbara Budrich.

Bugental, James F. T. (1964): The third force in psychology. Journal of Humanistic Psychology 4: 19–24.

Bundesministerium für Familie, Senioren, Frauen und Jugend/BMFSFJ (2023): Die Gesundheit von Schulkindern hängt von der sozialen Herkunft ab. Beitrag vom 27.07.2023. https://www.bmfsfj.de/bmfsfj/aktuelles/alle-meldungen/die-gesundheit-von-schulkindern-haengt-von-der-sozialen-herkunft-ab-228928

Bundesministerium für Wirtschaftliche Zusammenarbeit und Entwicklung/BMZ (o.J.): Gender. https://www.bmz.de/de/service/lexikon#lexicon=14414.

Byrne, Donn E. (1971): The Attraction Paradigm. New York: Academic Press.

Charta der Vielfalt e. V. (2021): Factsheet: Soziale Herkunft.

Dahrendorf, Ralf (1959): Homo Sociologicus. Ein Versuch zur Geschichte, Bedeutung und Kritik der Kategorie der sozialen Rolle. Opladen: Westdeutscher Verlag. (17., bisher letzte Auflage 2010 im VS Verlag für Sozialwissenschaften/Wiesbaden)

Degenhardt, Marion & Karagiannakis, Evangelia (2008): Lerntagebuch, Arbeitsjournal und Portfolio: Drei Säulen eines Lernprozess-Begleiters. In: Neues Handbuch Hochschullehre, 2 34 08 08, Kapitel C 2.13., 1–42.

Dengscherz, Sabine & Cooke, Michèle (2020): Transkulturelle Kommunikation. Verstehen – Vertiefen – Weiterdenken. Tübingen: Narr Francke Attempto Verlag.

Deser, Lena & Morgner, Franziska (2021): Diversität, Teilhabe und Chancengleichheit: Wo kommunale Organisationen in Deutschland stehen. Eine deutschlandweite Studie unter Führungskräften, Entscheider*innen und Personaler*innen. Leipzig: Lots* GmbH. Eckardt o.J.

Deutscher Bundestag (2020): Zum Begriff „Rassismus“. Ausgewählte Definitionen und Konzepte. Berlin: Wissenschaftliche Dienste 1: Geschichte, Zeitgeschichte und Politik.

Diemand, Stefanie (2020): Sozialer Aufstieg. Wenn die Eltern nicht studiert haben. https://www.faz.net/aktuell/wirtschaft/schneller-schlau/sozialer-aufstieg-wenn-die-eltern-nicht-studiert-haben-16960036.html

Dietrich, Hans/Patzina, Alexander & Kretschmer, Sara (2019): Soziale Herkunft, Lebensverlaufsereignisse und die verspätete Aufnahme einer beruflichen Ausbildung formal Geringqualifizierter. In: Kölner Zeitschrift für Soziologie und Sozialpsychologie, 2019/71, 357–383. Onlinepublikation Open Access. https://doi.org/10.1007/s11577-019-00637-3

Düwell, Marcus/Hübenthal, Christoph & Werner, Micha H. (Hrsg.) (2011): Handbuch Ethik. Heidelberg: Verlag J. B. Metzler.

Eberherr, Helga (2012): Intersektionalität und Stereotypisierung. Grundlegende Theorien und Konzepte in der Organisationsforschung. In: Bendl, Regine/Hanappi-Egger, Edeltraud & Hofmann, Roswitha (2012): Diversität und Diversitätsmanagement. 61–78. Wien: Facultas Verlags- und Buchhandels AG.

Eckhardt, Christoph (o.J.): So-gelingt-Teambildung. CC BY SA DE 3.0 Erstellt. für wb-web. https://wb-web.de/material/lehren-lernen/So-gelingt-Teambildung.html

Eddo-Lodge, Reni (2020): Warum ich nicht länger mit Weissen über Hautfarbe spreche. Stuttgart: J. G. Cotta'sche Buchhandlung.

EFAS Evangelischer Fachverband für Arbeit und soziale Integration e. V., Fachverband der Diakonie Deutschland (o.J.): Handout Grundlagen Konfliktbearbeitung/Konfliktmanagement. Heidelberg: Björn Schmitz, Philiomondo.

Ehmsen, Stefanie (2010): Die Vielfalt gestalten – Diversity an Hochschulen. In: Dombrowski, Eva-Maria & Ducki, Antje (Hrsg.): Schriftenreihe des Gender- und Technik-Zentrums der Beuth Hochschule für Technik Berlin. 03/2010.

Ellerbe-Dück, Cassandra & Dzajic-Weber, Azra (2016): Die Diversity-Dimension Ethnische Herkunft und Hautfarbe: Einsichten und Überlegungen aus der Sensibilisierungsarbeit. In: Genkova, Petia & Ringeisen, Tobias (Hrsg.) (2016): Handbuch Diversity Kompetenz. Bd. 2: Gegenstandsbereiche, 125–138. Wiesbaden: Springer Fachmedien.

Fager, Sangeeta (2006): Ein Überblick über Definitionen und Umsetzungsbeispiele. In: Heinrich Böll Stiftung (Hrsg.): Heimatkunde. Migrationspolitisches Portal. https://heimatkunde.boell.de/de/2006/02/12/ein-ueberblick-ueber-definitionen-und-umsetzungsbeispiele

Flechsig, Karl-Heinz (2000). Kulturelle Orientierungen. Institut für Interkulturelle Didaktik e.V.: https://wwwuser.gwdg.de/~kflechs/iikdiaps1-00.htm

Fiehler, Reinhard (1993): Spezifika der Kommunikation in Kooperationen. In: Schröder, Hartmut (Hrsg.) (1993): Fachtextpragmatik. Tübingen: Narr, 343–357.

Fritzsche, Lars/Wach, Dominika/Jungmann, Franziska & Wegge, Jürgen (2017): Zur Bedeutung von Faultlines als Grenzen bei der Teamarbeit. In: Gruppe. Interaktion. Organisation. Zeitschrift für Angewandte Organisationspsychologie (GIO), 48/02, 127–135.

Fuchs, Anna (2022): Transkulturelle Herausforderungen meistern. Missverständnisse klären und Kompetenzen stärken. Hamburg: Rowohlt Taschenbuch Verlag.

Gaisch, Martina & Aichinger, Regina (2016): Das Diversity Wheel der FH OÖ: Wie die Umsetzung einer ganzheitlichen Diversitätskultur an der Fachhochschule gelingen kann. Wien: Forschungsforum der Österreichischen Fachhochschulen.

Gaisch, Martina & Linde, Frank (2020): Der HEAD CD Frame: Ein ganzheitlicher Zugang zu einem inklusiven Curriculum Design auf Basis des HEAD Wheels. In: Zentrum für Hochschulqualitätsentwicklung der Universität Duisburg-Essen (Hrsg.): Diversität konkret Handreichung für das Lehren und Lernen an Hochschulen. 01/2020.

Gardenswartz, Lee & Rowe, Anita (1994): Diverse teams at work: capitalizing on the power of diversity. New York: McGraw-Hill

Genkova, Petia & Ringeisen, Tobias (Hrsg.) (2016): Handbuch Diversity Kompetenz. Bd. 1: Perspektiven und Anwendungsfelder. Wiesbaden: Springer Fachmedien GmbH.

Genkova, Petia & Ringeisen, Tobias (Hrsg.) (2016): Handbuch Diversity Kompetenz. Bd. 2: Gegenstandsbereiche. Wiesbaden: Springer Fachmedien GmbH.

Genkova, Petia/Semke, Edwin & Schreiber, Henrik (Hrsg.) (2022): Diversity nutzen und annehmen. Praxisimplikationen für das Diversity Management: VI; Wiesbaden: Springer, open access.

Gerrig, Richard J. & Zimbardo, Philipp G. (2008): Psychologie. München: Pearson Studium.

Gingrich, Andre (2008): Ethnizität für die Praxis. In: Wernhart, Karl & Zips, Werner (Hrsg.): Ethnohistorie. Rekonstruktion und Kulturkritik. Eine Einführung. Wien: Promedia, 99–111.

Glaser, Ulrich & Röbke, Thomas (1993): Zwanzig Jahre Soziokultur in der Bundesrepublik Deutschland. Zwischen jugendlichem Aufbruch und vorzeitiger Vergreisung? In: Aus Politik und Zeitgeschichte. Beilage zur Wochenzeitung Das Parlament. Bd. 40/93, 9–15.

Gorelik, Lena (2012): „Sie können aber gut Deutsch!" Warum ich nicht mehr dankbar sein will, dass ich hier leben darf, und Toleranz nicht weiterhilft. München: Pantheon Verlag.

Gräf, Sarah & Pürckhauer, Andrea (2020): Alternativen zum „Migrationshintergrund". https://mediendienst-integration.de/artikel/alternativen-zum-migrationshintergrund.html

Grusky, David B. (1994): The contours of social stratification. In: Grusky, David B. (Hrsg.): Social stratification. Class, race, and gender in sociological perspective, 3–35. Boulder, CO: Westview Press.

Haker, Hille (2011): Identität. In: Düwell, Marcus/Hübenthal, Christoph & Werner, Micha H. (Hrsg.) (2011): Handbuch Ethik. Heidelberg: Verlag J. B. Metzler, 400–405.

Hall, Edward T. (1990 [1959]): The Silent Language. New York/USA: Anchor Books/Random House.

Hammann, Marcus (2004): Kompetenzentwicklungsmodelle. Merkmale und ihre Bedeutung – dargestellt anhand von Kompetenzen beim Experimentieren. In: Der mathematische und naturwissenschaftliche Unterricht 57 (4), 196–203.

Hannerz, Ulf (1992): Cultural Complexity Studies in the Social Organization of Meaning. New York, NY: Colombia University Press.

Hannerz, Ulf (1997): Flows, Boundaries and Hybrids. Keywords in Transnational Anthropology. Published in Portuguese as "Fluxos, fronteiras, híbridos: palavras-chave da antropologia transnacional", Mana (Rio de Janeiro), 3(1): 7–39, 1997.

Harrison, David A. & Klein, Katherine, J. (2007): What's the difference? Diversity constructs as separation, variety, or disparity in organizations. In: Academy of Management Review, 2007, 32, 1199–228.

Hasters, Alice (2019): Was weisse Menschen nicht über Rassismus hören wollen, aber wissen sollten. München: Carls Hanser Verlag.

Heringer, Hans Jürgen (2014): Interkulturelle Kommunikation. Grundlagen und Konzepte. Tübingen: Narr Francke Attempto Verlag.

Hofmann, Roswitha (2022): Gesellschaftstheoretische Grundlagen für einen reflexiven und inklusiven Umgang mit Diversitäten in Organisationen. In: Bendl, Regine/Hanappi-Egger, Edeltraud

& Hofmann, Roswitha (2012): Diversität und Diversitätsmanagement. Wien: Facultas Verlags- und Buchhandels AG, 23–60.

Hostede, Gert/Hofstede, Gert Jan (2011 [1980]): Lokales Denken, globales Handeln. Interkulturelle Zusammenarbeit und globales Management. München: Deutscher Taschenbuch Verlag.

Hutterer, Robert (1998): Das Paradigma der Humanistischen Psychologie. Entwicklung, Ideengeschichte und Produktivität. Wien: Springer-Verlag.

Ingram, Patreese D. (2024): Learning Today, Leading Tomorrow: Interpersonal Leadership Skills, Valuing Diversity. Pennsylvania State University.

Ipolito, Enrico (2021): Beleidigung. In: Aydemir, Fatma & Yaghoobifarah, Hengameh (Hrsg.): Eure Heimat ist unser Albtraum. Berlin: Ullstein Buchverlage. S. 82–100.

Jiranek, Heinz & Edmüller, Andreas (2021): Konfliktmanagement. Konflikten vorbeugen, sie erkennen und lösen. Freiburg – München – Stuttgart: Haufe Group

Johnson, Natasha N. & Johnson, Thaddeus L. (2019): Microaggressions. An Introduction. In: Thomas, Ursula (Hrsg.): Navigating Micro-Aggressions Toward Women in Higher Education, S. 1-22. IGI Global. https://doi:10.4018/978-1-5225-5942-9.ch001

Jungkamp, Burkhard & John-Ohnesorg, Marei (Hrsg.) (2016): Soziale Herkunft und Bildungserfolg. Bonn: Friedrich-Ebert-Stiftung.

Karagiannakis, Evangelia (2011): Interkulturelle Kommunikation, Konfliktprävention und Konfliktmanagement im DaZ-Unterricht. Teil I: Fokus „Interkulturelle Kommunikation – Interkulturelles Lernen“. In: Deutsch als Zweitsprache. Heft 02/2011, 18–28.

Karagiannakis, Evangelia (2022a): Interkulturelle Kompetenz für pädagogische Fachkräfte. Von der Staatlichen Zentralstelle für Fernunterricht/ZFU in Köln akkreditierter Fernlehrgang, entwickelt und geschrieben im Auftrag der Fernakademie für Pädagogik und Sozialberufe, Lippstadt. Heft 1: Grundlagen und Basiswissen rund um Kultur, Migration und Integration.

Karagiannakis, Evangelia (2022b): Interkulturelle Kompetenz für pädagogische Fachkräfte. Von der Staatlichen Zentralstelle für Fernunterricht/ZFU in Köln akkreditierter Fernlehrgang, entwickelt und geschrieben im Auftrag der Fernakademie für Pädagogik und Sozialberufe, Lippstadt. Heft 2: Kultur, kulturelle Orientierung und Kommunikation.

Karagiannakis, Evangelia (2022c): Interkulturelle Kompetenz für pädagogische Fachkräfte. Von der Staatlichen Zentralstelle für Fernunterricht/ZFU in Köln akkreditierter Fernlehrgang, entwickelt und geschrieben im Auftrag der Fernakademie für Pädagogik und Sozialberufe, Lippstadt. Heft 3: Herausforderung und Strategien der wertschätzenden Kommunikation.

Karagiannakis, Evangelia (2022d): Lernstrategien und Arbeitstechniken für MINT-Studiengänge. Ein Lehr- und Übungsbuch. Stuttgart: Ulmer Verlag.

Karagiannakis, Evangelia (2023): Cross Culture Writing. Kulturelles Lernen durch Kreatives Schreiben. Unveröffentlichtes Seminarskript.

Karagiannakis, Evangelia & Lewark, Ulrike (2006): Lernprozesse reflektieren, Selbsteinschätzung und Lernerfolg. In: Themenzentrierte Interaktion, 1/2006, 71–82.

Kleinert, Corinna/Leuze/Kathrin & Pollak/Reinhard (2023): Soziale Herkunft und Bildung. In: Informationen zur politischen Bildung Nr. 354/2023. 18–27. Bundeszentrale für politische Bildung/bpb.

Klinkhammer, Monika & Enke, Neela (2022): Konfliktmanagement. Strategien für Wissenschaft und Hochschule. Frankfurt – New York: Campus Verlag.

Köller, Olaf/Hasselhorn, Marcus/Hesse, Friedrich W./Maaz, Kai/Schrader, Josef/Solga, Heike/Spieß, C. Katharina & Zimmer Karin (Hrsg.) (2019): Das Bildungswesen in Deutschland. Bestand und Potenziale. Bad Heilbrunn: Verlag Julius Klinkhardt.

Köppel, Petra & Schreiber, Sven (2012): Mitarbeiter 45plus. Jugendwahn und Senioritätsprinzip ade. In: Erwin Stickling, Erwin (Hrsg.): www.personalwirtschaft.de, 12/2012. (Internetangebot der F.A.Z. BUSINESS MEDIA)

Korte-Rüther, Maria & Röhling, Gisela (2017): Weiterbildung zur Interkulturellen Kompetenz. Eine professionelle Haltung im Umgang mit Vielfalt entwickeln. In: Handbuch Interkulturelle Kompetenz. Kultursensitive Arbeit in der Kita, 141–155. Freiburg i. Br.: Verlag Herder.

Kreyenberg, Jutta (2004): Handbuch Konfliktmanagement. Berlin: Cornelsen Verlag Skriptor.

Lammerding-Köppel, Maria & Griewatz, Jan (2019): Erfolgreich präsentieren im Studium. Stuttgart: Verlag Eugen Ulmer.

Lampert, Thomas & Thamm, Michael (2007): Tabak-, Alkohol- und Drogenkonsum von Jugendlichen in Deutschland. Bundesgesundheitsblatt 50, 600–608.

Lampert, Thomas/Hoebel, Jens/Kuntz, Benjamin/Müters, Stephan & Kroll, Lars E. (2017): Gesundheitliche Ungleichheit in verschiedenen Lebensphasen. Gesundheitsberichterstattung des Bundes gemeinsam getragen von RKI und Destatis. Berlin: Robert Koch-Institut.

Landesinstitut für Arbeitsgestaltung des Landes Nordrhein-Westfalen (Hrsg.) (2014): Erkrankungsrisiken durch arbeitsbedingte psychische Belastung. transfer 4. Düsseldorf: LIA. nrw.

Langmaack, Barbara (2001): Einführung in die Themenzentrierte Interaktion (TZI). Leben rund ums Dreieck. Weinheim u.a.: Beltz Verlag.

Lau, Dora & Murnighan, J. Keith (1998): Demographic diversity and faultlines. The compositional dynamics of organizational groups. Academy of Management Review, 23/02, 325–340.

Lavorano, Stephanie (2019): Rassismus. 100 Seiten. Stuttgart: Philipp Reclam.

Leenen, Wolf Rainer & Grosch, Harald (1998): Interkulturelles Training in der Lehrerfortbildung. In: Bundeszentrale für politische Bildung/bpb (Hrsg.): Interkulturelles Lernen. Arbeitshilfen für die politische Bildung. S. 317–340. Bonn: Bundeszentrale für politische Bildung/bpb.

Leupold, Eva Maria (1995): Handbuch der Gesprächsführung. Freiburg: Herder Verlag.

Leuze, Kathrin & Lörz, Markus (2019): Bildungsverläufe im Hochschulbereich. In: Köller, Olaf/Hasselhorn, Marcus/Hesse, Friedrich W./Maaz, Kai/Schrader, Josef/Solga, Heike/Spieß, C. Katharina & Zimmer Karin (Hrsg.) (2019): Das Bildungswesen in Deutschland. Bestand und Potenziale. 629–662. Bad Heilbrunn: Verlag Julius Klinkhardt.

Levine, David A. (2005): Teaching Empathy. A Blueprint for Caring, Compassion, and Communitiy. Bloomington/IN: Solution Tree.

Lewandowski, Theodor (1990): Linguistisches Wörterbuch. Bd. 2. Heidelberg/Wiesbaden: Quelle & Meyer.

Linde, Frank & Auferkorte-Michaelis, Nicole (2021): Diversität in der Hochschullehre – Didaktik für den Lehralltag. Opladen & Toronto: Verlag Barbara Budrich.

Linton, Ralph (1945): The Cultural Background of Personality. New York: D. Appleton-Century.

Lippmann, Walter (1922): Public Opinion. New York: Harcourt, Brace and Company, Inc.

Lüthi, Erika/Oberpriller, Hans/Loose, Anke & Orhts, Stephan (2013): Teamentwicklung mit Diversity Management. Methoden-Übungen und Tools. Bern – Stuttgart – Wien: Haupt Verlag.

Maaz, Kai (2020): Soziale Ungleichheiten in den einzelnen Bildungsbereichen. Bundeszentrale für politische Bildung/bpb. (https://www.bpb.de/themen/bildung/dossier-bildung/322324/soziale-ungleichheiten-in-den-einzelnen-bildungsbereichen)

Maaz, Kai & Dumont, Hanna (2019): Bildungserwerb nach sozialer Herkunft, Migrationshintergrund und Geschlecht. In: Köller, Olaf/Hasselhorn, Marcus/Hesse, Friedrich W./Maaz, Kai/Schrader, Josef/Solga, Heike/Spieß, C. Katharina & Zimmer Karin (Hrsg.) (2019): Das Bildungswesen in Deutschland. Bestand und Potenziale. 299–374. Bad Heilbrunn: Verlag Julius Klinkhardt.

Maletzke, Gerhard (1996): Interkulturelle Kommunikation. Zur Interaktion zwischen Menschen verschiedener Kulturen. Opladen: VS Verag für Sozialwissenschaften.

McGrath, Joseph E./Berdahl, Jennifer L., & Arrow, Holly (1995): Traits, expectations, culture, and clout. The dynamics of diversity in work groups. In: Jackson, Susan E. & Ruderman, Marian N. (Hrsg.): Diversity in work teams. Research paradigms for a changing workplace, 17–45. Washington, DC: American Psychological Association.

Medizin-Netz (2013): Sozialstatus und Zahngesundheit von Kindern. https://www.medizin-netz.de/umfassende-berichte/sozialstatus-und-zahngesundheit-von-kindern

McIntosh, Peggy (1989): White Privilege: Unpacking the Invisible Knapsack. In: Peace and Freedom Magazine, July/August, 1989, pp. 10-12. Philadelphia, PA.: Women's International League for Peace and Freedom.

Müke, Marcel/Tranow, Ulf/Schnabel, Annette & El-Menouar, Yasemin (2023): Religiosmonitor 2023. Zusammenleben in religiöser Vielfalt. Warum Pluralität gestaltet werden muss. Gütersloh: Bertelsmann Stiftung.

Müller, Meike (2018): Lizenz zum Kontern. Rhetorische Selbstverteidigung im Job. Berlin: epubli.

Müller-Bachmann, Eckart (2002): Jugendkulturen revisited. Musik- und stilbezogene Vergemeinschaftungsformen (Post-)Adoleszenter im Modernisierungskontext. In: Jugendsoziologie, Bd. 3. Münster, Hamburg, London: Lit Verlag.

Nagel, Joane P. (1994): Constructing Ethnicity: Creating and Recreating Ethnic Identity and Culture. In: Social Problems, 41 (1), 152-176.

Nünning, Ansgar (2009): Vielfalt der Kulturbegriffe. Bonn: Bundeszentrale für politische Bildung/ bpb. https://www.bpb.de/lernen/kulturelle-bildung/59917/vielfalt-der-kulturbegriffe/

O'Connor, Joseph & Seymour, John (1995): Neurolinguistisches Programmieren: Gelungene Kommunikation und persönliche Entfaltung. Kirchzarten: VAK Verlag.

Otoo, Sharon Dodua (2021): Liebe. In: Aydemir, Fatma & Yaghoobifarah, Hengameh (Hrsg.): Eure Heimat ist unser Albtraum. Berlin: Ullstein Buchverlage. S. 56–68.

Parsons, Talcott (1991 [1951]): The Social System. London: Routledge & Kegan Paul Ltd.

Pelinka, Anton (Hrsg.) (2009): Vorurteile. Ursprünge, Formen, Bedeutung. Im Auftrag des Sir Peter Ustinov Instituts zur Erforschung und Bekämpfung von Vorurteilen. Wien: De Gruyter.

Petersen, Lars-Eric & Dietz, Jörg (2006): Die Bedeutung von Stereotypen und Vorurteilen für das Diversity Management. In: Becker, Manfred & Seidel, Alina (Hrsg.): Diversity – Unternehmens- und Personalpolitik der Vielfalt, 106–122. Stuttgart: Schäffer Poeschel.

Plate, Markus (2021): Grundlagen der Kommunikation. Gespräche effektiv gestalten. Göttingen: Vandenhoeck & Ruprecht.

Phillips, Damon J. & Zuckerman, Ezra W. (2001): Middle-status conformity. Theoretical restatement and empirical demonstration in two markets. American Journal of Sociology, 107, 379–429.

Protsch, Paula & Solga, Heike (2019): Das berufliche Bildungssystem in Deutschland. In: Köller, Olaf/Hasselhorn, Marcus/Hesse, Friedrich W./Maaz, Kai/Schrader, Josef/Solga, Heike/ Spieß, C. Katharina & Zimmer Karin (Hrsg.) (2019): Das Bildungswesen in Deutschland. Bestand und Potenziale. 565–598. Bad Heilbrunn: Verlag Julius Klinkhardt.

Rambow, Riklef & Nückles, Matthias (2002): Der Einsatz des Lerntagebuchs in der Hochschullehre. In: Das Hochschulwesen, 50 (2002) 3, 113–120

Rivera, Lauren A./Tilcsik, András: Class Advantage, Commitment Penalty: The Gendered Effect of Social Class Signals in an Elite Labor Market. In: American Sociological Review 81, no. 6 (2016): 1097–1131.

Robert Koch-Institut (2018): Neues von KiGGS. Wie geht es den Kindern und Jugendlichen in Deutschland? Berlin: Robert Koch-Institut.

Rogers, Carl R. & Farson, Richard E. (1987): ACTIVE LISTENING. Auszug aus: Newman, R. G. & Danzinger, M.A. & Cohen, M. (Hrsg.): Communicating in Business Today. D. C. Heath & Company, 1987.

Röhl, Klaus F. (1987): Rechtssoziologie. Ein Lehrbuch. Köln, Berlin, Bonn, München: Carl Heymanns Verlag.

Roth, Juliana & Köck, Christoph (Hrsg.) (2011): Interkulturelle Kompetenz. Handbuch für die Erwachsenenbildung. Stuttgart: EduMedia.

Schaper, Niclas (2012): Fachgutachten zur Kompetenzorientierung in Studium und Lehre. Ausgearbeitet für die Hochschulrektorenkonferenz, Projekt nexus, unter Mitwirkung von Oliver Reis, Johannes Wildt, Eva Horvath und Elena Bender.

Schearer, Jamie & Haruna, Hadija (2013): Über Schwarze Menschen in Deutschland berichten. Beitrag auf der Website der Initiative Schwarze Menschen in Deutschland (ISD-Bund e. V. Berlin, https://isdonline.de/uber-schwarze-menschen-in-deutschland-berichten).

Schiffauer, Werner (1997): Fremde in der Stadt. Zehn Essays über Kultur und Differenz. Frankfurt am Main: Suhrkamp.

Schlegel, Leonhard (2002): Handwörterbuch der Transaktionsanalyse. Sämtliche Begriffe der TA praxisnah erklärt. Zürich: DSGTA Deutschschweizerische Gesellschaft für Transaktionsanalyse.

Schwarz-Wölzl, Maria & Maad, Christa (2003–2004 [sic!]): Diversity und Managing Diversity. Teil 1: Theoretische Grundlagen. Wien: Zentrum für Soziale Innovation.

Sow, Noah (2009): Deutschland Schwarz Weiß. München: Goldmann Verlag.

Spetsmann-Kunkel, Martin (2016): Rassismuskritik und Dominanzsensibilität als Schlüsselkompetenz in der Migrationsgesellschaft. In: Genkova, Petia & Ringeisen, Tobias (Hrsg.) (2016): Handbuch Diversity Kompetenz. Bd. 2: Gegenstandsbereiche. Wiesbaden: Springer Fachmedien, 115–124.

Steffens, Melanie, C. & Roth, Jenny (2016): Diversity Kompetenz in Bezug auf Gender. Sozialpsychologisches Wissen über Geschlechterstereotype und Geschlechterrollen. In: Genkova, Petia & Ringeisen, Tobias (Hrsg.) (2016): Handbuch Diversity Kompetenz. Bd. 2: Gegenstandsbereiche. Wiesbaden: Springer Fachmedien, 273–283.

Sterzenbach, Gregor (2011): Techniken des interkulturellen Umgangs. In Roth, Juliana & Köck, Christoph (Hrsg.): Interkulturelle Kompetenz – Handbuch für die Erwachsenenbildung, 50–62. Stuttgart und München: EduMedia.

Stuber, Michael (2002): Diversity Mainstreaming. In: PERSONAL, Heft 03/2002, 48–53.

Stürmer, Stefan & Siem, Birte (2022): Sozialpsychologie der Gruppe. München: Ernst Reinhardt Verlag.

Sue, Derald Wing/Capodilupo, Christina M./Torino, Gina C./Bucceri, Jennifer M./Holder, Aisha M. B./Nadal, Kevin L. & Esquilin, Marta (2007): Racial Microaggressions in Everyday Life. Implications for Clinical Practice. In: American Psychologist, Vol. 62, No. 4, 271–286. DOI: 10.1037/0003-066X.62.4.271

Tajfel, Henri (1982): Gruppenkonflikt und Vorurteil. Entstehung und Funktion sozialer Stereotypen. Bern/Stuttgart/Wien: Huber.

Tajfel, Henri & Turner, John C. (1979): An integrative theory of inter-group conflict. In Austin, William G. & Worchel, Stephen (Hrsg.): The social psychology of inter-group relations, 33–47. Monterey, CA: Brooks/Cole.

Taylor, Marylee C. & Pettigrew, Thomas F. (2000): Prejudice. In: Borgatta, Edgar F. & Montgomery, Rhonda J. V. (Hrsg.) (2000): Encyclopedia of sociology, 2242–2248. New York: Macmillan.

Terkessidis, Mark (2004): Die Banalität des Rassismus. Migranten zweiter Generation entwickeln eine neue Perspektive. Bielefeld: Transkript Verlag.

Thatcher, Sherry M. B./Jehn, Karen A. & Zanutto, Elaine L. (2003): Cracks in diversity research. The effects of diversity faultlines on conflict and performance. Group Decision and Negotiation, 12, 217–241.

Thomas, Alexander (2003): Das Eigene, das Fremde, das Interkulturelle. In Thomas, Alexander/ Kinast, Eva-Ulrike & Schroll-Machl, Sylvia: Handbuch Interkulturelle Kommunikation und Kooperation. Band 1: Grundlagen und Praxisfelder, 44–59. Göttingen: Vandenhoeck & Ruprecht.

Thomas, R. Roosevelt (2001): Management of Diversity – Neue Personalstrategien für Unternehmen. Wie passen Giraffe und Elefant in ein Haus? Wiesbaden: Gabler Verlag.

Trompenaars, Fons/Hampden-Turner, Charles (2002 [1993]): Riding the waves of culture. Understanding Cultural Diversity in Business. London: Nicholas Brealey Publishing.

Tuckman, Bruce W. (1965): Developmental Sequence in Small Groups. In: Psychological Bulletin. 1965, 63/6, 384–399.

Tuckman, Bruce W. & Jensen, Mary Ann C. (1977): Stages of Small-Group Development Revisited. In: Group & Organization Studies, 2/4, 419–427.

Ulrich, Susanne/Heckel, Jürgen/Oswald, Eva/Rappenglück, Stefan & Wenzel, M. Florian (2001): Achtung (+) Toleranz. Wege demokratischer Konfliktregelung. Gütersloh: Verlag Bertelsmann Stiftung.

Van Ackeren, Isabell & Klein, Esther (2014): Woher und wohin. Soziale Herkunft und Bildungserfolg. Zentrale Grundlagen und Befunde der Schulleistungsvergleichsstudien. Düsseldorf: Wübben Stiftung.

Van der Blij, Maria/Boon, Jo/Van Lieshout, Herman/Schafer, Hans & Schrijen, J. M. H. (2002): Competentieprofielen: over schillen en knoppen [e-Competence profiles], Digitale Universiteit, Utrecht.

Van Dick, Rolf/Van Knippenberg, Daan/Hägele, Silvia/Guillaume, Yves R. F. & Brodbeck, Felix C. (2008): Group diversity and group identification: The moderating role of diversity beliefs. Human Relations 2008; 61; 1463. DOI: 10.1177/0018726708095711

Van Dick, Rolf & Stegmann, Sebastian (2016): Diversity, Social Identity und Diversitätsüberzeugungen. In: Genkova, Petia & Ringeisen, Tobias (Hrsg.) (2016): Handbuch Diversity Kompetenz. Bd. 1: Perspektiven und Anwendungsfelder. 3–15. Wiesbaden: Springer Fachmedien.

Van Knippenberg, Daan/De Dreu, Carsten K. W. & Homan, Astrid C. (2004): Work Group Diversity and Group Performance: An Integrative Model and Research Agenda. In: Journal of Applied Psychology, 2004, Vol. 89, No. 6, 1008–1022. (https://doi.org/10.1037/0021-9010.89.6.1008)

Vasilyev, Edith (2014): Diversity Management zur Nutzung des wirtschaftlichen Potenzials von Migrant/innen in kleinen und mittleren Unternehmen. In: ÖIF-Dossier n°34, Wien.

Vedder, Günther (2003): Personalstrukturen und Diversity Management (DiM) in deutschen Unternehmen. Vortrag im Rahmen der Tagung Personelle Vielfalt in Organisationen an der Universität Trier (26.–28.3.2003).

Vinz, Dagmar (2016): Gender- und Diversity Studies in Deutschland, Österreich und der Schweiz. In: Genkova, Petia & Ringeisen, Tobias (Hrsg.) (2016): Handbuch Diversity Kompetenz. Bd. 2: Gegenstandsbereiche, 297–311. Wiesbaden: Springer Fachmedien.

Voigt, Bernd (2001): Measures & Benchmarks. Komparatives Diversity-Measurement. Präsentation auf der 3. Internationale Managing Diversity Konferenz, Potsdam 2001.

Volmert, Johannes(Hrsg.) (1995): Grundkurs Sprachwissenschaft. München: Wilhelm Fink Verlag.

Von Würzen, Barbara (2020): Traditionelle Rollenverteilung in Corona-Krise belastet die Frauen. Bericht über eine Umfrage. Gütersloh: Bertelsmann Stiftung.

Wagner, Kenneth & Magistrale, Tony (2005): Writing Across Culture. An Introduction to Study Abroad and the Writing Process. New York: Peter Lang Publishing, Inc.

Wagner, Dieter & Sepheri, Paivand (1999): Managing Diversity: Alter Wein in neuen Schläuchen? In: Personalführung, 5/1999, 18–21.

Warmuth, Gloria-Sophia (2012): Die strategische Impletmenierung von Diversitätsmanagement in Organisationen. In: Bendl, Regine/Hanappi-Egger, Edeltraud & Hofmann, Roswitha (2012): Diversität und Diversitätsmanagement. Wien: Facultas Verlags- und Buchhandels AG. S. 203–236.

Warnking, Anthrin (15. 05. 2014): „Wir können diesen Wahnsinn nicht tolerieren". https://www.eurovision.de/news/Russische-Politiker-gegen-ESC-Siegerin-Conchita-Wurst,russland560.html

Watzlawik, Paul/Beavin, Janet H. & Jackson, Don D. (1967): Pragmatics of Human Communication. A Study of Interactional Patterns, Pathologies, and Paradoxes. New York: W. W. Norton & Company.

Weichselbaumer, Doris (2016): Discrimination against Female Migrants Wearing Headscarves. Discussion Paper No. 10217. Bonn: The Institute for the Study of Labor (IZA) & Linz: Johannes Kepler University.

Welsch, Wolfgang (2017): Transkulturalität. Realität – Geschichte – Aufgabe. Wien: new academic press.

Wildt, Johannes (2006): Kompetenzen als Learning Outcomes. In: Journal Hochschuldidaktik, 17 (1), 6–9.

Yousefi, Hamid Reza (2018): Kampfplätze des Denkens. Praxis der interkulturellen Kommunikation. München: UVK Verlag.

Zartmann, Eberhard Johannes (2014): Portfolioarbeit – kohärente Lernprozesse im Kontext forschenden Lernens. In: journal hochschuldidaktik 1–2/2014. 17–23.

Yaghoobifarah, Hengameh (2021): Blicke. In: Aydemir, Fatma & Yaghoobifarah, Hengameh (Hrsg.): Eure Heimat ist unser Albtraum. Berlin: Ullstein Buchverlage. S. 69–81.

Zellmer-Bruhn, Mary E./Maloney, Mary M./Bhappu, Anita D. & Salvador, Rommel (Bombie) (2008): When and how do differences matter? An exploration of perceived similarity in teams. In: Organizational Behavior and Human Decision Processes 107 (2008) 41–59.

Zick, Andreas/Küpper, Beate & Heitmeyer, Wilhelm (2009): Vorurteile als Elemente Gruppenbezogener Menschenfeindlichkeit – eine Sichtung der Vorurteilsforschung und ein theoretischer Entwurf. In: Pelinka, Anton (Hrsg.) (2009): Vorurteile. Ursprünge, Formen, Bedeutung. Im Auftrag des Sir Peter Ustinov Instituts zur Erforschung und Bekämpfung von Vorurteilen, 287–316. Wien: De Gruyter.

Internet

Alle Internetquellen zuletzt abgerufen am 25.05.2024
Dorsch-01: https://dorsch.hogrefe.com/stichwort/person
Dorsch-02: https://dorsch.hogrefe.com/stichwort/identitaet
Dorsch-03: https://dorsch.hogrefe.com/stichwort/individualitaet
KB-01: https://karrierebibel.de/eisbergmodell/
KB-02: https://karrierebibel.de/killerphrasen
KB-03: https://karrierebibel.de/totschlagargumente
Metzler-01: https://www.spektrum.de/lexikon/philosophie/person/1544
Metzler-02: https://www.spektrum.de/lexikon/philosophie/achtung/35
Metzler-03: https://www.spektrum.de/lexikon/philosophie/gleichheit/816
NdM-01: https://glossar.neuemedienmacher.de/glossar/ally
NdM-02: https://glossar.neuemedienmacher.de/glossar/bipoc/
STL-01: https://www.staatslexikon-online.de/Lexikon/Person
STL-02: https://www.staatslexikon-online.de/Lexikon/Sittengesetz
STL-03: https://www.staatslexikon-online.de/Lexikon/Autonomie
STL-04: https://www.staatslexikon-online.de/Lexikon/Menschenwürde
STL-05: https://www.staatslexikon-online.de/Lexikon/Achtung
STL-06: https://www.staatslexikon-online.de/Lexikon/Verantwortung
STL-07: https://www.staatslexikon-online.de/Lexikon/Gleichheit
VM-01: https://www.vielfalt-mediathek.de/intersektionalitaet
VM-02: https://www.vielfalt-mediathek.de/critical-whiteness
VUK-01: https://vielfalt.uni-koeln.de/antidiskriminierung/glossar-diskriminierung-rassismuskritik/weisssein
VUK-02: https://vielfalt.uni-koeln.de/antidiskriminierung/glossar-diskriminierung-rassismuskritik/white-supremacy
VUK-03: https://vielfalt.uni-koeln.de/antidiskriminierung/glossar-diskriminierung-rassismuskritik/white-fragility
VUK-04: https://vielfalt.uni-koeln.de/antidiskriminierung/glossar-diskriminierung-rassismuskritik/allyship
https://hateaid.org/allyship
https://transaktionsanalyse.online/transaktionen-kommunikation
https://wirtschaftslexikon.gabler.de
https://www.aau.at/gender/diversity-audit
https://www.antidiskriminierungsstelle.de
https://www.arbeitsagentur.de
https://www.behindertenrat.at
https://www.bka.de
https://www.bmi.bund.de
https://www.bmj.de
https://www.bundestag.de
https://www.charta-der-vielfalt.de
https://www.destatis.de
https://www.dhm.de/lemo
https://www.ewdv-diversity.de

https://www.frccpik.com
https://www.gesetze-im-internet.de
https://www.ifo.de/publikationen/2024/aufsatz-zeitschrift/ungleiche-bildungschancen-ein-blick-die-bundeslaender
https://www.iwkwiki.uni-jena.de
https://www.lsvd.de
https://www.merriam-webster.com/dictionary/allyship
https://www.oecd.org
https://www.onpulson.de/lexikon/gruppendynamik
https://www.pexels.com/de-de/foto/manner-schule-student-ausbildung-8197543
http://portal-intersektionalitaet.de/
https://www.spiegel.de
https://www.stmas.bayern.de
https://www.swr.de
https://www.tagesschau.de/inland/grundgesetz-rasse-begriff-100.html

Register

F

G

H

I

K

L

M

N

P

R

S

T

U

V

W

Z